我们的鄉愁

劉廣運署

张蕾 ◘ 主编

中国林業出版社

图书在版编目（CIP）数据

我们的乡愁 / 张蕾主编 . -- 北京 : 中国林业出版社 , 2021.8

ISBN 978-7-5219-1348-4

Ⅰ . ①我… Ⅱ . ①张… Ⅲ . ①散文集－中国－当代 Ⅳ . ① I267

中国版本图书馆 CIP 数据核字 (2021) 第 181960 号

策　　划：刘海儿工作室

插图手绘：周艺珣　王斌女

责任编辑：张衍辉　葛宝庆

电　　话：（010）83143521　83143612

出　　版：中国林业出版社

地　　址：北京市西城区刘海胡同 7 号　100009

网　　址：http://www.forestry.gov.cn/lycb.html

E-mail：cfybook@sina.com

印　　刷：北京中科印刷有限公司

版　　次：2021 年 8 月第 1 版

印　　次：2021 年 8 月第 1 次

开　　本：880mm×1230mm 1/32

印　　张：10.25

插　　页：20

字　　数：267 千字

定　　价：68.00 元

序 草木流萤说乡愁

一般而言，乡愁是属于土地、农村、农人的，尤其是远离故土的农人之后。乡愁者，乡野之思也。乡野之思是大地之思，是大地之上物候、农事、爹娘和乡亲之思，是故乡的方言之思。思而有感，感而为声，是有乡愁。

乡愁是大地文章：生长在田野中的，牵挂在农事节气上的，可以闻见芳香的泥土，可以带来温暖的柴草火光，可以聆听的霍霍磨镰声、放水开秧田声、瓜缕攀爬声、雨滴屋檐声……那都是乡愁，都是诗啊！海德格尔说："诗人的天职是还乡，还乡使故土成为亲近本源之地"（《人，诗意地安居：海德格尔语要》上海远东出版社，2004年）。很遗憾，我不认识这本书的作者们，但我敢肯定他们是亲近本源者。

本源是大地，是大地上的草木。本书选文《与草木同安》中，作者写草木，让人动情："草木，也是有灵魂的。"夺人心魄之开卷也。随后的议论看似信手写来，其实有深意："草木的灵魂，带着一种素心。它不选择土地，或许它是从远方而来的一粒种子，带着异域的方言，落在陕北的大地上……"其中，"素心"的"素"字绝妙，而且还"带着异域的方言"。从大地中涌动而出的山花野草，那向着天空的言说，我们即使看不见、听不见，却感受得到。作者进而写："草木的精神是一种善。它们潜伏在山中，看似强势，郁郁葱葱，让一座山有了灵气；其实，花枯叶落之后，就只剩下一地干柴，衍生出一缕缕炊烟。"正是草木，让人间有了烟火气，这就是生活的意义了："从草始，归于草。一些草，注定一辈子无人问津，但它们仍遵循着节气，遵循着风水；五谷，不过是草的一种，只是被祖先从草里鉴别出来，能填饱肚子，才以粮的面目高于野草；还有些草，心怀高义，像珍宝一样被人小心翼翼地挖出来、晒干，送进中药店变成灵丹妙药，成为治病救人的符号。”结尾处，作者写到柴胡：“凡是带着柴的草木，我都格外亲近……家里的柴决定着生存，决定着温饱。炊烟袅袅，永远是乡下人理想的活法。”当柴胡成为中药材之后，“只有在山中，它们才具有草木的原始样子。”

淡泊的文字，草木原始的样子，从地下生出的乡愁，却给人予“寂静的轰鸣”之感。

辛丑端午前，我回到故乡崇明岛，友人请我在岛的西端——西沙一处农家院里闲聊。星月满天时，正在喝茶，忽然传来蛙声一片，“呱呱”地此起彼伏。我当即起身，欲寻蛙鸣处。走在林荫小道上，远近皆蛙声，只是青蛙不得见。但我又怎能忘记儿时在秧田里提着“洋灯”捉青蛙，它那鼓着肚皮鸣叫的样子呢？朋友告诉我，再过些日子，西沙还会有萤火虫，那真是闪闪发光的向往了。还没有等到萤火虫飞，却读到了本书中的《萤舞蹁跹》：“季夏之月，腐草为萤。最美妙的当然是流萤在地、繁星在天的朦胧景象。有了这光亮的装扮，寂寥的乡村夏夜也便灿然而灵动起来。”在某种意义上，萤火虫是生态环境的标志——有此发光的小虫，青山绿水存焉，无它则反之。作者娓娓道来的是儿时的夏夜，是孩子们追逐萤火虫的快乐，直到把它“捧在手心”，“看那一闪一闪的小尾巴”，告诉我们“人世间有两种最美的光，一是此生不渡的美丽星河，二是触手可及的萤火。星河让人仰望，萤火给人温暖。”结尾处，是在大力治理污染后，姐姐告诉他又能“再见萤火纷飞了”，于是“我和孩子约定：今年暑假回乡，一起寻找记忆中的萤火虫。”全文不见“乡愁”二字，却处处都有乡愁的影子。

本书使我难以释卷的是文字的简炼与妥贴，尤其是文字中吐露出的境界的高远。文学创作中当今普遍存在的一个问题是对词语的疏忽，对古先贤的炼字炼句说弃之久矣！这里有个识字的问题。作家能不识字吗？当然不会。但假如用字不准确、不妥贴，那就很难说是识字了。梁启超有论："识字和闻道真有那么密切的关系吗？"而后自问自答："一点也不错，一个字表示一个概念，字的解释弄不清楚，概念自然是错误混杂或囫囵……所衍生出来的思想当然也同一毛病。"话题始自戴东原的《孟子字义疏证》，一字一字地分析解读，寻根究底，震惊学界。梁启超说戴东原"自成一家言"，"以识字为手段，而别有'闻道'的目的在其后"（《饮冰室合集·戴东原哲学》）。本书中的《乡音》，恰是民间语言在一处人居之地，经过几千年的传承和取舍，留下的文字瑰宝，并被写作者采用。作者春节返乡，与小爷爷的对话如下："小爷爷，您身体怎么样啊？""还占（可以），一把老骨头了。"由字及词，如"还占"，占字是方言，"还占"一词便是还行的意思。又如"我叔叔呢？"小爷爷说："你手受（叔叔）正忙着理，这不，你们都来了，他要待且（亲戚）啊！"这里有"道"吗？有，乡音高贵，亲情之道也。这就告诉我们，方言或者说乡音，有烟火味，有乡土味，有亲近感，它仿佛从泥土中涌出，涌向心头。

一切文字的学问均关乎修辞学。陈望道先生在《修辞学发凡》中称："切实的自然的积极修辞，多半是对应情境的：或则对应写说者和读听者的自然环境社会环境……种种权变，无非随情应境随机措施。"本书中，《一犁新雨破春耕》写的是一个祖父、一头牛、一个犁铧、一处池塘，耕地放水、耕牛喝水，"同那些苏醒的农具一样，它也在等待祖父的召唤"；写的是农人对土地开耕的情景，"神情庄重，一脸虔诚""在这空旷寂寥的田野上，祖父哒哒咧咧的口令声，像潮水一样弥漫开来，给人一种粗旷豪迈，荡气迴肠的沧桑感。"于是，土地与耕牛及老祖父，无不随情应景且情景交融。

由此引出了我的另一番感概：《人间词话》谓"词以境界为上"。岂止词，一切文学作品皆然。王国维对“境界”说的重视，可从他的反复论述中窥见，其中有“能写真境物，真感情者，谓之有境界，否则，谓之无境界。”本书的作者虽大都为业余创作者，却有情有境，且真情真境，即便是从回忆的时光中捡拾而得，无不境界毕现，得大地之思，是心性毕露。又思及当今遍地文章，境界难觅时，能不为亲近本源者点赞击节？多好啊，如此这般的词语，“屋檐在上，檐下是家”！

是为序。

写于辛丑初夏

徐刚

写于辛丑初夏

目录

序

【农事】

02 春雷响／郭震海
04 夹塘泥／沈大龙
06 一犁新雨破春耕／梁永刚
08 春耕图／陆向荣（彝族）
10 开秧门／沈大龙
12 打田栽秧／方洪羽
14 插麦田秧／李朝俊
16 蹬秧草／李朝俊
18 麦浪／石广田
20 磨镰／周寿鸿
22 麦收／游磊
24 三夏／石广田
26 拔麦子／常书侦
28 晒谷／吴美群
30 车水／刘贤春
32 雨润乡村／石广田
34 夏锄／薛培政
36 打耙薅草／夏丹
38 扳罾起落／程红旗
40 麻事／赵长春
42 一场新麦借风扬／梁永刚
44 耧中日月／梁永刚
46 收秋／刘贤春
48 绞草把子／石智安
51 旱垡／邓高峰
53 秋收一张锄／梁永刚
55 收稻谷／李海培
57 禾桶声声／黄从周
59 拾秋／常书侦
61 大野之秋／常书侦
63 十月小阳春／李海培
65 冬藏静无声／桑明庆

【风物】

68 屋檐在上／石广田

70 天井院落／张大斌

72 南街以南／胡巧云

74 桥头小记／王亦北

76 村口塘／段伟

78 母亲水／石智安

80 清流涧／李海培

82 源流之上／北雁

84 上黄古道／王祝兴

86 炊烟／郭震海

88 篱笆墙／张秀云

90 草垛／季学军

92 石头有用不嫌沉／赵长春

94 土窑暖 土房亮／崔志坚

96 消逝的水碾坊／李海培

98 葫芦瓢／李成猛

100 灶膛草木灰／夏丹

102 乡村暑意／梁永刚

104 秋凉几层雨／石广田

106 雪落村庄／梁永刚

【故人】

110 小贩儿／蔡运磊

113 苇匠／秦延安

115 弹棉郎／李剑坤

117 麦客／蔡文刚

119 日月广子岭／胡少明

121 手工鞋／赵华伟

123 太师椅／吴晓锦

【生灵】

126 风吹草木生／石广田
128 与草木同安／曹文生
130 大别山兰草／李成猛
132 刈草为药／石广田
134 黄蒿／张建春
136 故园老树／李成猛
138 本地杨／石广田
140 大樟树／段伟
142 村头的老槐树／梁永刚
144 栗树花开／郑烈煌
146 棠梨花／陆向荣（彝族）
148 柳絮飞啊飞／夏丹
150 腊月梅花／陆向荣（彝族）
152 桐花半亩／葛取兵
154 金黄油菜花／常书侦
156 庄稼花／梁永刚
158 稻花／刘忠焕
160 冬小麦／常书侦
162 酒香八月稗／黄从周
164 谷／廖辉军
166 稗草／徐翠华
168 沙地花生／石广田
170 萤舞翩跹／吴贤友
172 雀鸟／李海培
175 燕逐故园春／吕峰
177 蛙声的力量／孙森林
179 布谷声声／常书侦
181 家雀儿／刘琪瑞
183 蟋蟀／王畔政
185 雁阵／常书侦
187 牛伙计／张凤波

【记趣】

190 打猪草／陈健
192 拾粪／庄电一
194 耕猪／刘贤春
196 捉泥鳅／李剑坤
198 摸鱼儿／刘琪瑞
200 夏日瓜阴／黄渺新
202 大田瓜事／常书侦
204 儿时雁阵／刘琪瑞
206 蝉声悠远／石广田
208 一声柳笛十分春／梁永刚
210 三月风筝飞／孙培用
212 清明打秋千／段春娟

【舌尖】

216 吃春正当时／赵长春
218 草木野蔬香『春头』／宋殿儒
220 香椿／叶剑秀
222 春韭／石广田
224 芽上椿／秦延安
226 蚕豌豆花香／夏丹
228 槐香／冯兆龙
230 清明茶／方洪羽
232 云雾茶／段伟
234 砖茶／王宏刚
236 食艾／沈俊峰
238 夏日酱豆香／梁永刚
241 茶油飘香／廖辉军
243 豆钱儿／刘琪瑞
245 椿花落地吃『碾转』／樊进举
247 腌小瓜干／汪树明
249 石磨豆腐／孙庆丰
251 摊豆折／徐晟
253 醪糟香／周其运
255 土糖寮／雅妮
257 乡间烧酒／廖辉军
259 黄酒／张忠文
261 山里果／李朝俊
263 桑葚熟了／吕映珍

【舌尖】

265 老树龙眼／雅妮
267 南瓜红了／夏丹
269 毛栗熟了／方洪羽
271 柿子熟了／王纪良
273 老月饼／张万武
275 桂花蜜／余慧
277 白露起，红薯生／刘忠焕
279 腊八粥／黄健
281 腊月枣花香又甜／石广田

【乡俗】

284 柳色新／刘琪瑞
286 吃清明／刘文清
288 『小满会』／樊进举
290 柚香中秋／雅妮
292 乡村鼓书／段伟
295 媵社／刘忠焕
297 乡音／魏宝
299 火塘冬夜／北雁
301 撵冰边／施立夫
303 织布／刘贤春
305 皮影戏／彭振林
307 乡村腊月／陈洪娟
309 杀年猪／薛培政
311 年画／蔡文刚
313 走亲戚／蔡文刚
315 独乐寺庙会／李云龙

农事

春雷响 / 郭震海

春雷响，万物长。

农历二十四节令中，惊蛰一到，天气回暖，春雷始鸣，惊醒蛰伏于地下冬眠之蛇虫。正如《月令七十二候集解》中所言："二月节……万物出乎震，震为雷，故曰惊蛰。是蛰虫惊而出走矣。"此时的中国大地，大部分地区的气温和地温日益升高，河流和土壤陆续解冻，夜霜消失，早露生成，雨水增多。

幼时，惊蛰节令一过，母亲就会对我说："孩子，快出去听听春天的声音。"春天会有什么声音呢？儿时不解。

长大后，几次在惊蛰后归乡。迎风行走在北方的原野，站在一个高高的山梁上，望着眼前一望无际、层层叠叠的黄土地，耳边仿佛真的传来战鼓擂动、万马奔腾的声音。或许，那就是母亲说的春天到来的声音。那是生灵万物萌动的声音，不管卑微还是高大，仿佛都接到了春的邀请，正喜滋滋、兴冲冲、乐融融、浩浩荡荡地整装出发……

奔跑的风是春归的使者，它一路怒吼，发出狂欢的呼啸，穿过高山，越过大地，吹皱一池江水，剪开一树新绿，喊醒冬眠的生灵。

空灵通透的高天之上，盘旋着一只高原苍鹰，仿佛铁打的硬汉，发出强者永不言败的呐喊，以表达对春归的致敬；那鼓鼓生风的翅膀犹如一把利剑刺破蓝天，如电的目光犀利地洞察着苏醒的大地。

远处的村庄，传出欢声阵阵——那是孩子们跑出家门后的说笑声，是撒了欢的牛羊迎接春天的欢鸣。

脚踏在松软的泥土上，每一步都走得格外小心，生怕一不留神就会踏碎一个梦想，踩疼一个生机，惊醒一个盎然。

我轻轻地蹲下身，贴近泥土，仿佛听到成群结队的种子或根须在地下的呐喊。它们肯定等不及了，正吵嚷着用浑身的气力推开压在身上重如千斤的泥土和石块，想出来晒晒太阳，呼吸一口新鲜的空气。

惊蛰节令过后，黄鹂开始鸣叫，河鲤开始腾跃，蛇蚁开始产卵。只是，惊蛰苏醒的春雷，喊醒的不仅是草木蛇虫，还有乡下的父老乡亲。

民间自古就有“过了惊蛰节，锄头不停歇”“惊蛰一犁土，春分地气通”之说。此时，他们的耕种意识和解冻的泥土同时醒来，不管有雨没雨，都会固执地将一粒粒种子坚定地播进泥土，然后站在一望无际的田地里，低头挥汗，抬头望天。

伴随着惊蛰记忆的，还有村边那个石碾子。在承载了不知多少乡村人的欢声笑语后，它如同一位历经沧桑的老人，悄无声息地退出了历史舞台。那时，我的小脚奶奶走不快，她总会将幼小的我放在石碾子边的一块青石板上，然后推着石碾子吱扭扭地转。走一圈，石碾子响一圈，小脚奶奶就哼哼呀呀地唱一圈：“一棵树上五个叉，一个叉上五个芽，摇一摇开金花，要吃要穿全靠它，这棵树啊哪里有，就是自己的小手手……”

备耕的农人归来，最喜欢坐在石碾旁，端着饭碗，边晒太阳边吃饭。偶尔有小虫误入饭碗也不在意，把虫子捡掉继续吃就是了；面对旁若无人爬到腿上的小蚂蚁，就像长辈面对一个淘气的孩子，用手轻轻地赶掉就是了——在他们看来，不管是蝼蚁还是飞鸟，同在一块土地上，都有生存的权利。

惊蛰一过大地荣，春雷一声乡愁浓。

这春之交响曲，唤醒的不只是草木蝼蚁，还有在外游子内心那丝丝缕缕的乡愁。此时，我站在太行山上想，沂蒙山里的老槐树该抽出新芽了吧，井冈山里的香果树也该开花了吧，因为太行山的老柳树已经泛绿了……

夹塘泥 / 沈大龙

我的家乡在皖南沿江江南，是鱼米之乡，水网密布，沟塘充盈。明镜似的水塘，给庄稼提供了源源不断的水源；沉睡在塘底的淤泥，则是农家难得的有机肥料。

春风拂面，大地回春。记得小时候，赶在春种之前，村里有一项重要的农活叫“夹塘泥”。

夹塘泥是体力活，一般由村里的青壮年去做。夹塘泥用的木质舴盆，呈胖胖的椭圆形，长七八尺，宽五六尺，深约一尺半，载重约一千五百斤上下。经过一个冬天的养精蓄锐，人仿佛积蓄了无穷的能量，轻松地将舴盆翻转斜立起来，口沿朝下，用后肩扛着盆底横梁，噌噌噌一阵风似地来到水塘边。舴盆入水，产生的波纹向远处散去，打破了水塘本来的宁静。夹泥人用一根长竹竿将盆撑到水中央，将竹竿竖直插入水中。夹泥巴用的铁夹子像一只大河蚌，顶端连接着两根粗细适中的竹竿，每根有一丈多长。夹泥人站立在舴盆的一端，双手张开竹竿，“扑通”一声，将铁夹抛入水中，激起一片高高的浪花，宣示着一天劳作的开始，看上去极富仪式感。

夹塘泥也是技术活。待铁夹子沉入水底，双手使劲将竹竿往下压，让张开的铁夹深深地扎入淤泥中，再收拢竹竿。如感到重量不足，那是夹子还没夹满泥，就将夹子挪动一下再往下插，直到感觉夹满了才收拢，身子稍往前倾，双手用力一上一下交替着往上提杆。夹满泥巴的铁夹子约有 30 多斤重，夹子提出水面后，顺势搁在盆口沿，让淤泥中的水从夹子两侧的缝隙沥出，然后再将淤泥提到盆里。这时，要把握好杆子力度——夹紧了，

会多消耗体力；夹松了，夹子中的泥巴会“哧溜”一下滑到水里去；如果不沥水，可能盆里泥未满，水先满了。新夹上来的淤泥乌黑油亮，里面混有许多小气泡，破裂时发出“哧哧”的声音。

有时候，一口大塘里，同时有几个人在夹塘泥，你一盆我一盆像比赛一样，一人一天要夹十几盆，谁也不甘落后。儿时的我曾站在岸边看大人夹泥巴，他们总能稳妥地驾驭舴盆并保持很好的平衡：刚开始，盆里是空的，人站在盆里一端，另一端会高高地翘起来，盆子前后端上下起伏，前口沿几乎贴近水面，但就是不进水，直到盆里夹满了塘泥。夹泥人动作舒展、刚健利索、挥洒自如，想到哪儿夹，盆儿就跟到哪儿，既不会打转转，也不会随风漂移，更无翻盆沉没之虞。

待盆里泥巴满了，人们会放松一会儿，活动一下筋骨，然后让口沿离水面仅两三寸的盆儿回到竖立的竹竿处，将铁夹子插入水中，拔出竹竿，将盆儿撑到岸边。

智慧的庄稼人在高高的塘埂中间挖一个斜斜的涵洞，入口处做成一个不大的斗口。夹完塘泥后，用木泥锹将盆里的泥巴一锹一锹地掀入斗口，泥巴便顺着涵洞滑到塘埂另一边的田里。小东风一吹，不几天，泥巴就半干了。待出工时，将泥巴挑到周边的田野，再用铁锹均匀地散落到田里，我们称之为“散泥巴”。

夹过塘泥的水塘，清除了淤积，水质变得更加清澈了；散了泥巴的田野，禾苗长势旺盛，绿油油的，煞是惹人喜爱。

如今，夹塘泥这项劳动在家乡已经见不到了——想想，那已是三十多年前的回忆了。

一犁新雨破春耕 / 梁永刚

春回大地，万物复苏，蓄势待发的旷野到处充满着新生的喜悦和希望；地气升腾，虫啾鸟舞，一年一度的春耕拉开了序幕。

乡谚说：“过了惊蛰节，春耕不能歇”“春得一犁雨，秋收万担粮”祖父生前挂在嘴边的一句话就是：“人误地一时，地误人一年。”

祖父是种庄稼的老把式，深谙春耕春种之道。在我童年的记忆中，下过一场透雨，祖父便将休眠了一冬的曲辕木犁和耙拿到院子当中，仔细地擦拭着厚厚的一层灰尘，专注地敲打着犁铧和耙齿上的泥土，声音不大却清脆悦耳，仿佛要将歇了一冬的农具唤醒。

拾掇完农具，祖父又将耕牛牵出来，到离家不远的坑塘里饮水。憋闷了一冬的耕牛咕咚咕咚喝饱了一通水，枯槁的牛毛在春风的轻抚下油光光、闪亮亮地，立马活泛了许多。同那些苏醒的农具一样，它也在等待祖父的召唤，随时准备好去春耕的战场上冲锋陷阵。

祖父犁地的时候，我总是屁颠屁颠地跟在后面凑热闹。一改平日的大大咧咧，此时的祖父神情凝重、一脸虔诚，一手扶着犁拐，一手牵着撇绳。听着行进的指令声，耕牛迈开四蹄卯足力气往前走，锃亮的犁铧经过之处，翻开的泥土像一层层黝黑的波浪，发出亮闪闪的光芒。

在空旷寂寥的原野上，祖父“哒哒咧咧”的口令声潮水一样弥漫开来，给人一种粗犷豪迈、荡气回肠的沧桑感，仿佛这一声声呐喊过后，郁积于他胸中许久的苦闷便一点儿一点儿地释放出来。

有时候，祖父手中也会握着鞭子，但这鞭子更像是个虚设的道具，从南到北一趟趟走下来，很少实实在在地落在牛的身上，只是在它略觉疲惫意欲偷懒之时，才高高扬起再轻轻放下，虚张声势地吓唬吓唬而已。

牛毕竟是牲口，时不时会有把犁拉偏的时候，故而祖父嘴里的“哒哒咧咧”声几乎没有间断过。我不明白这口令的意思，就趁祖父在地头吸烟的间隙问他。祖父笑了：“人有人言，兽有兽语。老祖宗把野牛驯服役使了几千年，要是牛听不懂‘哒哒咧咧’咋干活哩！”原来，从牛落地生下来开始，主人就得训练它“哒哒咧咧”的口令——“哒哒”就是让牛往外拐，“咧咧”就是朝里拐。

犁地不平，难保墒情。犁完地，平了山沟，还要及时用铁齿的耙子耙上一遍，目的是耙碎大块的土坷垃，让土地更加平整。

开始耙地了。煦暖的阳光照在田野上，祖父吆喝着牛，把耙横在地头最佳的位置。随着手里的鞭子一声脆响，老牛奋蹄向前冲去，祖父也一个箭步跨上耙架，一手紧拽缰绳，一手挥舞鞭子，行进在犁铧翻过的松软泥土中。此时此刻，站在耙架上的祖父和平日判若两人，临风而立、雄壮威武，恣意地驰骋在属于他的这一方田地上。

很快，那些埋藏于泥土中的枯草、腐叶得以重见天日，一丝丝、一缕缕、一团团地纠缠于耙齿之间，羁绊着拉耙的节奏。

一块地耙完了，祖父蹲坐在地头，点上一袋旱烟，有滋有味地吞吐起来，排遣着耕作后的一身疲倦。

他意味深长地对我说：“庄稼活儿使不得一点儿假劲，更偷不得一点儿懒。田间管理如绣花，功夫越细越到家。多耙一遍，地里的土坷垃就会少一些，将来庄稼出苗就齐整，收成自然就好。”望着长长的地垄，祖父目光如炬，语气坚定。

春耕图 / 陆向荣（彝族）

在滇西横断山中那个叫咱烈的村庄，布谷鸟的歌声刚从林中传出，一场难得的春雨便将地埂上的桃花纷纷扬扬打落下来，土地被染成了星星点点的粉红，真正的春耕开始了。

斜风细雨中，父亲在早已平整好的秧田里撒上稻种。被雨水浸透的稻种张开鹅黄的小嘴，滋滋汲取着顺沟而下的雨水，并伺机将嫩绿的叶片伸出土壤。母亲拎着锄头，走进父亲平整好的山地，轻轻一挖，将玉米籽扔进去，再用脚划拉平就行了——玉米是最好种的庄稼，如咱烈村的孩子一样，不用费多大事就长得好好的。

春耕的高潮，是以高亢婉转的牛歌为鼓点的。谷雨过后，咱烈村的雨水越来越密集，身披蓑衣头戴斗笠的父亲第一个下田。他高挽裤腿，一手扶木犁柄，一手执牛鞭，吆喝着两头膘肥体壮的大牯子悠然穿行在水田。母亲去了山脚小河边的秧田，用浸泡好的稻草将茁壮的秧苗一捆捆捆好。爷爷则顶着个蛇皮袋缝制的雨衣，顺着隔年的老田埂奋力用锄头把田泥一锄锄铲到田埂上……

村里的学校正放农忙假，孩子们也没闲着。耕牛去田里耕作了，圈里剩下母牛和两头活蹦乱跳的小牛犊，还有一窝小猪正淘气地用小嘴拱着圈门。男娃负责放牧，女娃则做好午饭送到田头。等把猪牛赶到田边，孩子们也加入到春耕的队伍：有的拿镰刀、有的握锄头，这里挖个坑、那里刨条沟……汗水和着泥土顺着脸颊往下淌，头发上沾着草屑和蜘蛛网，犹如一只只脏兮兮的小花猫。现在想来，尽管当时并没有循循善诱的教导，可孩子们懵懂幼小的心灵在平日的耳濡目染下已懂得“谁知盘中餐，粒粒皆辛苦”的道理了。

咱烈村的田没有固定水源，一切靠天吃饭，多是“雷响田”——雨下得越大，庄户人家就越忙。如果不及时把田犁耙好，待雨一晴，田里的水就全漏到涧沟里去了，因此无论多累、多晚，家家户户都要把田耙好，打着火把耕田也是常有的事。

栽秧是第二天的事了。咱烈村的清晨在鸡鸣狗吠中醒来，迷蒙的浓雾在晨曦中渐渐散去，整理好的水田像一面面镜子镶在山腰；几只燕子“唧唧”地掠过水田，捕食空中的飞虫。父亲站在田埂上，娴熟地把竹篮里的秧苗一捆捆抛到田里，只见水纹一圈圈地荡漾开去。母亲已在田间栽插了，一株株嫩绿的秧苗随着一双起起落落的手站立在田间，偶尔会有星星点点的泥浆溅到脸上。

如今，随着农业机械化的推广，各种微耕机、插秧机开始在春耕生产中大显身手。无论是乡村还是在城郊，田野里到处是“轰隆隆”的机械声。庄稼人已从炎热繁重的劳动中解脱出来，再不用辛苦地栽插秧苗，收入不减反增。这是社会的发展、技术的进步，人们自然欢喜。看来，记忆中的春耕图，只能当作一段历史来慢慢回味了。

尽管高吭的牛歌已在岁月演进的长河中戛然而止，大自然万物生长的节奏却亘古不变。春耕前，咱烈村的大地是死寂冷清的荒野，一派山枯水寒；春耕后，咱烈村的大地则喧沸热闹起来，在满山青翠的掩映下，一棵棵嫩芽开始发力、冒头，舒展着不可抑制的生命力量……

漫步在春耕后的田间小径，举目四望，渐渐绿起来的坡地和梯田从远到近层层铺叠着，宛若苍茫天地间的一幅巨型水彩画。

春耕，依然是咱烈村这个季节里挥之不去的乡愁。

开秧门 / 沈大龙

开秧门，是江南人家千百年沿袭下来的习俗。

早在清明前后，农家就已经忙开了。将头年优选的稻种倒入舴盆，用清水浸泡，叫作浸种。待稻种吸水胀饱，起水倒入事先挖好的土坑，淋透温水，上面覆盖一层厚厚的稻草。农人聪明，这是利用地温使稻种发芽，叫作催芽。两三天后，揭开稻草，土坑里冒出一股热气，稻种已露出芽嘴。露芽的稻种被均匀地撒到秧田，开启了新的生命。

秧田做成一畦一畦的，田泥要做细做匀，更要摊平整，不然撒下的谷种高的缺水干死，低的缺氧淹死。一畦秧田约一米来宽，便于人们拔除杂草，进行田间管理。

沐浴春光春雨，施几遍农家肥，露出叶尖的幼苗得以茁壮生长。约经过一个月，秧苗长到一拳加翘起来的大拇指高，也就到了开秧门的日子。

谷雨过后，选定晴好的吉日。清早，村庄笼着一层薄雾，村民们怀着喜悦的心情涌向田头，点燃爆竹，高声呼喊："开秧门啰！"

人们纷纷挽起裤腿，兴高采烈地踏入青油油的秧田，激起了一片片水花。乍暖还寒，田水冰冷，但心头的喜悦还是驱走了寒意。待第一把秧苗被拔起，欢声笑语中，秧门也就开了。

拔秧有学问。农人坐在秧凳上，左右开弓双手拔秧，再将两手的秧苗合拢、竖直、放松，使秧根齐落在泥面上，右手一把攥着，上下摆弄，濯去根泥。濯泥时，用劲要适度：劲大了，会溅起泥水；劲小了，又濯不走泥，根须不易扯开。

拔秧时，凳左侧放着浸水后的稻草，结实有韧劲。右手濯泥的同时，左手抽一根稻草横在手掌，待右手将秧苗交到左手，草头绕秧苗腰部一周，打结拽紧，就扎成秧把，轻轻往身后一丢。秧把结要扎成松紧有度的活结，插秧时只要拽一下草头，秧把就能散开。秧技好的农人，秧把容易打开，秧苗整齐清爽，根须干净不缠绕，插秧时顺手顺心。

待所拔秧苗够栽插一天的数量后，大家就停了下来，将秧把拎到田埂上，沥水码放在秧夹里，挑往不远处的大田栽插。在农人的百般呵护下，那些秧苗仿佛一个个待嫁的姑娘，迎着春风奔向属于自己的一方新天地。

到了犁耙好的大田，众人都不肯轻易抢先下田，而是相互谦让一番，推举插秧能手也就是“秧师”先下田插秧，随后大家才摆开阵式，你追我赶不甘落后。“退步原来是向前”，插得快的往后退得也快，插得慢的反而落在前头，且往往遭到合围，被左右插好的秧苗关进去，人们称之为“关鸡笼”。为了不被“关鸡笼”而感到丢脸，插得慢的人便将自己的趟位让给插秧快的人，这叫“让趟”。

开秧门是件喜事，当然要讲一些规矩。甩秧时，一定得看准地方，切不可甩到插秧人的身上，也不能从人的头顶上甩过；传秧时，一人先将秧把丢在田里，另一人去拿，不得用手直接去接。若哪个人被甩中，俗称“中秧”，意为遭殃，会被认为不吉利。待到栽插结束，若有多余的秧苗，也不会随便甩掉，而是集中栽在角落里或丢进水塘。

每当开秧门时，常听到布谷鸟的叫声——“阿公阿婆，割麦插棵”，仿佛天上来音，叮嘱天下苍生不误农时，抓紧春种。这其中，凝结着多少农家对好年景的祈盼和梦想啊！

打田栽秧 / 方洪羽

“细雨燕低飞，栽秧布谷催。”故乡黔北大地拉开了春耕生产的序幕。

农人们开始新一轮泡稻、下秧。记忆中，母亲总是将前一年留下的稻谷种拿出来用大木桶浸泡，细心地漂去瘪壳，剩下饱满的谷种，再放到箩筐里用干净的稻草盖上，每天浇上几遍温热的水等待发芽。

早在冬季，母亲就已选好一块向阳且靠近水塘的稻田了。她提前将田里灌满水并挑上几担农家肥撒进去，作为整理侍弄下谷种的“秧地”。此刻，秧地里的泥土已变得极其松软肥沃，只需平整几遍，待到谷雨时节，将发芽的谷种洒到秧地里育苗即可。

“青草池塘处处蛙。”进入立夏，不只是池塘，空旷的山野之夜也被蛙声填充得鼓鼓胀胀。此时，又到了打田栽秧的时候。

山里缺水，灌溉农作物全靠“望天水”。雨说来就来，有时老天爷会把雨安排在下半夜。为了留住这转瞬即逝的宝贵“天露”，被雷声惊醒的农人立即翻身起床，披蓑衣、戴斗笠、扛锄头，即使顶着倾盆大雨，借助时有时无的闪电，也要赶到自家地里，忙活上半宿，把每块水田的渠口都堵上。

翌日一早，人们便迫不及待地扛上犁铧、牵上水牛赶到水田边，望着那一丘丘明晃晃的蓄满水的梯田，满心欢喜。“养牛千日，用在一时。”阵阵底气十足的吆喝声中，水牛听话地拖行着笨重的犁铧，主人则紧跟其后，握住犁把掌控着平衡、力度和方向。

铧尖在水下将板结的泥土翻转疏松，以便适合秧苗落脚生根。那梯田里的泥土永远搅合着泥沙和细小坚硬的石块，每年打田栽秧都要一边劳作一边清理，使得农人们的手脚往往都要磨掉一层皮，或是一层新的茧子。

栽秧前要将犁过的水田再耙个三两次。犁耙长约一米五，架子上有手柄，下有一长排铁齿，形似一把梳子。那些高高低低的泥堆被犁耙“梳”过几遍后，就变得光滑平整。

“不怕田瘦，就怕田漏。”耙地这活计很讲究，只有深耕细耙才能减缓水的渗漏速度。

开垦在陡坡上的梯田，层叠错落着沿山野拾级而上，一垄高于一垄，且形状因地制宜、千奇百怪。

不同形状的梯田，栽秧方法就有所不同：一种是“拉绳”移栽，即在水田两头插两个木桩，中间拉根绳子，以此为参照将秧苗一排排、一列列栽得纵横交错、整整齐齐；一种是“顺田弯”移栽，就是以田埂为参照，随弯就弯，倒也别具一格。

栽秧绝对是项技术活。根部的插入要恰到好处——插得太深，秧苗生长缓慢；插得太浅，水波一荡便会连根浮起。

栽秧还要求眼疾手快，准确判断出秧苗间的距离后，如蜻蜓点水般迅速栽插，人却一步步往后退。正如古诗所云：“手把青苗插野田，低头便见水中天。六根清净方为稻，退步原来是向前。”

“田夫抛秧田妇接，小儿拔秧大儿插。笠是兜鍪蓑是甲，雨从头上湿到胛。”农人最喜雨天栽秧，虽说穿蓑戴斗劳作辛苦，但此时栽的秧苗最易成活，转青也快。

时过境迁。如今，现代化耕作方式已普及推广，牛耕犁耙、打田栽秧的热闹场景即使在乡下也难得一见。于是，这份浓浓的乡愁就像一根若有若无的线绳，牵着游子那漂泊不定的心，永远朝着回家的方向。

插麦田秧 / 李朝俊

走在春夏之间的村前道上，麦田与白田是两种迥然不同的风景。

只见田冲的白田里，两周前插种的水稻秧苗，开始泛出黑青色，在温润的水中，扎根吸肥，随风摇曳。而麦田里，金黄的成熟麦子却刚被割尽放倒。劳力抱的抱，捆的捆，快速将打成捆的“麦个子”排放在田埂上。

麦田秧，白田秧，是老家桐柏的叫法。麦田和白田的最大区别，在于麦田可以水旱轮种，除收割一季小麦，还要种植一季水稻；白田则仅能收获一季稻谷，秋冬天就撂荒留白，待到来年春天再种水稻。

农历四月间，早秧长成，白田秧正逢插种。早在春天里，人们将专门采来的青草、嫩树叶等秧蒿，当作天然底肥，踩进冬天翻犁过的白田中，沤上十天半月变好肥，与泥土融为一体。这时，人们跟着农时节气，将攒了一个冬天的劲，全力用在插白田秧和割麦上了。抓紧收割完小麦，就马上到了插麦田秧的时候。

此刻的壮劳力，有的还在奋力割麦，肩挑麦捆奔向麦场；有的已套上铁犁，扬鞭犁田；还有的背耙牵牛，开始耙田了。几块麦茬田在三五耕牛的犁耙下，一个早晨就能旱地变水田。麦地里的排水深沟被铁犁深翻趟平，堰塘水被放进来。浅浅的麦茬经来回耕耙，除了少量随水浮起漂走，大多又回到稀泥松土中。

麦田的特点是三沟交错，沟沟相通。经验老到的农人们犁地时尽量填低充平，黑黝黝的新犁土地才能变得平整。这时，扫除土块坷垃的铁耙该出场了。形如“目”字的农耙，二十多个上宽下尖半尺长的铁钉被楔进长木中，在泥土里磨碰得锋利无比。

人到泥田水平处，下水提耙随牛轻走，快到凸处高地时，人快速出水上耙，一脚轻踩前耙木上，一脚加重下踩后耙木，整个人重心在后，口喊着“哒哒”“咧咧”，鞭声在牛耳边脆响。在两个老牛的鼎力负重中，耙夹着厚厚的泥土，随水前推快进。就这么几次来回耙上耙下，麦茬地成了一汪水田，硬土块变成稀泥汤，与那白田模样就不分上下了。

插麦田秧，讲究快字。快在抢节气，不误农时，让秧尽快入泥生长。同样一块田，早插一天，晚插一天，两处的秧长势就各有不同。不一样的长势，决定秋天收成的好坏。因此农历四五月前后，是农村插秧割麦，割麦插秧，最忙最累最出活的时候。

小时候，我常问累得腰酸背痛还整天乐呵呵的父亲，这麦田秧是谁想出的主意，割麦插秧挤在一堆，天天快把人给累死了。老父亲不但不生气，还哈哈大笑说：“这是老祖先给咱们的福呀！麦稻两种让人有馍又有干饭吃，这不是天下哪个地方想有就能有的好事呢。”

进城读书后，我曾求教于农学专家水旱两种的历史由来。专家说，地处南北地理线上的桐柏地区，麦田秧的插种在华夏农耕史上有着浓墨重彩的一笔。查找《桐柏县志》，清晰地印证了这个说法：“东汉时期，即开始实行水旱轮作的土地利用方式，是我国稻麦轮种的发祥地。”

脚踩麦田秧埂上，心在祖国农耕史里徜徉：从神农氏到无数先人，一辈辈一代代，在荒野之地上深耕细作，因地制宜，找寻办法，解决温饱，用汗水向土地求收获，用智慧耕作麦地稻田。

我站在田野中漫想：连吃草的牛都拼命干活，哪有人拈轻怕重，光享清福的道理哩。父亲口中言说的好事，实际上是农人敬重土地的特殊表达方式。中华民族对土地的深情，就这样根植在大地阡陌里。

蹬秧草 / 李朝俊

农活到了蹬头遍秧草的时节。

这时秧田泥软水温，散发着新土、肥泥、绿水的气息。初夏的田水有的受太阳暴晒蒸发了，有的被秧苗泥土汲取了，水中肥劲沉淀入泥，愈发显出浅水伴绿秧。

水田蹬秧草，和旱地锄草功能如出一辙，目的都是消灭杂草，翻泥松土，呵护庄稼茁壮成长。人们赶在农历六月间，水稻孕穗期前，至少要蹬过三遍秧草。

三遍蹬秧草，遍遍有讲究。

蹬头遍秧草，小半田水，大半田泥，露出秧蔸，水稀泥软。人们脚过青草田埂，腿入泥田温水，一字排开蹬秧草。有人背着双手，有人手拄秧草棍，还有人一手拄棍一手掐腰。在秧苗田里，脚翻泥水，将嫩秧根须理顺踩深，把野蒿沤出的肥水黑泥以及耙耕不均匀的地方，用脚蹬散弥漫开去，便于众多秧苗均衡吸收肥效。蹬过秧草的水田，秧苗根须很快扎下，吸肥水接露珠，在阳光与暖风里返青。用父亲的话说，蹬头遍秧草，就是蹚蹚浑水，给秧田松松筋骨，让小苗快点扎根吸肥接地气。

二遍蹬秧草，田水放尽。此时，杂草围着旺长的秧苗，一层层、一簇簇，高高低低各不相让，在松软肥泥中蔓延。有根生白玉状的“野慈姑”，有形如竹叶的“眼子菜”，有生命力极强沾水土就长的“四叶萍”，还有叫不出名的这草那草，都在秧苗根边吸肥料、抢阳光、争水分。

蹬秧草的父亲，右手紧拄棍，脚棍配合，稳如泰山。一会儿用左脚翻起软泥覆盖在野草上，一会儿用右脚踩深秧苗根须。脚过泥翻处，秧苗被蹬得前仰后合、东倒西歪。秧蔸上全是田底的新泥，大小野草被踩进泥浆，糊闷在密不透气的黑泥里——这一招着实绝妙，既可将野草在高温的阳光照射下闷烂成新肥泥土，又可翻软有点儿板结的田泥。

二遍蹬秧草最见功夫。谁将秧田蹬得泥翻草埋，秧蔸上没一丁点“围脖”草，谁就是众人竖大拇指的“好蹬家”。父亲在村里当过生产队长，是公认的蹬秧草好手。

跟着父亲蹬秧草，既长学问又开眼界。稗子草和稻秧在我眼里就是真假“美猴王”，看稻秧像稗子，望稗子似稻秧。于是，每次蹬过秧草后，便有不少稗子从我脚下坦然幸存，总是被后边的二姐抓到“把柄”。

有一次，趁着在田间休息的空当，父亲告诉我：“蹬秧草实际上蹬的是心劲，光有力气可不中。”父亲说的“心劲”，其实就是“责任心”。在他看来，“人有了心劲，脚脚蹬得快活得劲，稗子草打眼一过，脚丫子三踩两夹就能薅出来。”说罢，下田薅出两株“青秧”让我辨认。见我一脸茫然，父亲取下口含的玉嘴烟袋，用锃光瓦亮的铜烟锅轻点两株“青秧”的拔节处——“上面长绒绒毛的就是秧苗，没毛的便是要除掉的稗子”。

蹬第三遍秧草，大约与头遍相差个把月，“脚法”与前两次截然不同。此时，秧苗由少变多、从弱长强，一株连一株长满田间。生命力顽强的野草，争不到阳光，就退而求其次，趴地绕秧吸肥抢水。此时，“蹚蹚浑水”肯定不行，深踩厚翻更不行。为啥？轻蹬，对于表面结成“草壳”的泥田秧草就是隔靴搔痒，不起啥作用；深踩，能将趴地生根的野草蹬进深泥掩埋，但稻秧的深根长须也就翻断了，可谓得不偿失。农人种田的责任心生发出蹬第三遍秧草的智慧：先用手将秧垄上的长草粗根捞出扔到田埂上，对于捞不净的小草，则迎头轻踩进田水中，抑制野草的生长速度，使稻秧长势更旺。

如今，除草剂进入大地秧田，解决了草秧争肥争水争阳光的问题，也解除了人们起早贪黑蹬秧草的劳累。人们在得闲之余，也会惆怅上那么一句:“不蹬秧草了，过去在田里抓鱼逮鳝的乐趣也没有了。”

还是先人聪明，以草制肥养田，肥沃了土地，滋养了人民，传承了文化，写实了农耕史，保护了生物和生态的多样性。这样的人与自然共生大智慧，值得好好传承。说不定哪一天，咱中国人“蹬秧草”的智慧就会成为人类非物质文化遗产呢。

麦浪 / 石广田

五月的乡村，宛若漂浮在麦浪上的一艘艘小船，优哉游哉地荡漾着。

应着时节的集市和庙会越来越热闹。买镰刀的、买桑叉的、买木锨的、买扫帚的、买簸箕的……

人们熙来攘往，唯恐错过了时机。收麦子的时候，哪一样农具都很紧缺，谁也不好意思像平时一样招呼一声就借了去。

只有麦客是悠闲的。他们哼着小曲儿，把一台台休息了一年的收割机开出家门，驶入维修站，一丝不苟地检查起来。

“时间就是金钱”，谁都害怕正在抢收的收割机坏在麦田里。“机器坏了事小，误了收麦子才是大事”，这是麦客们的信条。

忙着灌浆的麦子只关心天气，在一天天燥热起来的太阳下努力生长，向着生命的顶峰冲刺。

这时候，它们最讨厌连绵的阴雨和狂风了。如果遇上雨中的狂风，一方方麦子就会整块扑倒下去，除了不便收割，产量也会折去大半。

于是，人们在喜悦中担心，在担心中喜悦。五月，是如此让人牵肠挂肚。

待麦稍开始发黄，馋嘴的小孩子看得准，要提前尝一下鲜。他们挑拣地头儿上长得最饱满的麦穗，放到火上烤或笼屉里蒸。新麦的香气在村子里氤氲，安抚着人们的担心。

听母亲讲，过去“青黄不接”的年代，很多人会把尚未完全成熟的麦子割下来，放到磨上碾成“碾转”吃。从我记事起，就没有遇到那种年景，自然也没有品尝过“捻转”是什么滋味。再说，把没成熟的麦子割下来，太糟蹋了，但凡有一点儿法子，谁会舍得呢？

五月的乡村，大人也没闲着。荒芜了很久的打麦场长满了杂草，去年的麦秸有的还堆在场边，风雨人迹把平整的地面破坏掉了……

于是，套上牲口、带上犁耙，浅浅地犁开、耙平。

先洒上点儿水，再铺上一层薄薄的麦秸，让石滚子吱吱呀呀地响起来，把浮土压实碾平——这里，将成为麦子第一个短暂的家。

到了月底，原来碧绿的麦浪会由浅黄变成深黄，在太阳和热风下炸芒。

田边地头的人影多起来，有经验的人掐下一粒麦子放到嘴里，用牙齿试着软硬、估着产量，“咯嘣咯嘣”几下后喜笑颜开：“今年看来收成还不错！”

难怪，去年秋天种下的种子，在漫长的等待中终于要收获了。“蚕老一时，麦熟一晌。”这一晌，可不像说起来那么轻松。

多希望自己也能像麦客一样，五月底驾驶着收割机由南向北追逐着麦浪前行。

那是喜悦、幸福的麦浪，试想一下，在无垠的山河间感受收获的满足，不也是一种人生洗礼吗？

我仿佛看到，五月乡村的麦浪正欢笑着向我涌来，撞个满怀。

磨镰 / 周寿鸿

七月的乡村，麦子熟了，饱满、金黄的麦浪渴望着收割的刀口。半夜，父亲被从田野飘来的麦香叫醒，他蘸着月光，开始磨镰刀。

镰刀取自仓房的墙壁上，一把把落满了灰尘。去年秋收后，它们静静地等候了大半年。镰刀变老了，刀背黯淡无光，刃口锈迹斑斑，锋芒被闷死在铁锈里，如同落魄的英雄满怀着憋屈。父亲一一验查镰刀，轻轻抚拭着曾经锋利无比的刀口，目光里充满疼惜，就像面对离家多日变瘦变黑了的孩子。

新月在天，如镰；磨镰的父亲，腰背亦如镰。月光如水，洒落在小院里，在父亲面前盛了水的木盆里，也倒映着一弯月亮。

父亲坐在小木凳上，将磨刀砖斜支在木盆里。村人磨镰多用青砖，砖面平滑柔和，虽与磨刀石相比，磨镰耗时更长，但磨出的刀刃更有韧劲。他深深吸了一口气，双手拿起镰刀，轻放在磨刀砖上，往上面浇了一些水，然后弯腰一推一拉，流畅而熟练。“嚯——嚓——”，推拉之中，镰刀兴奋地鸣唱，暗红色的铁锈纷纷脱落，浓重的金属腥气四下弥散。父亲轻推慢拉，一次次让镰刀浸水、磨砺、擦拭，刀口逐渐变亮、变薄，直到光亮如初。父亲的眼睛跳动着欣喜，他用手指试了试刃口，又映着月光轻轻一挥，那月光竟然被刀锋斩断，簌簌落了一地。

一把磨好，又磨另一把。镰刀们列队等候，挨个接受父亲的召唤。慢工出好镰，磨镰是个细活。父亲是村里磨镰的好手，他沉稳从容，将镰刀磨得顺手贴心，刃口既锋利又坚硬。终于，镰刀都磨好了，一把把寒光四射，

福

跃跃欲试，等待走上征场，一尽刀扫麦地的快意。

母亲和我一早被父亲的磨镰声吵醒，都已经起了床。抓紧吃过早饭后，我们拾掇好铁叉、扁担、扫帚、木锨等一应农具，带上水瓶、茶碗等下田。而镰刀们，也都整齐地扎好放进筐里，一同走向麦田。

麦浪随风翻滚，洋溢着成熟的气息。今天是开镰的日子，镰刀闪着光，颤动着收割的兴奋。每年的第一镰，父亲都当仁不让地站在最前面，左手拢麦，右手执镰，轻轻地一挥——嚓！举起一束麦把高高扬起在我们面前，如同扬起一面旗帜。于是我们也开始挥动镰刀，“嚓、嚓、嚓……面前的麦秆应声而倒。镰刀在歌唱，麦浪在退缩，在我们的身后，一排排整齐的麦茬不断地向前延伸。

离开乡村好多年了，每到麦收时节，都会想起父亲和他的镰刀。钴蓝色的天空，阳光下一切都是金色。迎着铺天盖地的麦浪，父亲一手执着镰刀，一手举起被割下的麦把，浑身沐浴在太阳的光辉里。这一刻，父亲与镰刀融为一体，背影就像镰刀一样挺拔锋利。

我有时想，世界再大再复杂，也如同一片麦地，从庄稼的生长，从耕种与收获的轮回，我们可以领悟到它运行的意义。烈日下，像父亲这样汗流浃背、勤恳劳作的人，才是真正感知世界的人。

如今，机械化取代了人工收割，镰刀渐渐退出了历史的舞台。父亲终于老了，不再磨镰、割麦的他，把自己的腰弯成了一把镰刀，被挂在岁月的墙壁上。但镰刀的锋芒，依旧闪烁在父亲的心里。每年麦子熟了，他常常走出家门，来到麦田边。彼时，他的眼睛便不再混沌，变得明亮起来。在他的眼前，金色麦田如同海洋一样起伏翻涌，而他新磨的镰刀闪闪发光，正在阳光下快乐地鸣唱。

麦收 / 游磊

无论是白居易的诗句“夜来南风起，小麦覆陇黄”，还是农谚所云“黄金铺地，老少弯腰”，都描述了麦收时节乡村一派忙碌的场景。

走出喧闹的城市，遥望着泛起金黄色的麦田，我知道今年的“五黄六月”天已离父老乡亲们越来越近了。

清晰记得20年前的乡村，还在小满前，人们就已经早早地赶到集市上，把镰刀、扫帚等麦收用的农具买回来。紧接着，再紧张地整理出打麦的场地。

在离家较近的一块正方形自留地上，父亲用耙子把土划松，泼上水，撒上一层陈年的麦糠，再赶着牲口把场子碾压平整——即将开镰收割的麦子，要在这片场地上碾打晾晒。

过了小满，父亲便时不时地到田里转悠，看看麦子成熟了没有。回来后，手里习惯性地握着几颗麦穗，揉搓成粒给母亲看：“这麦粒长饱了，再过两天就能大收了。”母亲早已磨好了足够一个麦季吃的粗细面，虔诚地等待着麦收的到来。

一场干热风吹过，麦子变黄了。人们不约而同地拿着镰刀走向麦田。

田野成了人群点缀的金色海洋，清风吹过，麦香扑鼻。风吹麦穗的“唰唰”声，男女老少割麦的“嚓嚓”声，与布谷鸟不间断的鸣叫声，混合成一支雄浑的交响乐，从凌晨到午夜，一直激荡在乡村的上空。

汗流浃背的人们累了，直起腰来擦擦汗，再回过头来看看身后像列队的士兵一样成捆成捆的麦子，满心的欢喜溢于言表，之前的劳累也仿佛一扫而光。于是，再次卯足劲儿，拼命向前割去。

乡村小路再没了往日的宁静，马拉车和架子车源源不断地从田野到麦场来回穿梭运麦，伴随着“吱吱嘎嘎”的拉车声、“噼噼啪啪”的挥鞭声和“嘻嘻哈哈”的欢笑声，不几天，麦场就堆成一座座小丘。

鸡鸭们这时也愿意到麦场周边转悠，啄颗麦粒、捉条虫子，吃饱了先嬉闹一阵子，扬起脖颈叫上几声，然后悠闲地趴在树荫下眯缝起眼睛。

翻麦，碾打，扬场……麦子收完了，打麦场开始热闹起来，到处人声鼎沸。东家向西家借把木锨，西家到东家拿把叉子，无须打招呼，只要邻场的农具闲着，尽管拿来用好了。

我最喜欢看父亲扬场。瞅准一阵风，迅速铲起一木锨麦粒和麦糠的混合物，胳膊用力向斜上方一甩，麦糠便随风飘向一边，麦粒则哗啦啦地掉落下来，迸溅落在身上，痒痒的。

父亲会趁着停下歇息时，抓起一把麦粒仔细摊看，满脸难掩的喜悦之情——这一颗又一颗饱满的麦粒，汇聚在一起，就成了我求学的费用和全家基本生活的保障。

麦子打好后，选上个好天气，摊场晾晒再颗粒归仓——如此，一年的麦收季才算画上了个圆满的句号。

手捧着母亲蒸好的新麦馒头，我背着书包去上学了。眼望着那平展展的麦茬地，陡然间，平生第一次有了“勤劳能带给人幸福和快乐”的朴素感悟。

眼下，又到了麦收季节。那一帧帧热火朝天的劳动画面，那一张张亲切熟悉的慈祥面孔，已然深深镌刻在游子的记忆深处，成为温暖如初的过往。

三夏 / 石广田

夏收、夏种与夏管俗称“三夏”。就其劳累程度讲，“三夏”对人们的体力和意志力都是最艰苦的考验。

在太阳的炙烤下，麦子“咔啪”“咔啪”地炸芒了。人们忙着修补口袋、整理麦场、磨镰、买化肥、买种子……“三夏”的帷幕在某一个清晨倏地拉开，人欢马叫的开场让田野顿时沸腾起来。

人们卯足了劲儿赶进度、抢农时，似火的骄阳挡不住内心的渴望。戴上草帽，穿上长袖衬衫，尽管严密的“武装”会把自己捂出一身汗，却能逃过太阳的暴晒。不然，只消一天时间，脸和胳膊就会晒得褪下一层皮，再被汗水一浸，又疼又痒，仿佛千百只蚂蚁在啃食肌肤。

割麦干不了两天，人们的劲头儿就开始消退：先是弯着腰健步如飞，后来变成蹲在地上挪动，最后干脆一屁股坐在地上挥镰。麦子终于被一片片割倒，打成捆车载人拉运到打麦场，给秋庄稼腾出位置。

来不及休整，就得立马开始下一轮播种。若是运气稍好，地里的墒情还不错，就能暂时省去架泵浇水的活计。有墒的土地比较柔软，点种时铁锨蹬下去不用费多大力气。大部分年头，割过麦子的土地都是干涸坚硬的。在这样的地里一锨一锨地挖坑下种，生生能把好端端的人变成一条腿不敢着地的瘸子。

“铁茬抢播”完，水泵刚架上，那边麦场上就开始碾麦打场了。劳力总是捉襟见肘，不得不派小孩子去地里浇水。记得小时候，有一次看见自家地里的水钻开口子往邻家地里流，于是用铁锨使劲儿挖土垒田埂，不但没把缺口堵上，反倒越堵越大，急得跑去麦场找父亲帮忙。一脸汗水的父亲把我臭骂一顿，亲自堵上缺口后还得去给邻家道歉——人家种的是豆子，水一淹就闷在土里发不出苗了。

摊场、翻场、碾场、扬场、溜场……健壮的骡马也比不过人的韧性。孩子还小没法帮忙浇地的人家，白天在麦场忙碌了一天后，夜里还要连轴浇地，天明时整个人又累又困，几乎睁不开眼睛。但一想到收获的喜悦和秋天的远景，疲倦的身心便又立刻受到了无穷的鼓舞。

麦粒从麦场运回家时，秋庄稼已经长出一拃高了。野草也趁着墒情，和庄稼竞赛似地玩命疯长，如果不及时处置，很快就能把秋庄稼遮压下去。刚放下木杈的人们，不得不再拿起锄头，去和野草较量一番。

“过了‘三夏’褪层皮”，是对“三夏”最真切的总结。直到近几年收割机、播种机和除草剂的广泛使用，才彻底把人们从“三夏”的折磨中解放出来，再也不用没白没黑地劳作。“三夏”的时长，也从一个月缩短到一周左右。连老人们都不由地感慨：“现在的‘三夏’过得可真快！”

遥想“三夏”，我不禁浑身发痒，一股燥热涌上心头。

拔麦子 / 常书侦

芒种时节，一望无垠的冀中平原麦浪滚滚、金光闪烁，颇为壮观。南风吹得麦黄鸟停不下翅儿，不停地在空中鸣叫，“三夏”大忙季节就要开始了。

“蚕老一时，麦熟一晌。”早晨瞧着还有几分浅青的麦子，中午时分太阳一暴晒，脖子就歪了，麦芒也翘了，齐刷刷地黄了。黄了的麦子要赶紧拔，错过一时半晌，熟过了头儿炸了穗，收成就会大打折扣。

如果赶上一场连阴雨，麦子就会倒伏在地里生芽发霉，辛苦了大半年的劳动成果就打了水漂儿。正所谓：“虎口夺粮，分秒必争。”

早些年，乡亲们舍不得用镰刀割麦子，而是徒手连根拔下。拔麦子，要比用镰刀割麦子辛苦上好几倍。有句俗语道出了拔麦子的不易：“女人生孩子，男人拔麦子。”但这些苦累乡亲们认了，因为麦根用铡刀切下来后，可以烧火做饭，省煤省炭。

另外，地里不留麦茬，省了灭麦茬的工夫，而且土壤蓬松，可以直接点播夏玉米，可谓一举多得。

拔麦子前几天，要给麦田浇水。这样到拔麦子时，土壤不干不湿不板结，容易连根拔起。

拔麦子一般要起大早，此时天儿凉快些，麦秸在夜间受了潮湿，拔起来不容易打滑，还不扎手。开拔时一般是一位有经验的壮劳力开趟子，两边各一人随趟子，每人拔六垄麦——那时用木耧播种的麦子一趟都是两垄，这样一人拔三耧宽，三个人拔过去后宽度正适合过牛车拉麦个子。

拔麦开始后，开趟子的汉子一语不吭地猫下腰，左右开弓，一路领先。

拔下的麦秸够捆一个麦个子后，就将一把麦秸从中分开，麦穗脖儿对脖儿随手一拧，打成一个麦腰子，然后将待捆的麦秸揽住一翻转，用脚一踩，双手将麦腰子一拧，一个硬挺挺的麦个子便站立起来。

一切就像变戏法，没有多年拔麦经验的人是做不来的。我年少时便把这一技术学到了手，老少爷们没有不夸赞的，只可惜后来没了用武之地。

由于连续劳作，平日参加劳动少、手上没有老茧的年轻人和妇女往往会勒出两手血泡。休息后再拔时，手一挨到麦秸，便疼得呲牙咧嘴。

拔麦子时猫着腰，还要把麦根上带出的泥土甩掉，因此土星子就飞溅到脸上、脖子里，被汗水一冲，人人成了大花脸。

拔麦子忌讳看地头。俗语说："看地头，晕了头。"生产队时期，地块大、垄子长，有的能够长到二三里地。从这头走到那头也得需要一些时间，更甭说拔麦子了。拔了一截子后，累了、渴了，腰杆子像折了一般，就想看看离地头还有多远。

远远望去，那头的人影子像木偶戏里的小人一般，只有一筷子高，再看看两手血泡，不由得心发怵腿发软。这时候真想变成梁山好汉鲁智深，力气大到能够倒拔垂杨柳。

累死累活一天干下来，浑身酸疼，几乎散了架，走路腰都直不起来。虽然饿得够呛，但往往吃着吃着饭就睡着了。待麦子拔完后，没有哪个不晒脱一层皮、掉上几斤肉。

如今，又到了收麦的当口。虽然知道老家的收麦早已机械化了，但仍然想回去尝试一把当年拔麦子的感受——毕竟，那里有着我用汗水浸泡出的比老酒还要醇厚的浓浓乡愁。

老家的麦收，等着我，我一定会日夜兼程地赶回来。

晒谷 / 吴美群

小时候，每到盛夏时节，家乡田野里黄澄澄的稻谷就成熟了，遍地铺满了金黄，父老乡亲们于是开始了一年夏收夏种的忙碌，欢喜而艰辛。

生产队大集体时，有专门负责晒稻谷的人，除了仓库保管员，就是给孩子哺乳的妇女或体弱患病的人。晴天时，他们会把社员们挑来倒在晒谷场上的湿稻谷摊成约两厘米厚的一层，隔一段时间就得头顶烈日用谷耙推一遍翻晒。虽然不像在稻田里劳动那样艰辛，但也绝不轻松。

黄昏临近，是晒谷者最忙的时候。他们两人一组，一人在前面拉着约一米长三十厘米宽的长方形大谷耙，一人在后面扶着谷耙的木柄，把晒干的稻谷耙成小山似的谷堆。还需有人在旁边扫拢散落的谷粒，有人用手摇风车把晾晒后的稻谷中的瘪谷、稻草借助风力除去，再把晒干净的稻谷由保管员过称后装入谷仓中，一般要忙到暮色苍茫的时候。

如果黑云压境，大雨欲来，晒谷的人就如同听到紧急冲锋号，即使当妈妈的正在给婴儿哺乳，也只能把哇哇大哭的孩子放到谷仓屋檐下的摇篮中，飞也似地冲向晒谷场，把稻谷扫拢耙成堆，然后盖上塑料薄膜，才擦去满头大汗舒一口气。要是稻谷被淋湿，在谷堆中发了热，就会出芽或霉变，将直接影响到社员们的口粮。

后来分田到户，晒谷由各家各户自行安排。我家稻田离家较远，天刚蒙蒙亮，母亲就起床到田里干活，待我们兄弟几个起床时，她已经把一担湿漉漉的稻谷挑到了晒谷场。那是生产队时期建的晒谷场，有半个足球场那么大。晒谷的任务通常交给我。我先用扫帚将晒谷场打扫干净，特别要注意清理散落在里边的小石子；然后将箩筐内的稻谷倒出，再用木耙把谷堆推平。晒谷看似简单，其实并不容易：力气大了，谷粒会被推得太靠边，影响收谷的效率；力气小了，谷粒就晒不均匀。得耐心地用木耙将谷子推得厚薄均匀，谷子才能被太阳晒得干透。每过一个多小时，还得去翻谷。

晒谷并不轻松。在热浪滚滚的太阳底下翻谷，浑身上下大汗淋漓，汗水和谷子毛粘在一起，像一只只小虫在身上蠕动一般难受。

除了翻谷外，小孩们还要关注天气变化，不能让晾晒的谷子被雨淋湿。可夏日的天气说变就变，刚刚还是晴空万里，转眼就乌云密布，噼里啪啦的雨水跟着就下来了。于是，村子里响起了一阵“下雨啦！”的呼喊声，到处跑动着人们抢收谷子的身影。不一会儿，晒谷场就成了热闹的海洋，呐喊声、责备声和耙谷声充满了整个村庄。收起自家的谷子，本已经累得气喘吁吁，但还是不待别人开口，就带上自家的扫把和木耙，投入到另一场尚未完成的“战斗”中。

夏日的天气常常捉弄辛劳的乡亲们，正当大家伙将谷子推成谷堆准备苫盖时，山那边的雨却停下了脚步，不一会儿竟然云开雨散、太阳高挂了。于是，伴随着乡亲们的喃喃怨语，晒谷场又渐渐恢复了平静。

因为晒谷，我学到了不少有关天气的谚语，比如“西北起黑云，雷雨必来临”，又如“天上鱼鳞斑，晒谷不用翻”等。

如今，我虽然离开了家乡在县城里谋生，但晒谷场上的往事依然会时时闪现在我的眼前，慰藉着我悠远的乡愁。

车水 / 刘贤春

“长长一条街，沿路挂招牌；下雨没水吃，天旱水过街。”儿时的一条水车谜语，勾起我一段乡愁记忆。

水车是农耕文化的一大发明创造，每当丘陵岗圩地区遭遇久旱，水车便大显神威，因此被祖祖辈辈的农人视为丰收的“当家法宝”。把“水车”二字倒过来，便是“车水”，一种无碳排放的物理抗旱方法，全无机械抗旱的油污和噪声。

儿时的盛夏，秧苗经过拔节、分蘖、孕穗，终于长成了一望无垠的稻田。微风吹过，一波波稻浪涌向远方，令人不禁畅想丰收的美景。

然而，一场大旱突如其来，连日高温加上持续无雨，大地被烤焦，稻田被蒸裂，秧苗也开始变黄发蔫。农人眼巴巴地盼着能下场雨，可老天就是不赏脸，所有塘坝水库告急，所剩救急的水又无法自然放流。

“车水啰！”随着生产队长一声令下，全村的壮劳力迅速出动，一场车水抗旱保苗的硬仗打响了。

干旱的塘库剩下的水源距离排出埂坝较远，一般要几部水车同时车水，每个车头撑着用各色被单扎就的“遮阳蓬”，一字排开，搅得水花四射，长龙似的蔚为壮观；车水号子整齐高亢，伴着水车的吱吱呀呀声，宛如一曲慷慨激昂的抗旱交响。

水车制作考究、工艺精细，由车箱、车辐、车轴、车辅链、车胳膊、车手拐等构成。车长约 4 米，车尾至车头高 50 厘米至 65 厘米不等，车头车尾安均有大小比例协调的车轴，车辐链绕着车轴形成环状悬于车箱内隔板。

水车的工作原理实在精妙：先通过人力作用于车手拐转动车轴，再带动车辐链往复转动，将河塘水库的水源源不断地“刮”入车箱，而后送渠、入田。

车水者必须是壮劳力，小伙或姑娘自然是最佳人选。当然，他们也早就暗中盼着这一天了。虽然同住一村，但父母平日看管得严，没有机会“亲密接触”，车水无疑提供了让彼此表达心意的机会，因此明知是苦差，却也乐此不疲。

车水时，四人一组，八人一车，轮班循环。小伙姑娘自愿组合，以车传情，借水释爱，尽情舞弄水花，享受车水的快乐。

车水以数号计时轮班，每一百或二百号为一个班次。同拉纤、打夯的号子一样，车水号子也是为了统一动作、鼓舞士气。一般一人喊数，众人应和，领号人自然是声音亮底气足的小伙或姑娘，其他人为应号。领号人喊什么词，应号人就重复应着。号词要押韵，节奏要高亢，因此领号人要有张口即来、随兴编词的口才。

只要合辙押韵，车水号子的内容可以自由发挥，例如：“车水来一啰嗬，大家车水来啰嗬；车水来二啰嗬，庄稼一枝花啰嗬；车水来三啰嗬，秧苗不受苦啰嗬……”到了换班的节点，人们便使出全力，肆无忌惮地让水花舞动喷射，有意让对方个个淋成“落汤鸡”，任由那“哦嗬嗬——哦嗬嗬——”的叫嚷与幸灾乐祸的笑声久久回响在田野上空……

车水喊号声声震耳，水车转动清流潺潺。看着田里受苦的秧苗重又活得滋润起来，早已汗流浃背的人们心里乐开了花。

如今，车水被机械和电力取代，承载时代印记的水车被永远定格在乡俗记忆里。

雨润乡村 / 石广田

在没有机井和水泵的年代，雨水掌握着乡村的命脉。雨来或不来，来的是不是时候，都牵动着无数庄稼人的心。所谓“好年景”就是风调雨顺，每一家的庄稼都能多收三五百斤。

我的家乡在广阔的黄淮海平原北中部，小时候，村里的六百多亩耕地全靠五眼井浇灌。乍看上去已经脱离了“靠天收”的窘境，实际上却还离不开老天帮忙：井少地多，人们不得不连明带黑地排队等待，常常好几天还轮不到自己，眼看庄稼一天天打蔫，也只能急得干跺脚没脾气。

若是遇到几个月不下雨，等到最后一户浇完庄稼，第一批浇过的地又该浇第二遍了。当然了，要是能下一场透雨，可是既省钱又省力的大好事，因为“及时雨”就是这么稀缺珍贵。

“羊马年，好收田，就怕鸡猴那两年。”村里的老人根据十二生肖判定年景好坏的经验，多半跟雨有关。有些年份，雨该下就下，不该下就不下，一年不浇地庄稼都长得很茁壮，人们自然高兴。

但有些年份，雨是左等右等都不来，有些人耐不住性子架上水泵刚浇完地，雨水便呼呼啦啦地一下就是一个多星期，天仿佛漏了一般。最让人难受的是庄稼正在扬花灌浆期，若雨下得不合适，再搅上几阵狂风，小麦、玉米等高秆儿庄稼多半会扑倒在地，减产还是绝收，只能看运气了。

雨和乡村就这样息息相关。有了雨滋润的乡村，洋溢着祥和欢乐，男人们可以安心出去打工，不用操心女人、老人和孩子不会架水泵，更不用担心他们摸黑浇地害怕。

女人们也悠闲，下雨时几个对脾气的人聚在一起缝缝补补、说说笑笑，好不热闹；待雨过天晴，就去地里锄锄草、剔剔苗、翻翻秧，再按时回家给老人、孩子做饭，啥都不耽误。

“好雨知时节，当春乃发生。”在乡村，真正的好雨不只春天需要，哪个季节都少不了。初夏麦收后种秋庄稼，需要一场透雨；秋庄稼在燥热的“三伏天”生长，更少不了一场又一场大大小小的雨；收了秋庄稼种麦子，还需要一场透雨。

身居城市，我一直依照着庄稼的需要来判断雨的“好坏”，为一场场雨的落下高兴或担忧。

如今，家乡耕地里有十多眼机井，电线也架到了井边，浇地不用再苦等干熬。可是，雨依然是我关心家乡的一部分：看着电视上播放的天气预报，我一次次注视着地图上的那个圆点，心绪也随着它的阴晴不自觉地起起落落……

夏锄 / 薛培政

在我的老家鲁中南山区，阴历六七月间是最忙碌的日子，农活一茬接着一茬。常常是刚打罢麦场，还没顾上喘口气，夏锄就开始了。

开锄的日子，在村人们心中像是一个庆典，虽说没有明确的仪式，但是左肩扛着淬砺过的锄头，右肩搭块胚布，手提盛水的瓦罐，迎着夏日初升的太阳，个个像赴约一样奔向田野。

那时的田间劳动全靠手工操作，第一遍夏锄是最辛苦的农活，要用锄头将带茬的麦地完整地锄上一遍。

“夏锄要赶早，趁凉快出活。”暑假里，天刚蒙蒙亮，就被父母喊起床，匆匆吃过早饭后，就扛起锄头下地了，为的是赶在天热之前多干些活儿。

上午十点过后，火辣辣的太阳已将麦田晒得像蒸笼似的。躬身在炎炎烈日下，挥舞着手中的锄头，汗水像涌泉一样，一溜溜顺着额头、脸颊往下淌，一滴滴汗珠不停地落在脚边的麦茬上。

直到此时，我才真正体味到“锄禾日当午，汗滴禾下土，谁知盘中餐，粒粒皆辛苦”的含义。

“别直腰，趁热赶紧往前锄，天热才能晒死草呐……”每当像我一样的半大小子锄地累了站直身子时，锄在前头的长辈们就会回过头来连鼓励带督促地吆喝着。

埋怨归埋怨，手中的活却是不能停下来。有时实在锄累了，就利用跑到附近河边喝水的机会，偷偷歇上那么一小会儿。

那时的河水很清澈，俯身拨拉一下水面漂浮的草叶，双手掬一捧河水，咕咚咕咚地喝下肚去，顿觉通身清爽、润彻心腑，从没听说谁为饮河水而闹过肚子。

第一遍夏锄的日子里，难免累得腰酸腿疼，更难忍受的是身上外露的皮肤，被晒得火辣辣地疼痛，脖子后、胳膊上甚至被晒掉一层皮；身上的衣服也没有晾干过，由于大量出汗，后背泛起一片白溜溜的盐花，浑身散发着浓浓的汗味。

其实，锄地是个技术活，技术含量就在于"换势"，也就是"左前势"和"右前势"两种姿势交换使用。学会了"换势"，锄地就算"出徒"了。有经验的老把式锄地，常常把熟练"换势"作为炫耀的资本，引得邻人赞不绝口，成就感十足。

玉米地锄完第一遍后，过不了多少日子，第二遍间苗锄草又开始了。相比第一遍，这遍要轻松得多，但锄起来要仔细，因为这时的玉米苗已经长过膝盖高了，如果动作过猛会伤到壮苗。

等到第三遍时，玉米苗已拔节长到大半人高了，锄地更要小心，以免损伤根系，影响庄稼生长。

离开家乡已经三十余年，由于除草剂的使用，听说如今乡亲们已经很少手工锄地了，但夏锄艰辛不易的生动体验却深深地镌刻在我的记忆中……

打耙薅草 / 夏丹

“七月气温陡上扬，饮露禾苗将封行。”站在村东头的田塆上，满田青翠。梅雨过后，气温陡升，正是秧苗发棵旺长的时候。

从插秧到发棵，仅仅一个多月，秧苗开始半封行。这时的秧田行垄间，土淀水清，杂草纷纷出头探长，若不清除，一旬半月便繁密如织。于是，乡亲们便扛着竹耙子，步入秧田打耙薅草了。

打耙薅草是三十多年前的活计。那时的秧田条块成框，方正如棋盘。而秧苗都是拉着绳子插，六棵为幅，横竖成行，谓之“对六棵”，纵行一眼望到头。

那打耙薅草的耙子很奇特。两片略微弓起的木夹子用横榫档连起来，长约五十公分，宽约十三四公分，可以覆盖整个秧行子。

木夹上面钉满弯钉子，叫耙齿。耙齿根粗尖细，锋利得很，俗称“耙头子”。耙头上再斜安一根不到两丈长的竹竿子，一耙子推到前面再拉回来，杂草就通通被清除掉。一般一人可耙三四行，来来回回若干趟，一天的功夫就能耙完一块田。

看田的老农夫是我隔壁庄上的姨表哥，也是目前少数依然坚守村庄守护秧禾的铁杆。据说，表哥年轻的时候可凶了，起早带晚打耙薅草，一天能打两块田，还薅一遍草，是队里的打耙能手。

即使在个体耕种已经式微的今天，他依然把田当作花园种，每天都到秧田转一圈，看着秧苗分蘖生长，直到抽穗泛黄，并且不放过每一棵杂草。

其实，乡村人对秧苗都是这般感情。每棵秧苗的成长背后，都饱含着他们辛勤的汗水和精心的呵护。他们的生命时光早已和脚下的土地融为一体。

打过耙的秧田，一片浑水，被耙齿连根翻起的杂草立马浮上水面，像散兵游勇般失去了生存的根本。

秧耙打过后，再把横距间的杂草撸一撸，于是除了一行行青翠的秧禾外，整个秧田都变得清清爽爽，直到稻菽成熟收割，一个季节都不会长出类似的杂草。

秧田的杂草一般是稗子、障舌、三狼、三角关子、红猴毛……都是乡村人一天到晚不离嘴的名字。特别是稗子和三角关子，喜欢争肥欺苗，严重影响秧禾的正常生长。

那稗子能长到大半个人高，骑在秧禾上面耀武扬威的。一棵稗子穗头的草籽是一棵稻穗粒子的好几倍，只要一棵成穗为籽，来年就是密密麻麻的一大片。农人视稗子为秧苗的天敌，见之必除，而打耙是最好的方法。

农田大包干后，各家各户不再像生产队时拉绳栽秧，而是各行其是看着栽，基本不再打耙。

再后来抛秧撒种，或稀或密的一大片，也无法打耙，代之以施用化学除草剂，快捷省事，效果堪称“一扫光”，但那田就不再是生态型的田了。

如今的乡村，秧田静悄悄，没有人踪，没有笑声，更没有人下田打耙薅草了。作为一项传统的农事方式，打耙薅草早已淡出人们的视野，渐行渐远……

扳罾起落 / 程红旗

故乡小镇紧挨长江凤凰矶头，一张扳罾常年起起落落。

从前从芜湖坐船回家，一望到江心里那张扳罾，心里头就热乎乎的——到家啦！小镇那时鱼多，刀鱼、鲥鱼多得“压断街”。街坊邻里好多“鱼老鸹子”，钓黄鳝、撑蟹子样样在行，用罾捕鱼扳虾子更是拿手好戏。

罾是用木棍或竹竿做支架的方形鱼网。

这种古老渔具，《庄子》《楚辞》早有描述，《史记》“乃丹书帛曰‘陈胜王’，置人所罾鱼腹中”的传奇故事则可见于人教版九年级语文课本。

故乡的罾主要有虾子罾、赶罾、拦河罾和扳罾。

虾子罾，小巧玲珑。单纱布裁成小方桌大小的网，篾片交叉连了网的四角，当中坠一块打磨过的压网小灰砖，砖上凿两个窝子放喂食，竹罾竿有五六尺长。

我家堂姐那时十六七岁，会做虾子罾扳虾子。扳虾子，先要炒喂食。香油烧得冒烟，麦麸、油饼下锅炒，那香气，不要说虾子，人闻了都淌口水。天擦黑，堂姐几个人肩扛虾子罾，拎着煤油罩子灯去了新河口，我也跟后头瞧热闹。

涨水季节，紧靠长江的新河口虾子多。先将罾沉到河底，等虾子进罾正吃香的喝辣的，再依次突然提起罾来。“虾子过河，慌了大爪”，等罾离开水面，虾子才晓得不好了，直蹦乱跳起来。不过虾子也讲品位，宁可“死虾子泛红壳”，也“不吃回头水”呢。

赶罾，即赶鱼入罾，又有两种。

一种像摇篮帐子，三面和底罩了网，一面空着，让鱼往里钻。捕鱼人蹚水而行，一手举罾，猛地摁到水底，一手用三角形竹棒把鱼赶到罾里，再突然提罾。

还有一种，罾网像吊床，两头各拴一根竹竿，人在岸边或浅水中，一撒罾网，马上抖动竹竿，竹竿并拢后迅速提罾。

赶罾的好处是立竿见影，不用守株待兔。

夏天暴雨不停，水漫稻田，田里会有好多鱼。我们这些小孩子就把家里的篾鸡罩拿去罩鱼。鸡罩罩鱼类似赶罾捕鱼，需手脚并用，将鱼赶集中后，把鸡罩猛地摁下，来个瓮中捉鳖。

捉的多是鲳子、鲫鱼，碰巧也会捉到“胖头头，四两油”的大胖头，小胳膊从鱼鳃穿过去，水淋淋地拖上岸，引来老少一片欢呼。

拦河罾，罾家族中的巨无霸，河有多宽，罾就有多大。

上了黄浒河圩埂，远看拦河罾，铺天盖地，一片白亮。罾棚四面临水，两根长毛竹一上一下，一根走路，一根扶手。河水哗哗响，毛竹直晃荡，我紧跟母亲不敢朝下看，走钢丝一样慢慢捱上罾棚。拦河罾那么大，除了人力还有滑轮等机关帮助起罾。

起罾时，上下游来船都要停下来，罾里的鱼又大又壮，一蹦三尺高。买了刚起罾的鳊鱼和红眼睛混子，胳膊弯挽住竹篮子慢慢往岸上捱，一去一回，那叫一个步步惊心，好比走高空玻璃桥一样刺激好玩。

扳罾，凤凰矶头的故乡标志。

万里长江七十二矶，故乡有其二——板子矶和凤凰矶。

凤凰矶凸出江中，岩石嶙峋，漩涡子一个连一个，也叫“大溜”。故乡的扳罾就在凤凰矶头“大溜”安营扎寨，江南江北赫然可见。

扳罾用长毛竹做成十字状，罾网比电影银幕还要大。江风阵阵，孤帆远影，那个小镇人都熟悉的老渔夫每隔一会儿都要狠劲儿地拽起粗罾绳，出江的罾网仿佛一朵白云，大小江鱼就在白云里头翻筋斗。

那张扳罾认准了矶头巉岩，认准了连环漩涡子，认准了鲥鱼、刀鱼、河豚鱼必经之地。餐风宿露，罾起罾落，扳出了故乡一道独特的风景，也扳出了游子心中最美的乡愁。

“扳罾何为兮，木上作渔网。”好久不见，我的故乡，还有故乡的罾。

麻事 / 赵长春

老戏文里有段旧事，说包拯生下来被投进了沤麻坑。这段戏文说明麻在中国很早就有了，还说明沤麻坑几乎村村都有，即使非同凡人的包大人也有如此遭际。

儿时，村子里有一道坑塘，四季有水，只是季季用途不同。夏末秋初，成熟的麻被架子车运进村子，在村口的树下用镰刀修整，刷去茎叶后捆扎为一搂粗细，再用污泥压沉在坑塘中开始“沤”。

沤，就是发酵，就是提纯，就是升华。有了这样的经历和过程，麻才结实耐用。如果不“沤”，干透的麻就是一堆表皮腐朽的干柴，并无大用处；相反，在坑塘污泥下“沤”上至多十天，麻皮就很容易与麻杆剥离，在清水里淘洗后晒干，就是经久耐用的好麻了，可以纺线拧绳捆扎东西，或者织布做成麻袋盛装粮食。

沤麻的日子里，男孩子们有了裸体下水的正当理由：帮助大人将捆扎后的麻推下水压进污泥里。这活儿不仅不累，还充满乐趣。有顽皮的孩子骑在麻捆上，以手脚为桨；或者站、蹲在几捆用麻捆扎成的“排”上，表演电影《闪闪的红星》中的一段唱词，“小小竹排江中游，巍巍青山两岸走……”大人们在岸上一边将麻捆推下水，一边指导着孩子往上边压污泥或石头。每家的麻被放在不同的区域，压好后竖根木杆，绑上不同颜色的布条作为记号。

压麻后两三天，坑塘里的水就变质了，泛着馊臭味儿。风一吹，满村都是沤麻味儿。人受不了，塘里的鱼也遭罪，一条条仰着头，嘴一张一合缓不过气来。如此挨过两三天，直至下来一场大雨，鱼们才不再翻白，而麻也就沤成出坑了。

刚出坑的麻面目全非，掂着麻杆一抖擞，皮就脱落下来。先顺着劲儿捋好，一把一把地在清水里涮，再搭在绳上、树上晾透，就是干麻皮了。这个过程要是急于求成胡乱抖擞，让麻皮绞在一起的话，就不好分开了。所以，故乡有句俗话“麻皮不分”，形容一个人不讲理、不好打交道。再细想，“麻烦”这个词应该也是从这里来的吧。

同一块地里长出的麻，同一个坑塘沤出的麻，有的皮很柔韧，有的却很糟。俗话说“好麻经沤”，引申了就是说一个人若想想成事，就得吃苦，就得有所磨难。

不只包拯有过关于麻的不愉快记忆，据说麻也是伤害岳飞的帮凶。在评书《说岳》中，奸臣们迫害岳元帅，用麻蘸着滚烫的胶猛打岳飞的后背上，一扯就是一块皮肉……“痛煞我也！”著名评书表演艺术家刘兰芳讲得形象，害得小孩子们眼泪汪汪——看来，麻早就有了。

旧时与麻有关的事儿太多了，只是我懵懂，只知道用洋麻的花染课本上的插图，小英雄雨来的脸庞就变得红通通的；还有每年的八月十五，将土麻结的硬蒴摘下，可以在母亲做的大月饼上按下一朵又一朵如花的模型……

只是，现在种麻的少了，各种塑料绳、编织袋取代了天然取材的麻绳、麻袋。自然，沤麻坑也少了，不少村子的坑塘四季干涸着，如一只只充满疑问的大眼睛，无奈地张望着天空。

一场新麦借风扬 / 梁永刚

“麦场”就是打麦的场地，老家俗称“场”。在乡亲们看来，场不仅能打麦子，还能打油菜、黄豆、谷子等作物，因此叫“场”涵盖面更广更准确。

过去村村都有许多场，多设在村头空旷邻路的地方，离庄稼也近，便于拉麦子的架子车装卸。一个场要占不少的土地，因此并不是各家各户都有，一般都是关系不错的几户共用一个场。

麦收时节，不管白天晚上，村里最热闹的地方便是场上了——大家来回穿梭，热火朝天，把一捆捆麦子从地里拉回来并在场里堆成一个个高高的麦垛。

等到天气晴好，再用桑叉将成捆的麦子一一挑开摊晒，等带麦秆的麦穗完全晒干，就该碾轧脱粒打场了。

打场是个力气活，更是个技术活，没有经年累月的实践锻炼，干起来很难得心应手。

开始摊麦子了，几个人手里拿着长齿桑叉站在不同位置，一起将连秆的麦子大致摊成圆形，厚度没有严格的要求，但必须要摊均匀，因为只有薄厚均匀才能碾轧透彻，麦粒也脱得比较干净。

此时，放磙的人站在摊开麦子大致偏中间的地方，手里拽着一条长长的拉牛草绳，老牛则拉着石磙围着放磙的人转圈。

转圈时，放磙的人沿圆周方向慢慢移动自己站的位置，就这样一圈套一圈重叠着碾轧散铺在场上的麦子，直到麦粒与麦秆、麦芒都分离为止。

放磙的关键在于没有遗漏地碾轧——如果控制不好，不但碾轧不均匀，而且影响碾轧效率，半天也碾轧不出多少麦子来。

碾轧完就开始归堆了。先用桑叉把上面的麦秸挑到一边，再用竹耙子把残余的秸秆碎屑搂去，然后用木锨和扫帚把脱粒的麦子一一堆起来，等到风力合适时再扬场，把麦子中混杂着的麦芒等细小杂物去除。

“万事俱备，只欠东风。”与其他环节不同，扬场和打场最不能缺少的就是风。

一看到树叶动，树枝摇晃起来，人们便赶紧抄起家伙准备扬场。扬场对风的大小很挑剔：风大了不行，容易刮跑麦粒；小了也不行，连麦芒都去不掉。

记忆里，扬场一般都选择在傍晚时分，有时候也在下午的后半晌，这时候的风比较柔和，扬起场来刚刚好。

小时候最爱看爷爷扬场。夕阳西下，爷爷挺直腰板，手里握着一把木锨，稳稳地站在麦堆旁，铲起一锨麦子沉稳老练地举起，抛撒到离麦堆不远的空中，麦子随即哗啦啦落到地上，而那些轻飘飘的碎屑则随风飘落到稍远处。

父亲则在一旁拿着扫帚将没有扬干净的麦糠轻轻扫走，两人一遍遍重复着固定不变的动作，直到把一大堆麦子全扬净。

如果风小，一遍扬不净，爷爷还要再扬一遍。最后，由我撑着口袋让父亲把扬过的麦子装进去，就可以拉回家了。

如今，农村收麦都用收割机，一亩地的麦子从收割到装袋也就个把小时。

虽然扬场放磙早已尘封在久远的记忆中，但于我而言，打麦场就犹如一个古色古香的老物件和一首恬淡幽静的老歌，永远停留在内心最柔软的地方，承载着儿时的美好回忆与无尽的乡思乡愁。

耧中日月 / 梁永刚

昔日秋播时节常用的传统农具中，三脚木耧绝对称得上是一个精明能干的家伙。你不得不佩服先人们的聪明智慧，一架小小的木耧居然同时兼具开沟、播种、掩土的功效，设计之精细，做工之巧妙，令人叹为观止。

耧为木铁结合的古老农具，由耧腿、耧铧、耧把、耧斗、耧杆、耧核、拨棍等组成。

先说一字排开的三条耧腿，耧腿中空，便于种子落地，一次能耩三行；耧腿的下端包裹着锃亮锋利的铁制耧铧，主要用来开沟。用来手扶的耧把木制而成，横着固定在耧腿之上。

耧斗连接在耧把中间，是盛装种子的容器，其底部设计有方形小孔，通往中空的耧腿，均匀摇动耧把，种子便从耧斗中流入耧腿，借助耧铧的力量完成播种。

耧杆是连接耧和牲口的重要部件，由两根三米来长的木杆组成，固定在两侧，大致呈V状，宽的一头套在牲口身上。

耧核是耧身上一个重要的部件，木质圆形，乒乓球大小，看上去貌不惊人，却控制着种子流出的速度。木制或者竹制的拨棍位于耧斗下方的方形小孔中，和耧核相连，摇耧前进时，耧核就会有节奏地晃动，随之也带动着拨棍来回拨动。耧核晃动的速度快，拨棍拨动的频率就高，种子往下流的也就越多。

旧时的乡间，用耧播种通常都是牛拉，但也有用人力牵引。用牛拉耧时，除了摇耧的把式外，还要有一人站在旁边专门牵牛和扶住耧杆，掌握行进速度和拐弯，此人称为“帮耧”。后面扶着耧把摇耧的那个人称为“耧把式”，负责掌管播种的速度和密度。用人拉耧时，前面无须“帮耧”，紧靠一人扶住并摇晃耧把即可。耧斗底部有一小孔，此为种子流出的“仓眼”，下耧播种前，耧把式要一番调试定好仓眼，以控制下种稠密稀疏。小小仓眼关乎着播种大事，如何确定是个技术活，耧把式凭的是经验，靠的是古训。

乡谚说：“麻、麦、豆，一指头”“芝麻、谷，一黄豆”。木耧下地后，耧把式双手紧扶耧把，将耧稳稳架平，左右匀速摆动。手在忙活，眼睛也不闲着，要紧盯脚下土地，留意仓眼下种快慢。用耧播种有很多诀窍，譬如“三摇三不摇”，每一趟播种前，耧把式都要提起耧把紧摇三下后再将耧铧入土；反之，每一趟快播种到头时，要慢摇三下耧把后再把耧轻轻提起，确保播种的稀稠均匀。

当然，摇耧也不是乱摇一气，讲究的是“一平二净眼观三，紧三慢三猛一掂”。耩到地里的种子不同，耧铧入土深浅、仓眼所定快慢也不同，为此，先人们总结出了一句句生动鲜活的农谚，譬如“麦种深，谷种浅，芝麻影住脸”“谷宜稀、麦宜稠，玉米地里卧下牛”。

在秋播时节的田野里，农人们边扶耧把边不停晃动，耧核和耧斗一次次碰撞在一起，发出一连串“叮咚叮咚”的声音，这声音便是耧铃声。我一直认为，那一路清脆悦耳的耧铃声，是庄稼人的汗水浸泡出来的原生态音乐，排遣着农人一路摇耧的单调和寂寥，滋养着清风明月下的那一支支田园牧歌。

但在我听来美妙动听的耧铃声，对于摇了大半辈子耧的祖父来说却稀松平常，只是依靠这声音的微妙变化，祖父就能判断出种子流的快慢，以便及时调整晃动耧把的速度。

大概是在 20 世纪 90 年代初期，传统的木耧被一种叫作“铁耧”的新式播种工具所替代。铁耧清一色都是金属构架，钢管焊接，耧前还安装了两个小轮，既避免了播种时一次次上提耧把之苦，又确保了耧铧开沟的深度均匀，使用起来省力方便效率高。从此，摇耧播种不再是祖父那一代耧把式们的专利，而成为一种轻轻松松就能搞定的农活。

一架架木耧在老辈人无奈不舍的叹息声中，最终渐次散架，退出了曾经叱咤风云的农耕历史舞台。随之消逝的，还有那天籁一般的耧铃声，恍惚间便成为了人间的绝响。

又过了几年，随着农业机械化程度的提高，铁耧居然也落伍了，挂在小型拖拉机后面的播种机，成为农人们播种的首选，昔日费劲巴脑摇耧播种一亩地至少要大半天，如今小拖拉机马达“突突突”一响顶多一个钟头就搞定了。耧中日月，就这样退出了历史舞台，渐行渐远了。

收秋 / 刘贤春

在我的家乡江淮，秋天是最忙碌的季节。先辈们称秋天为“收秋”，一曰一年收获的开始——冬的孕育、春的播种、夏的耕作，都看秋的收获；二曰一年耕作的结束——这个时节一过，农家收镰入库、马歇棚舍，由农忙进入农闲。而每每有借粮或嫁娶的，也都以“收秋”相约为期。

秋日的田野上，果实累累的高粱露出红红的脸蛋，紫色的胡须在风的抚摸下左右飘动，翘首以待。邻近的大豆也一个个挺着饱满的身段，不停抖动着豆荚，等待着主人将它们收走。很快，农人的身影便一个接一个出现了……顷刻，田野山冈、稻田果园，处处人声喧嚣、小调飞歌。

采棉是女人们的长项。只见她们头戴草笠，腰系棉筐，猫着柳腰“潜”入棉海。随着灵巧的双手一下下地弹动，棉桃便被摘出棉碗，连同欢快的小调一齐收入腰上的棉筐。

掰高粱、起山芋、铲花生，是男人们的活计。男子汉身强力不亏，一手扶着犁铧，一手挥舞着牛鞭，“哧”“哧”地赶着牛，随着身后泥土露出“庐山真面目”的，是那一串串鲜活硕大的山芋。老人、小孩紧随其后，弯腰将山芋捡起、装筐，运回家窖藏。

“收秋”的重头戏当属收割水稻。金色的稻穗黄金般铺满田畴，在阳光的照射下熠熠生辉，和着微风翻滚成一波波金色的海浪。

收获稻谷要经过收割、挑运、掼把、堆垛、打场、扬场、晒谷、入仓等多道环节，可谓环环相扣。

传统农耕时代，这些全部要人工借助畜力完成，因此，每颗谷粒都浸透着农人的汗水与心血，“粒粒皆辛苦”在父辈们的生活词典里被体味得最真切。

家乡有俗语：“会干活不用歇，不会干活累吐血。”包产到户后，人们干劲十足，练就了“会干活”的巧功。

我的父母算是“会干活”的。收割水稻时，他们总是等到日出一竿方才下田，因为这时稻禾上的露水已被阳光“射”下，秸秆干，谷穗昂起头，割得快且不会割损。父亲和母亲一刀抄得四五撮稻禾，只听“嚓嚓”地声起秸落，转眼间稻禾便躺倒一片。

我虽小小年纪，也手持镰刀学父母割稻，吭哧吭哧地使闷劲儿。不一会儿，手指就被禾叶刺下一条条血口子。

记得有一次用力过猛，大拇指竟然被镰刀割破，鲜血直流，疼得我嗷嗷大叫。母亲赶紧撕下衣襟给我裹住伤口，让我“改行”捆扎稻把。

稻把挑到场地后，要将谷粒从饱满的谷穗中脱下，需要一个一个甩掼，掼不落的再通过堆垛打稻场来解决。打稻场，即将稻秸秆均匀铺于场地上，用牛拉动石磙碾压。

石磙长不到一米，重几百斤，圆柱形的磙面上镌刻着一道道凹槽和凸杠。在牛的拖动下，石磙一圈圈地转动碾压，直至稻谷全部脱落，方才停磙起场，只剩下脱出的稻谷粒金豆般地铺满场地。

秋风乍起。父亲手握木掀，站在谷堆一侧，两脚成T字步，一锹锹将谷子抛向空中，划出一道金色的弧线，饱满的稻谷在上风口落下，碎禾残秸则从下风口飘走。

一场谷扬下来，父亲往往大汗淋漓、气喘吁吁，母亲赶紧递上毛巾、温茶，满眼的温存与满足。

农业进入机械化时代后，“收秋”不再靠肩拉背扛的手工劳作。儿时“收秋”的乡愁韵味便定格在思乡的梦境中，永远那样殷实与美好。

绞草把子 / 石智安

村庄上空升起袅袅炊烟，那是乡亲们开始烧草把子做饭了。

秋收后的田野，水稻只剩下光秃秃的躯干。父亲把田野里的稻草捆成草扎子挑回家，然后又将一个个草扎子拆开，均匀地撒在阳光明媚的禾场上晒干，就可以绞草把子了。

我拿起竹制的草耙子，从四面八方向着一个中心，把禾场上的稻草拢成一个小丘陵。母亲搬来一条小板凳挨着草堆坐下，右手拽起一把草，左手抓住草的另一头。我双手握着绞把桶，勾住母亲手里那缕草旋转起来。母亲一把一把地让出稻草，我则旋转着绞把桶慢慢地向后退去，随即，一条孩子手臂粗的草龙就在绞把桶与母亲的手之间延伸开去。

估摸着草龙有一张床的长度了，母亲就会做出回收的动作，我马上停止后退，一边继续旋转绞把桶，一边配合母亲绾草龙的动作往前走。待到草堆跟前，我抽出绞把桶，母亲抓住草龙头，朝预先留好的草眼里一插，自此，一个麻花状的草把子就成型了。

母亲把绞好的草把子扔向一旁。一会儿，草把子就堆成了小山包。太阳底下，粗糙的草把子在禾场上集合，等待主人的命令准备迁徙，即“码把子”。我双手并用，将草把子每层四到五个码好。码得有一个手臂高了，就倾下身子，用胸口压紧，左右手两边抄地往下一合，就将一摞码好的草把子抱起，送到灶屋的墙边码得整整齐齐，如同小长城一般。

用新鲜稻草绞的草把子，由于晒得干燥，引燃后几乎不用管，火苗就会蹿得老高，用红红的舌头欢快地舔着锅底，直到饭香菜熟后化为灰烬。难烧的是屋茅草把子。二十世纪七八十年代，我家住着几间稻草盖顶的泥砖屋。家乡多雨，几段漫长的雨季过后，屋茅草就沤烂了。待雨住天晴，茅匠师傅把屋顶翻修完毕，偌大的禾场就被大堆大堆的屋茅草占领。用屋茅草绞出来的草把子烧火，火苗病恹恹的，还伴有缕缕黑烟。

每当春插、双抢或秋收来临，其他人都出去干农活，留下母亲和我在家煮饭。我蹲在灶前，抓来一个屋茅草绞成的草把子，扯出草龙的一头拆散，然后腾出手来点燃一根火柴，把火柴头上瞬间冲起的红色“小花”移到屋茅草下面，再将草把子小心地塞进灶膛深处，横放成“一”字。

接下来，我双手握住火钳，拨开草把子下的冷草灰形成一个空洞，让火烧起来。大半个把子烧完，锅也热了，母亲挖一勺洁白的猪油放在锅底，待稍稍融化，就把蔬菜倒进去，操起锅铲炒起来。

谁知蔬菜还未炒熟，草把子的缝里就开始偷偷溜出几缕黑烟。很快，黑烟越来越多，火焰挣扎了几下便灭了。

我一看，气不打一处来，握住火钳捅进灶膛胡乱扒拉，在草把子下扒拉出一个更大的空洞，然后鼓起腮帮子对着空洞一阵猛吹，只见草灰“呼”地飞起，黑烟从灶膛逃出，慌不择路地迎面扑来，熏得我眼泪直流。

焦头烂额之际，我只得拿来竹制的吹火筒，一次又一次地向黑烟发起冲锋。折腾了好久，草把子才疲惫不堪地燃起几朵胜利的火焰。我趁火苗尚未熄灭，赶紧抓起火钳夹住一截草把子抖散，烧完了上一截再接着抖散下一截……就这样，草把子燃了又熄、熄了又燃的情节反复上演，直到把一顿饭完全做熟。在灶屋弥漫的黑烟里，感觉母亲和我恰似那人间烟火中的神仙，辛苦并满足着。

烧草把子的经历不算美好，现在想来，那屋茅草把子虽然遭受了雨水的摧残，火力大打折扣，但其内心的火热丝毫没有改变，始终记得献身人间烟火的初心。

后来，日子越过越好。我家建了一栋砖混结构房，厨房也变得现代而时尚起来，草把子便逐渐从生活中消失了。如今，炊烟已追随稻草远去，但在记忆深处，我仍然感谢着那些曾经温饱了生活的草把子——是它们以燃烧自我的方式，默默无闻地滋养着我成长。

旱垡 / 邓高峰

曾祖离开我已近 40 个年头。儿时与他在一起的时光，大多离不开一个“农”字。

曾祖一生务农。晚年的他，没有了力气干重的农活，按当时生产队的标准，只能算半个劳力，生产队长给他安排了新的劳动岗位——看庄稼。

只要不上学，曾祖下地总要叫上我。于是，我便有了了解土地和庄稼的机会。其中让我感受最深的启蒙，当属旱垡。

家在中原，耕地虽然广阔，但那时粮食产量不高。精打细算的庄稼人舍不得让地皮平白无故闲着，房前屋后、地头垄边，哪怕是能种上几棵青菜也不会放过。

不过，每年秋收后，生产队里总有一方几十亩的地块，翻耕后就闲在那里，而且一直“晾”到次年开春，连最盼望的冬小麦都不种。到了深秋，放眼望去，除了绿莹莹的冬小麦，就是这种闲着的地块了。

这自然引起了我的好奇。我问曾祖为啥让它闲着，曾祖说这是留的旱垡，今年留南地，明年就留北地，轮着留，让地歇歇。

我不晓得“垡”字如何写，但曾祖一句“让地歇歇”让我明白了这样一个道理：养活我们的耕地，跟犁地的牲口、日出而作的农家人一样，也会累的，也需要喘口气。

后来我读了大学，留在城市工作，离开了家乡，也远离了耕地。曾祖关于旱垡的启蒙，让我一度忘个一干二净。而今，国家关于耕地休耕轮作的部署，一下子激活了我对旱垡的儿时记忆。

几千年来的农耕实践，让一代代农人懂得，种庄稼不仅消耗人力、畜力，还消耗地力。只有地力得到了恢复，农业生产才能可持续进行。地力一旦衰竭，我们赖以生存的命根子就危险了。祖先正是通过留旱垡的方式，保住了地力，养活了一代代人——这就是我们的农耕文明。

留旱垡的智慧告诉我们：“对于土地，不仅要耕，还要养。正如《吕氏春秋》中《任地》篇所云：“凡耕之大方：力者欲柔，柔者欲力；息者欲劳，劳者欲息。”

今天，对于我们这样一个有着近 14 亿人口的发展中大国，保住 18 亿亩的耕地红线，不仅是要保住面积，更要保住地力。我们再也不能以所谓的“现代化”农业增产增收手段，“竭泽而渔”地透支地力了。

让早已疲惫不堪的耕地喘口气，为她卸载减负，让她休养生息，从而实现农业生产的可持续发展——曾祖告诉我的旱垡知识，唤起了我对祖宗农耕智慧的钦佩，也让我对今天的决策备感欣喜。

秋收一张锄 / 梁永刚

乡间的诸多农具中，锄的性格木讷耿直，心思也不缜密。笔直结实的木柄，宽大锋利的锄刃，一副大大咧咧憨态可掬的模样，入眼就能看透木质的坚韧和铁质的坚守。

几千年的农耕文明长卷中，锄是不可或缺的常用农具，也是农具家族中的“大拿”，既可除草、作垄、耕垦、盖土，亦能中耕、碎土、挖穴、收获，且水田旱地通吃。

春夏秋冬一年四季、二十四个节气，锄头出场露脸的时候最多，从春耕过后青苗出土到夏日田野庄稼疯长，一直到秋收大忙颗粒归仓，锄头似乎少有休息的时日，或被农人稳稳扛在厚实宽阔的肩上，或是紧紧握在结满老茧的手中，在杂草丛生的田垄上恣意游走辗转腾挪，与泥土与荒草进行着无声的较量。

乡谚说：锄头早下地，庄稼身里肥。此言不虚。秋庄稼讲究一个“早”字，趁墒早播种，出苗早锄地。乡间有“入伏天不离锄、锄头咣咣响、庄稼长三长”的说法。

进入伏天，雨水丰沛，一场接一场的透雨下过之后，草与庄稼比着长，争地盘也争养分。野草是庄稼不共戴天的宿敌，锄头是荒草有你无我的克星。灭掉丛生蔓延的杂草，庄稼才能独享肥力和水分，农人才会五谷丰登。一张看似寻常的锄头，关乎着一季庄稼的丰歉，也关乎着一家老小的口中食盘中餐。

五黄六月，天上一丝云彩也没有，地面晒得烧脚，鸡们蜷缩着翅膀，狗伸着舌头，整个村庄好似被扣在了蒸馍笼里。在我的印象中，祖父从来没有埋怨过天热，天越热反倒越喜欢。三伏天，祖父一大早起床，先跑到院里盯着天看，一见天无纤云、树梢不动，乐得咧着嘴拍巴掌："真是锄地的好天！"

祖父不是不知道天热的厉害，他的心里明镜似的，伏天晌午头是下地锄草的好时候，红彤彤的日头照得越毒辣，锄掉的草晒死得也就越快。若是趁凉快锄地，断了根的草还会活泛过来，等于瞎忙活白锄一场。

白花花的阳光刺在赤膊锄地的农人身上，豆大的汗珠从肩膀上、胸膛上、脊梁上流下，无声地落入脚下的黄土地，霎时间又被蒸发得无影无踪。

祖父戴着一顶破草帽，弯曲着佝偻的身子，赤脚穿梭在晒得鏊子一般热的地皮上，手中一张锄在地垄中左冲右突，令顽劣的野草散落一地的狼藉。锄到了地头，祖父拄锄而立，伸手扯过搭在肩头的毛巾，擦擦脸上、身上的汗，使劲拧一把又搭在肩上，埋头继续锄地。

土里刨生活的祖父对农具心存敬畏，呵护有加。每次劳作归来，祖父总不让锄头落地，一遍遍擦拭着锄刃，直到锃明发亮。闲置下来的锄头，被祖父稳稳地挂在山墙或者屋檐下，乡间称之为"挂锄"。挂锄意味着荒草绝迹、丰收在即，农人们难得几日的清闲，又该忙活着收秋了。

握了一辈子锄头的祖父 78 岁那年突发脑溢血，魂归村西的大块地。坟茔的不远处，就是他老人家不知锄了多少遍的责任田。

祖父在世时，有一次和几个叔伯闲聊，本族的三叔半开玩笑地说，啥时候要是能发明一种药，往地里一撒，草就不长了，土也发虚了，咱就不用在大热天下地晒肉干了。祖父闻听此言，脖子一梗，厉声呵斥道："胡扯八道，庄稼人不锄地，地不就荒了，一家老少都喝西北风去？"

没想到，庄稼人近乎做梦般的奇思妙想，居然在祖父去世十几年后就变成了现实。

随着灭草剂的问世，锄地这个几千年来代代相传的农耕劳动方式悄然消失了。祖父的有生之年没有赶上除草剂在我们那个偏僻的村庄大面积推广使用，这是无法弥补的憾事。他老人家如果还健在，看到本该顶着烈日锄地的三伏天，人们却躲到树荫下纳凉玩乐，不知会作何感想。

收稻谷 / 李海培

金秋十月，成熟的稻穗沉甸甸地弯着腰，黄爽爽的稻粒丰盈饱满，空气中溢满了稻香。梯田里的稻谷在与秋风的嬉戏中掀起一波波气势磅礴的稻浪，远远望去，像一块块金黄耀眼的绸缎。

春播一粒粟，秋收谷满仓。这丰收的美景让人们心旷神怡，喜上眉梢。此时，走进乡村，不管是童颜鹤发的老人，还是稚气未脱的少年，眉眼间都挂满欢欣。

从打田、泡稻种、送粪、撒秧、移秧、插秧、施肥、守水、薅秧到收割，哪一道工序不饱含辛勤的劳作与汗水？熬过多少起早贪黑的付出，并望眼欲穿地盼啊盼，才盼来如今丰收的喜悦。

收割稻子选择晴朗的天气，把镰刀磨锋利了，三五成群来到稻田。割稻时，腰要弓着，右手握镰端水平，左手捏住待割的稻子，下手要轻，以免碰落成熟的稻粒。

如果说插秧时哪里凹插哪里，那么割稻时则哪里凸割哪里。手钳口捏满割下的稻谷，抽两根稻草捆紧实，让稻把呈扇形轻轻搭在稻桩上，整整齐齐的，横看顺看都成形。

镰刀“亲吻”稻秆的声音听起来是那样悦耳、舒畅，不知不觉间，一大片稻谷便应声倒地。

只要天不落雨，家家户户就把挞斗扛进田里，边割边掼，并将稻草在田里一垛垛地垒起，像一个个金色的蘑菇。

如果天气晴好，让割完的稻谷在田里晒上个三四天，待稻谷和稻草都晒干后，挑回家掼好扬好装进粮仓。

在打扫干净的院坝中央放上一张长条桌，女人们攥着满把稻谷往条桌上使劲儿掼去，谷粒便如密集的雨点纷纷脱落，在地上越堆越高。

起风了，男人们站在上风头，用木锨将稻谷撮起高高扬到空中，在风力的作用下，饱满的谷粒落在近处，瘪谷子和灰尘则飘向远方。饱满的稻谷装进口袋，扛进粮仓。扬出的瘪谷和叶壳也不浪费，留着喂牛。

掼了几天稻谷，累得手臂又疼又酸，几乎抬不起来。那些又尖又细的稻毛沾在头发上，飞进衣袖里，从衣领钻到背脊，劳动时感觉不出来，一旦歇下来，身上就开始发痒了，只有跑到村边的小河洗上一洗才能睡个好觉。

稻谷收进家后，遇上好天，村里的平房上、晒坝头、石板面、垫席里处处都见缝插针地晒满了流金溢彩的稻谷，与农家小院里挂着的玉米、高粱、花生相互映衬，仿佛一幅幅散发着芬芳泥土气息的水粉画。

连那成群的麻雀也叽叽喳喳地沉浸在丰衣足食的欢乐中，瞅准时机从房顶树上不顾一切地冲进晒坝啄食稻谷，待人一靠近，又慌不迭地飞走了。

晒干的新稻谷用水碾去除谷皮，簸干净糠壳，就变成了白生生的米粒，抓起一把清香诱人，煮成粥饭后那种贴心暖胃的香哟，让人永生难忘。

面对稻谷，人们心里充满了虔诚与感恩。父亲常说，“一日无粮千兵散”，它是滋养生命不可或缺的灵物。在家乡，每家每户的厨房门上都贴着“美味盐为首，万宝米当先”的对联。

显然，收完稻谷的人们都是“累并快乐、幸福着”的。

禾桶声声 / 黄从周

秋意起，嘉禾熟；候鸟归，万物收。

我的家乡江西泰和，“三山一水六分田”，因“地产嘉禾，和气所生”而得名。万物收，收的就是六分田里的水稻。

“砰——砰——”“砰——砰——”，这激越的鼓点，在山南水北、村前屋后响起——那是打禾时的禾桶声。这激越的禾桶声，让困倦的兄长立即变得精神焕发，让寂静的山乡立即变得亢奋活跃，让恬静的朝阳立即变得热力四射。

割稻，是女人们的事。一手挥禾镰，一手握稻秆，按手动幅度，有割七兜的，也有割九兜的。往前割，沿途放、两行放一堆，叫割散禾；简单用禾颖捆绕的叫割交禾，交禾一般运回村里去脱粒。

打禾，是男人们的事。一扎稻秆捧起来，大步流星走向禾桶，高高举起，重重落下，轻轻抖动；再扬起，落下……“砰——砰——”，禾桶发出的沉重响声，在山与山间碰撞，在水与水面激荡。于是，天地间到处都是“砰——砰——”声。

禾桶声声，人们听出了喜悦，听出了骄傲，听出了欢乐。按辈分我叫外公的陈焕荣，会打“花桶”。他边打边唱，词听不清，曲调却十分优雅。稻秆在他腋下左转、右转，从左手掌上了小臂、胳膊；头一低，又沿着后颈上了右胳膊，下了小臂到了右手。

“砰——砰——”声落，稻秆沿着禾桶转了一圈；又“砰——砰——”声落，再转一圈。“砰——砰——”，绕左腿一圈，敲一敲桶沿；“砰——砰”，绕右腿一圈，再敲一敲桶沿。待“砰——砰——”声戛然而止，稻秆上的谷粒进了禾桶，稻秆变成了禾秆。如此循环往复，掌声迭起，笑声纷飞。

鼓点激越，稻子在人们的汗水中收进仓了；余音缭绕，晚稻在人们的汗水中插进田了。接下来便是“尝新”：早上，女人们把新米掺进老米里，加入绿豆、南瓜做成“尝新饭”，以示“连年有余”；晚上的“尝新戏”是打花桶的增强版，最受欢迎的主角还是陈焕荣。

“撒种”“插秧”“撵鸟兽”“割稻”“打花桶”“挑谷归仓”，从春耕跳到秋收。“好！”整个禾场在欢呼，在燃烧，一个夏天的暑气、烦闷、疲惫，此刻全部灰飞烟灭。

如今，机割机收，家乡人再不必脸朝黄土背朝天。但只有在割稻的时候，才能真正感觉到人与这片土地的距离有多么近；只有在打禾的时候，才知道人们对丰收的渴望有多么强烈。禾桶声会远去，劳动带来的快乐和满足却不会因此而停止。

又到一年打禾季，禾桶声声犹在耳。

拾秋 / 常书侦

我的家乡冀中平原有句俗语："秋后弯弯腰，胜过春天走一遭。"意思是秋天作物收获完毕后，人们会去捡拾遗落在田间地垄里的粮食。这种农家拾秋的好习惯，是对劳动成果的爱惜——在生活困难时期，更是对生命的珍重。

拾秋，大多是孩子与老人的活计。当然，闲下来的青壮年有时也会出现在拾秋的队伍里。早饭后，拾秋的人们便背上筐子，提上篮子，扛上铁锨和三齿耙子出发了。老人和孩子一般在本村所属的近地块捡拾，青壮年则会带上家什，骑上自行车，到外村的田里去拾，且往往满载而归，颇为惹人眼红。

拾秋，主要是拾粮食，因为粮食种植面积大，到处都是。玉米、高粱、谷子、黍子、豆子都在捡拾之列。收获棒子后的玉米秸秆被割倒躺在地上，只要你用脚挨个踩来踩去，经常会感到脚下有圆滚滚的硬货，这便是玉米棒子无疑了。多数时候，半天就能够拾满一筐。

捡豆子是男孩子最喜欢干的事情。除了捡遗落在地上的豆荚、豆粒外，他们还以在豆田里寻田鼠窝为乐。这可不是纯粹找乐子——一个田鼠窝往往能够挖出两三斤黄豆粒，估计这也是田鼠一家过冬的口粮了。不过，那时的男娃们哪里想得到这些，只要找到几个田鼠窝，过年时就不愁没有做豆腐的原料了。

红薯被称为"地宝"。由于埋在地下，隔着地皮很难刨干净，尤其是井台边、地头、垄沟畔，人踩牲口踏，一些红薯秧蔓早早干枯，往往被先前刨红薯的人忽略。拾秋人只要发现了残留的秧蔓根部，就会顺着挖出一嘟噜红薯来。就算没有发现红薯棵子，随便在地里用铁锨乱翻，一天半晌也能翻出一蛇皮口袋来。

记得小时候，我独自一人翻找红薯，没成想越找越多，天黑时竟拾了满满一大筐，自己提不动，只好在越来越浓的夜幕里大哭，父亲循着哭声到地里把我找回家。拾到的完整红薯窖藏，受伤的可以擦片晒干磨成粉，或者换成粉条，过年时炖猪肉粉条，那叫一个香。

拾秋，经济作物当然也在其中。就拿花生来说，因为果实小，收获时比红薯遗漏得还要多。只要你肯在收获过的花生地里弯弯腰，用手随便挖几下，就能捡到一两个花生果。有的人家拾秋，拾到的花生竟然比生产队分给的还要多。拾到的花生可以榨油换油，让家里的菜盘子香喷喷的。当然，还要留下一部分，等年节时炒熟了当零嘴儿。

拾棉花的大多是女人，她们不但把摘花时没有摘干净的棉朵收入囊中，还要把没有开放的棉花桃子掰开，取出里面的硬瓣子，回去后晒到房顶上，干后照样可以弹成棉絮。虽然棉绒短了一些，但絮被子和褥子不成问题。手巧的，还可以纺成线，织成土布，只是成色差了些。白白拾来的东西，能够派上这么多用场，也该心满意足了。

“看不够的大戏拾不完的秋。”拾秋，可以一直拾到冬季到来雪花飘，因为只要你拾，总不会空手而归。不要说庄稼人拾秋可以拾到一两个月的口粮，就是没有地种的人，抓住时机去拾秋，也会拾得不缺吃、不少穿。

现在，又到了拾秋的季节，不知道已经富裕起来的父老乡亲是否还会去收获后的庄稼地里“弯弯腰”。我真想投入故乡的怀抱，背一个荆条大筐，扛一把铁锨，漫步在秋野上，捡拾往日的美好时光。

大野之秋 / 常书侦

农人有句挂在嘴头儿上的话："一年忙到头，忙夏又忙秋。"这不，秋风一刮，庄稼垄子里的猫眼豆就摇起了金铃，谷子垂下了脑袋，棉花一直熬到满头白发，玉米棒子也想和阳光比比谁更金贵……

总之，这秋之大野，就要人欢马叫、一派繁忙了。

夏急秋缓。秋收不比夏收，忙个三天两早晨的就算大功告成。这秋收嘛，总是拖拖拉拉，没有个把数月，就不能把秋送走。

秋收始于摘棉花。当红薯还在地底下做美梦，棉花地里早已银光闪烁。棉花开得最好的时候，是在午后，那时的阳光好、天气干爽，棉花不潮不湿、白白净净。于是，吃过午饭后，大姑娘小媳妇们便腰系包袱，成群结队地来到棉花地。

刚学摘棉花的村姑因心急而摘不净留下"眼睫毛"时，当嫂子的便会开她的玩笑："留下眼睫毛，晚上睡不着儿，一门心思想对象，找个男人像憨桃儿"。于是，一个个嬉笑、追赶、打闹着，把个秋收的序幕揭得热热闹闹、喜气盈盈。

棉花摘过几茬，这秋收还算不上高潮，农人便心闲手不闲地开始割田头地脑的猫眼豆，或者刨近田远地的大红薯。

这时，秋收的气息便渐渐浓了。每每这时，农人在前割豆子、刨红薯，娃子便在地头儿挖土窑儿，里边装红薯，上边盖豆荚，然后在窑儿口燃上豆秸。不多时，好闻的豆秸味儿便开始飘散，待到有些饥渴时，便拆开窑洞掏出豆子和红薯。豆子香，红薯甜，新粮进嘴儿，农人们的心情美了，就会感觉这蓝天格外高。哼上几句干梆戏，或者随便喊上那么几嗓子，惊得地垄里的野兔子窜出老远。

“要说忙，砍高粱。”现如今种高粱的少了，收玉米成了秋收的压轴戏。掰玉米棒子了，老玉米的叶子像锯刀，可农人们全然不顾，赤着膀子钻进地垄子，掰不到头儿绝不往回走。

为了拉玉米棒子，毛驴车、牛车、拖拉机出动了，有的人家甚至把汽车也开到了地头。那场面，人欢马叫机器闹，秋野有些乱了，却乱得叫人欢畅、痛快。

待把玉米棒子掰完拉光，秸杆机便开进地里，只那么忽啦啦几趟，让人看不到三尺远的青纱帐就不见了。农人们憋了一夏的眼光终于看见了邻近的村子和远处的山乡，自然而然地想起外村的七大姑八大姨——待收完了秋，也该串串门走走亲戚了。

青纱帐一落幕，秋耕就开始了——该种来年的麦了。于是不论白天黑夜，拖拉机一直奔忙在大野里，连口气也来不及喘。当种完最后一垄麦，疲劳的农人已累得仰面朝天躺在田野上，望着高远的闲云和天空中盘旋的老鹰，感受着大自然的美好和丰收的欢愉——无疑，这成了他们至高无上的享受。

此时，将头脑里产生的种种美妙幻想播撒开去，明年的秋之大野将更加绚烂多彩。

如今，每到秋收季节，远离故乡的我都会回到故乡的怀抱，助家人一臂之力。一任故乡的风吹拂着我的面颊，故乡的草亲吻着我的裤脚，故乡的虫鸣拨弄着我的心弦。我那颗漂泊的心，被这大野之秋滋润、陶醉着；那积攒了一年的乡愁，被秋风解读着，被秋雨稀释着，被亲情温暖着。

呵！大野之秋，秋之大野。

十月小阳春 / 李海培

农历十月，温暖如春，高远而洁净的天空蓝得让人陶醉。庄户人家的屋檐下挂满了金灿灿的玉米、红通通的高粱、黄澄澄的花生，尤其是那一串串喜庆的红辣椒，格外地惹眼。整个村子洋溢着丰盈与富足。

村子里的小猫小狗眯着眼睛，慵懒地躺在草堆上晒太阳。晒坝里，三三两两的乡村女子则在暖阳下专心致志地做着针线活儿，有打毛衣的，有绣十字绣的，还有钩拖鞋的……仿佛要把自己满腔的情和爱都融进这针头线脚。

田野上，趁着这难得的好天气，农人把田里的谷桩割净、晒干，抱在田边码好，闲时挑回家把猪圈牛圈垫得暖和和的，让畜牲能在圈里度过寒冷的冬天。

不翻犁时，就在稻田里撒上些紫云英种子，到了来年，那花儿便像展翅欲飞的小蝴蝶，把田野装扮得漂亮而热闹；或者，顺着谷桩小孔丢些蚕豆和豌豆的种子，春末夏初时田里也能结满蚕豆和豌豆，足够一家人吃了。

远处，叔伯们又在犁田了。驾好牛，在声声吆喝中，翻犁过的泥饼呈流线型一排扣着一排。有时软泥附着在铧口，犁不往土里钻，就舀半瓢水从犁板处淋下，铧口就变得势如破竹，牛拉起铧犁来也轻松了许多。

田犁好后，让太阳把湿润的泥土晒得水气袅袅。如果要在田里种小麦或油菜，就要用薅刀把泥饼挖碎，然后用犁扯上沟，将灰粪拌匀的小麦或油菜种子撒播在小沟里，再用田土盖上。如果不播种小麦或油菜，就让翻犁过的田炕冬。

冬天下霜凌，会把板结的田土润得又松又软，待到打田时经水一浸，泥土就酥软起来，田就容易打好，稻谷的收成也会高。

再远些的山上，妇女们也没闲着，铲地，割地埂，烧灰……袅袅的烟岚被山风一忽儿扯向东，一忽儿扯向西。

只有黄灿灿的野菊花像星星一般，在山野里盛开着，散发着幽远的清香。

在小阳春来临的日子，一阵风吹过，黄色或褐色的树叶就扑簌簌地飘落到地上，有的还打着旋转，让调皮的小狗以为是一只只黄蝶，结果跑过去自然扑了个空。

此时，门前的柿子树早已落光了黄叶，树上吊满了红红的果实，灯笼般晶莹剔透，惹得过路的行人情不自禁地眺望。

不可思议的是，桃树的树尖上竟然开出几朵红灼灼的桃花，梨树的枝头也稀稀落落地点缀着几朵雪白耀眼的梨花——不过，这些花是不结果的，乡下人称其为“梦花”。“梦花”往往是在十月小阳春的时节开。

月光如水的夜晚，父亲边弹月琴边唱着“十月里，小阳春，家家户户点明灯。麦子菜子种田里，熬过一冬就春耕 ......”

冬藏静无声 / 桑明庆

一个季节的结束，意味着另一个季节的开始。一个静无声息的冬藏季节到来了。

立冬过后，一场瑞雪悄然降临，天地间白茫茫一片。在白雪的陪伴下，冬天牢牢地站稳了脚跟。此时，田野山林中难见小动物的身影，蛇和蟾蜍冬眠了，蚂蚁也藏入深深的洞穴，只有肥硕的麻雀时不时落在屋檐下或窗台上寻觅些吃食。田鼠和松鼠从深秋就开始收藏食物，洞穴里黄豆、玉米、松子等过冬食物应有尽有，下雪了也不必发愁。

玉米、大豆等秋作物早已收获完毕，原野上空旷寂寥。五谷装进袋子里，摆放在仓房，一家人出出进进看着粮食，心总归是安稳的。在我的记忆里，每年入仓前，父亲总要将粮食反复晾晒，一点儿水分不留，还要把秕子和杂质挑出来。父亲说，储存粮食要“干饱净”，这样才不会腐烂，吃得放心。

饲养牛羊的农户把庄稼的秸秆收储起来，好备足过冬的饲料。从霜降起，这项工作就开始了，装满秸秆的牛车一趟趟地运到后院，堆得像小山一样。如山的草料，不仅可以让牛羊丰盈地度过漫长的冬季，还可以抵挡四面刮来的寒风，给它们营造一个温馨的家园。

立冬后，劳累了一年的农具也该歇歇了。老石磙用清水刷干净，放到角落里。铧犁是家里的功臣，春耕秋收它有一多半的功劳，因此深得父亲喜爱。父亲把它搬到墙根处，除锈、紧螺丝、涂黄油，再将松动的木榫用斧头敲上木塞，然后小心翼翼地挂在阁楼的山墙上，像一幅凸凹的壁画。

用过的镰刀也要捡起来好好拾掇拾掇。只见父亲右手握住刀把，左手按住刀头，往磨石上浇点水后，便在灯光下“嚯嚯”地磨起来，磨过几下后，还要用拇指试试刀锋……如此往复，直到刀刃闪出耀眼的光芒。

“糠菜半年粮”，挖菜窖储存大白菜和红白萝卜，是乡下人过冬的一项重要内容。菜窖要选在向阳的坡地，一般挖个一米多深、两米见方，上面盖上柴草再压上一层黄土。大白菜储存前，要在太阳下晾晒脱水，然后一层层地码在木架子上，隔些日子还要倒腾一下，这样可以一直放到明年开春都不坏。萝卜半埋在沙土里就可以，这样储存的萝卜不糠，水分充足。

土炕是女人们的天地。她们盘腿坐着，一边唠着家长里短，一边走针纳线，用新采摘的棉花絮缝棉衣棉鞋，好赶在农历新年前给家里的娃娃和男人做出一套体面的新衣。炉火烧得很旺，整个屋子暖暖的，小花猫慵懒地蜷缩在炕头呼呼睡着。

冬季的乡村，像一位慈祥的老人，安然地端坐在田野之上。他收起了往日的锋芒养精蓄锐，无声地翘首春天的到来。

风物

屋檐在上 / 石广田

人在屋檐下，屋檐在天底下。屋檐虚虚地画一道线把天空分开，让人觉得心里踏实。

屋檐下敞亮。阳光可以照进来，风可以吹进来，鸟儿可以飞进来；铁锨、锄头靠在屋檐下，玉米堆在屋檐下，留种子的豆角、荆芥也挂在屋檐下；燕子把窝搭在屋檐与墙的交界处，麻雀把窝建在屋檐的瓦缝里。人在屋檐下，听风看景听鸟唱，真切而自然。

屋檐下热闹。站在屋里，得隔着窗户才能看见一小片院子。鸡、鸭和狗奔来跑去，像演电影一样钻进某段藩篱，一会儿又不知从哪里钻出来，谁知道它们在看不见的地方做了些什么。可只要人往屋檐下一站，就不一样了——鸡、鸭和狗热情地围上前来，仰起头各自喊着口号朝拜。

女主人最享受这样的热闹光景，她听得懂每一句赞美，也知道怎样安抚它们，不一会儿，就一个个高兴地散开了。

屋檐是每家每户自然而简朴的黄历，它丈量着日子，也丈量着年月。夏天，毒辣的太阳直射屋檐正上方，屋檐下一片阴凉；冬天，温和的太阳挪到偏南的位置，阳光照进窗棂，屋檐下暖融融的。无论乘凉还是晒暖，屋檐下都是最好的去处。

“吃了冬至饭，一天长一线。”随着阳光在屋檐下进进出出，一年的光景旧了，又一年的光景新了。坐在屋檐下写作业的娃娃，就这样慢慢长大。

屋檐还可以测知雨水。雨水落在屋顶上，很快洇进瓦里，待紧一阵慢一阵地把瓦洇透后，才顺着瓦槽流向屋檐，滴滴答答地掉到檐下去。“屋

檐滴水四指雨”，立在檐下的人嘀咕上一句“庄稼经”，心里安生多了——不用到地里刨土察验，就知道这是一场透雨。

高高的屋檐让草木向往。从春天开始，种在檐下的丝瓜、眉豆和瓜蒌就沿着廊柱或墙壁，曲曲折折地爬向屋檐。夏天开花，秋天结果，那翠绿的叶子，姜黄、紫红或玉白色的花朵和果实，把屋檐描绘得活泼多彩。屋檐上落下的雨水正好滋养着檐下的草木，所以一簇簇长得格外茂盛。

看见屋檐就看见了家。归家的人总是行色匆匆，远远望见自家的屋檐，心情就会轻松起来，脚步也不再沉重。天天抬头可见的屋檐，除了歇在上面的鸟儿，实在没什么可在意。这普普通通的屋檐，只有在远行后回来，才能牵扯起人们的情愫。

屋檐在上，檐下是家。

天井院落 / 张大斌

故乡天朝门是一个由众多天井构成的乡间院落，我在那里生活了整整十五个年头，从出生到外出求学，那里是我见到的世界最初的模样，也盛了下我童年全部的欢乐时光。

天朝门到处是天井。有的几家人共享一个天井，有的天井就在某家人的房屋中心，为一家独享，着实令人艳羡不已。

在我看来，天井和水井功能差不多，反正都是井，只不过水井装的是水，而天井装的是日月罢了。想一想，那无边无际亘古绵长的岁月，一旦被一个小小的天井勾勒，该是怎样一番情景？总之，它不会显得空洞无趣，而是变成了一条可爱的小鱼，在你的头顶调皮地游来游去。

遗憾的是，我至今不知道天朝门有多少个天井。记得有一次和小伙伴勾着手指计算老院落的天井数。当他告诉我谁家谁家还有一个天井时，我竟然像外来客一样一无所知。不过，这些数目繁多、大小不一的天井所营造的老家氛围，却始终深深地印刻在我的脑海里。

清晨，阳光落进天井，斜斜、柔柔的光线把人从睡梦中唤醒。慵懒地站在天井下，伸个懒腰，顺便望一眼井外的天空，便可知道一天的冷暖寒热。月明星稀的夜晚，头枕着胳膊躺在床上，心绪缥缈地数着星星，不一会儿就进入了梦乡。到了冬天，大部分年份都是要下雪的。天井在上，周边覆盖着皑皑白雪，天井下的我们就像一群小矮人出没在童话的世界里。

我最喜欢的还是下雨天，当滴滴答答的雨声在天井周边响起时，天井便与房屋形成一个无与伦比的巨大的共鸣音箱。自己那点儿多愁善感的情感因子，大概就是那时在雨天的天井下滋生出来的吧。

前些天，突然接到老家的电话，说是房子要垮了，要我回去一趟。我这才意识到，记忆里保存的天井院落早已受不住岁月的风吹雨打。院落本来由大大小小的天井勾连在一起，不可分割，要抢救就必须整体维修。可如今，除了少数几家老人和小孩儿还住在院子里，其余人都搬到外面砖混结构的独栋房屋去住了。

感谢上苍赐予我天朝门这样一个独特的地方，并在最美好的时候养育了我。那时的天井院落是完好的，除了房屋的瓦盖需要不时翻新外，那圆圆的擎起巨大院落的柱子，那四四方方像健壮男子块头肌的挑梁，那油光水滑的木板墙壁，还有那雕花的田字格窗棂，都是完好无损的，仿佛一柱沉香，在漫长的岁月里散发着幽幽的馨香。

一代人有一代人的生活。我为那些修建小洋楼的乡亲感到高兴，他们用勤劳的双手缔造了新的家园，开创着美好的生活。值得庆幸的是，迄今所有的洋房都是在外新建，没有在天井院落原有的地基上大兴土木，这就为老宅修复提供了希望。于是，我心中重又燃起信心，坚信有一天，天井院落必将重现昔日的风采。

南街以南 / 胡巧云

古城，巍山，老时光。月白天青，光阴迁徙，一街一人世。

南街以南，古城最为绵长清远的一段老街，仿佛六百多年光阴写意的残章旧片。悠长的青石长巷，淳朴的民风，每次刻意或是不经意地路过，总会让人心意难平。

那日去街上那间坐落在鼓楼脚下的糕点店，买最具特色的鸡蛋糕。小店依然还是多年前的老样子：不大的木板式铺面，油漆已变朱陈；老式的柜台上，玻璃罐盛放着不多不少几个品种的点心。

店里的老奶奶躺在藤椅上看电视，也许正在打着盹呢，见有顾客来，慢吞吞地起身问要什么。不知怎的，突然有种瞬时被拉回上世纪八九十年代的感觉，店里的陈设和老奶奶的模样，不正是记忆中的模样吗？

老奶奶的鸡蛋糕烤得金黄蓬松，散发着浓浓的鸡蛋味，从小吃到大都未曾乏味。紧邻鼓楼脚下的卤肉店也是如此，隔着一条街，远远就能闻到那淳香的卤味。店面不大，一张木桌，几个调料罐，年轻漂亮的老板娘把婆家世传的卤肉卖得风生水起。

在南街，类似的百年老店铺鳞次栉比。无论是檐角低矮、板壁泛陈的茶馆、理发店，抑或本地人开的小食馆，都有着浓浓的烟火味，看似散淡地经营，实则在用心传承祖业的衣钵，靠着不温不火的小生意也能把日子过得丰足。

穿过鼓楼的风吹向南街，吹向百米之外的那间面条加工店。透过被风抛起又落下、落下又抛起的长长挂面，隔着数十年如一日的光阴，我似乎看到了那个蹲在大青树下玩耍的小女孩。

南街于我，有过一段挥之不去的童年。那是我五六岁时的光景吧，亲戚李奶奶在位于南街中段的公社做饭，平日里只要得空，母亲便会带上我去帮忙。于是，整整一条南街成了我玩耍的天地。

小城保持着明清时期铺面连户的老建筑形式，不大一道木门进去，不知暗藏了多少个院落，绿草萋萋的幽深小巷像极了长长的瓜藤，里面的青砖人家就是瓜藤上结出的果子。

天井楼阁、照壁栏坊，成了极好的躲迷藏场所，玩到兴起时，难免会碰翻院里的花，惊起巷里的鸟，主人不气恼也不责怪，笑笑就过去了。

傍晚时分，落日从南街的尽头徐徐向西滑去，余辉透过大青树撒向地面。人们在街边支起饭桌，端着洋瓷碗一边吃饭一边闲聊。

匆匆扒拉几口饭，女孩儿们在街上跳起了橡皮筋，男孩儿们则沿着长长的街道来回滚着铁环，或者趴在大青树下玩弹珠……直到夜幕降临，我才被母亲领着，依依不舍地离开南街回家。

如今，我住在小城北边，平素去往南街，只为能在繁尘中寻回一些旧时光，让迷茫而烦躁的内心享受到难得的静谧。好在南街的那些光景和日常不曾被流年带走，依然可以让人寻回安之若素的过往。

如果可以，我愿意择一家素朴的茶室，就着一盏清茶，等待日暮将南街笼罩，等待新月升起在南山，等待碎银般的月光延绵成一地的温柔，等待猫儿爬上瓦檐在夜色中睡去，等待檐草与蛛丝在六百多年的光阴中独守风致……

南街以南，我的岁月，人间真味。

桥头小记 / 王亦北

桥也是论出身的。譬如，冉义镇的桥叫冉义大桥，到了付安，它就无名无姓了，大家索性直呼其为桥头，已然连个前缀都不肯给了。

河瘦，桥就跟着瘦。桥头底下的河本是石头河下来的支流，总也不过十余米宽，却是终要汇入冉义大桥下的斜江河，这就有点命中注定的意思了。好比付安原是一个乡，同冉义平起平坐，然而却在一年又一年的发展更替中，成了冉义的从属，到如今只是作了一个有名无份的旧人。因此，对于桥头，倒也无所谓头无所谓尾了。

桥头虽小，在付安却也属独一份，加上正临曾经的付安正街，在热闹未消的年月里，也算得上是一处好地段，曾经炙手可热。人说“瘦死的骆驼比马大”，对于土生土长的付安人，但凡说到桥头，还是鲜有人不知的。

桥头最兴盛的那些年，有四样配置绝少不了：一个自行车铺子、一个修鞋匠、一个缝衣娘以及一个杀鸭摊，三两下将衣食行凑了一个齐。

然而，这四样的设置方式却是有差别的。譬如，自行车铺子是以桥头为根据地长期扎根的，而修鞋匠、缝衣娘、杀鸭摊则是但逢场天，便风雨无阻地出现在桥头。因四人都是土生土长的付安人，又经年累月地出现在桥头，必是乡里皆知的人物，因此也就难免平生出几分亲切和信任，连带着桥头也满溢着热气腾腾的人间烟火。

自行车铺子我最熟悉。读书时，自行车老是东一点儿西一点儿地出些小毛病。到铺子坐下，那汉子便手脚麻利地拿出工具，三下两下就把车收拾得巴巴适适。一句“好了”，三块两块地给，从来不多言语。付安人因为修车常亲近于他，他也从不怠慢，总客客气气迎来送往。

至于杀鸭摊，生意向来很好。这大概得益于付安人的饮食习惯，红烧鸭、酸汤鸭、冒菜鸭、萝卜炖鸭等吃法层出不穷，一个不留神又是一个新花样。

修鞋匠、缝衣娘那里我去得少。记得每逢赶场时，两人一人占据桥头一个角，常是一针一线地忙着，那样子实在规矩本分。

桥头虽小，却也是一幅乡村发展图。多年后的某一天，一件上新的衣服拉链被我扯了个掉。到了赶场的日子，我拿起便往桥头走，等到了桥头一看，汽修店已经从原来自行车铺子的地界立了起来，宽敞而明亮，桥头的老四样却踪影难觅。回家问母亲："桥头那缝衣娘现在赶场天都不来了么？""已是多少年不见了……不过原来那几样就算有也没人去了，到底不需要了。"母亲答道。

一句"多少年不见"让我陡然明白：正是在这见与不见之间，连接着桥头的过去和现在，也呈现了乡村生活的发展变迁。

村口塘 / 段伟

“我家门前一口塘，养的鲤鱼三尺长，一半拿来煮酒食，一半拿去送姑娘。”

家乡英山，群山环抱，山多高峻，谷有山泉，清冽甘甜，农舍大多依山而建，傍水而居。

无塘不成村。世世代代，乡亲们依着地势开辟出一块块池塘和堰塥，一年中大半日子里面蓄满了水，平常浣纱洗衣、饮牛养鱼，天干则供抗旱之需。

老家村口就有这样一方水塘，约有三亩，状如半月，在弦与弧的交接处各有一山涧注入，弦上正中则是出水口。吐故纳新的池水，似一池翡翠。池水四周以石块筑堤。塘边垂柳环绕，翠影婆娑，其间两株古树，一株为樟，一株为槐，高可参天，枝叶繁茂，树上有雀鸟筑窝。

有了水塘，村庄就有了灵气。美好的岁月如塘水一样无止无息，蓄满了希望与幸福。

村口塘里的鱼，总是那么鲜美肥嫩。一场春雨过后，塘边熏风和畅。孩子们守住塘的进水口，那是各色鱼儿成群结队上水的通道，用箵箕或者鱼筌往沟里一兜，鱼儿就会乖乖地跑进来。

童年时光中最难忘的记忆，莫过于盛夏在塘水中嬉戏了。每天中午放学，书包一扔，便与小伙伴们隔塘吆喝，然后一个猛子扎进水里，像凫水的鸭子，或潜或游或仰，到中流踩水腾浪，在石缝里摸鱼捞虾，直至暑热散去，快乐无限。

村口塘也是妇人们小聚的场所，一边浣洗着衣物，一边家长里短：谁家小两口昨晚吵架了，谁家的男人赚了钱，谁家的小孩出息了……甚至夫妻间的隐秘都成为话题，而塘边也就成了村里的“新闻发布会”现场。

秋日的黄昏，经过一整天收获的喧嚣和忙碌后，夕阳下的村口塘边只剩下荷花美丽的剪影、晚归牧童的身影和屋脊上袅袅炊烟的倒影。天光云影，若隐若现，别有一番情致和韵味。

枝寒水瘦的冬天，荷叶枯槁，柳枝光秃，一个石头丢下去，塘里荡漾起无边的落寞。每到年关，清理塘底污泥是全村不变的压轴节目。那么多肥鱼集聚在浅水里，还有河蚌和田螺在裸露的塘泥上爬行，留下迷宫一样的图纹。除了一尺多长的草鱼和鲢鱼按人丁分配外，其余的杂鱼和小虾任人捞取，那鱼跃人欢的热闹场面真是令人难忘。

当然，村口塘最大的功效在于灌溉。塘的出口有引水沟槽，塘水流经的地方，承载着乡亲们对丰收的殷切期盼。

夏夜分水了，男人们在田埂上穿梭巡回，成为一道独特的风景。此刻的塘水，像一根绿色的丝带，把全村人的肚皮温饱和生活念想紧紧地拴系在一起。为了不伤和气，大家用香火计时，你的田地灌两炷香，我的也灌两炷香。由于土质的差异和耕作粗细的不同，有的田地渗水，有的禾苗迟熟，同样分水灌溉，有的人家丰收，有的人家歉收。山乡人朴实的日子，因塘水的牵扯而亲密、生动起来。

“唯有门前镜湖水，春风不改旧时波。”如今，人们浣衣洗菜都用上了自来水，水田旱地也有专门的灌溉系统，村口塘则退居幕后，成为家乡的一种意象。每年春节，外出打工创业闯世界的男男女女们就会不远千里，从大大小小的城市像候鸟一样飞回来，聚集在家乡的水塘边，述说着离别的衷肠和重逢的喜悦。

此时的村口塘，依然沉默着，像年迈的父亲母亲看着归家的儿女，微笑不语。

母亲水 / 石智安

北漂十余年，好想修书一封给家乡，于是那远在三千里外的母亲水，就在我的笔下缓慢而幸福地流淌。

年少时的母亲水是一条小河，依偎在茈湖口保险堤与杨树林之间。每当东方欲晓或夕阳西下，小河边就会出现一个妇人的身影，挑着满满一担水回家——那是我的妈妈。除了挑水，妈妈还经常在岸边的小木桥上捶洗衣服，“啪啪”的声音于水天间回响。

在水之湄，几头青牛驮着少年们的倒影，那是准备效仿老子出函谷关么？七月炎天，散学的顽童像青蛙一样扑通扑通跳入空明的河水中，一会儿摸起螺蛳蚌壳，一会儿与鱼儿一起纵情畅游。两路清晰的波痕护送一叶扁舟，在声声“欸乃”中徐徐前行。

河畔上，杨柳轻垂水袖，任由声声鸟鸣从镜面掠过。白云原本徜徉蓝天，却迷上了小河宝石般的颜色，沉沦于水中不能自拔。鱼儿倏忽来去，吐着泡泡恭迎战国的庄子和惠子前来辩论。夜色铺陈时分，一轮素月悄悄潜入水里，专心研究着河底洞天。

可惜的是，这般富有哲理诗意的母亲水，后来却变得藻荇乱了，水质肥了，颜色暗了，其间隐隐约约有蚂蟥游来扭去——这般光景，缘于河边的杨树林几乎被砍伐殆尽，而几户村民又长年养殖水产弄污了水。无奈之下，妈妈只得和乡亲们商量打井的事。那一年，每家每户的小院里都建起小小的摇井台。

随着洪涝的泥沙渐渐填平了小河，摇井就成了新的母亲水。我时常将两个铁皮桶放在井龙头下面，双手握住柄一俯一仰地摇动。顷刻，一股清亮优美的弧线冲出井头跃向桶中。水桶满了，我提起来走向灶屋的大缸，把桶身搁在缸沿儿上一倾，只听见哗啦一声感叹，缸里盛开出一大朵洁白的莲花。如此三番五次，水便平了缸沿儿。妈妈用这缸水煎茶、洗衣、煮饭，从田园荷锄而归的父亲咕咚咕咚喝几口缸里清甜的井水，全身的疲劳顿时一扫而光。如果说摇井是一条小河，那么水缸就是一汪湖泊，而我就是联系二者的沟渠了。摇井以全身心的慈爱，关切着农人的忙碌身影，感悟着村庄的朴实无华。

后来，兄长在楼顶建起一座水塔，楼下安上电动机，铺设好水管连接上井头。如此一来，厨房、浴室、洗手间以及晒谷的禾场，随处可见电井水龙头的身影。每天，生命的乳头——电井水龙头一经拧开，母亲水就开启了一家人的生活。润泽了晨日，泡软了月光，濡湿了灯华，伺候妈妈淘米洗菜，伺候哥姐刷牙洗脸，也伺候我洗去一身尘垢……无须用手摇动井头的柄，无须费力提水倒进水缸，只要一开电闸，修炼了千年的母亲水就带着自古的甘冽和小河遗风，涌向寻常百姓家的楼顶。

潇湘子弟，北漂十年，而我的心却仍然泊系在茈湖口那头。电井垂直地维持着小河的使命，将从前的生活送进我的梦境深处。我的母亲水哟，你何时能桨声复响，渡我回到那有着妈妈体温的小河？

清流涧 / 李海培

故乡的村庄坐落于黔中，万叠苍莽的青山和千顷蓊郁的竹海孕育了一涧清冽的溪流。充满灵性的山泉从长满青苔的崖缝汩汩冒出，泉水击石，飞花溅玉，泠泠作响。蜿蜒的溪流穿村而过，澄碧的水中倒映着黛山、青瓦、白墙、竹篱、稻草垛，以及屋檐下晃晃悠悠的高粱、小米、苞谷和辣椒。

从我记事时起，这涧清流就滋养着村子里的家家户户。人畜饮水、洗菜涮锅、养鸡喂猪、浆洗衣物等，都离不开这眼泉水；同时，它还灌溉着村里的数百亩良田。

晨曦初绽，溪面流金溢彩、风情万种。溪两岸，杨柳依依，一丛丛暗红的芦苇抽出醒目的穗子，恣意地长成一阕阕迎风招展的小令；溪水中，暗香浮动，翠绿的菖蒲傲然挺立着，还有那开满黄花的“水指甲”，美艳得着实令人着迷。初升的朝阳映照在水面上，红得像一枚熟透的水晶柿子。此时，早已有三三两两的俊俏村姑相约着来到溪边，一边娴熟地浣洗着衣裳，一边纵情地说笑，任由那此起彼伏的声声棒槌敲打着尘封已久的往事。

清溪冬暖夏凉，冬天不涸、夏天不涨，即便山洪暴发，流淌的水仍然像往常一样清澈透亮。溪里有细鳞鱼、石蚌、青蛙、白虾、螃蟹等水生动物，一有闲暇，村里的小伙伴们就三个一群五个一伙地去捞鱼捕虾、捉蚌摸蟹。在岁月的浸润和溪水的濯洗下，那美好的记忆反而愈发清晰起来。

这涧清溪水质独特，用它推磨的豆腐细嫩雪白、渣少味美，用它蒸酿的甜酒能从嘴头甜到心里，用它泡的茶久放不会变味，用它熬的草药口感地道疗效好。为此，方圆数十里的人家都到清溪来取水，人背马驮地运回家里倍加珍惜地使用。上山干活和下工回家的乡亲们，只要经过溪边，不管渴与不渴，都要掬一捧喝进肚里，就图一个神清气爽，烦忧全无。

在这涧清溪的滋养下，村里的女娃娃们大都生得明眸皓齿、肤白唇红，因此它又被人们唤作“美人溪”。夏日月夜，溪水在月光的映照下仿佛流淌的碎银，静谧的空气中散发着令人难以抵挡的气息，女人们偷偷来到位于溪水中游的香樟树下洗澡。家乡向来民风淳朴，规俗教化深入人心，因此这个时候男丁们都很知趣，没人会越雷池半步。记得一个深夜，村中有男子从外村饮酒后醉醺醺地回村，恰巧经过银杏树下，吓得正在溪里沐浴的女人们落荒而逃。于是，茶余饭后，这个男子便常常遭到女人们的奚落，好长时间都抬不起头来。

山因水而多情，水因山而妩媚，一方自然的山水养育一方淳朴的人。家乡的山水之所以令漂泊在外的游子如此魂牵梦萦，正是因为无论岁月如何变迁，她始终默默地沉淀着时光、哺育着生命、洗涤着岁月、恩泽着万物。伫立在溪畔，深情凝视这生生不息的一涧清流，此时此刻，我的心中生发出许多感慨。

源流之上 / 北雁

老家小果是位于洱海之源茈碧湖西岸一个贴山而居的小村落。懵懂记事的我，常在一个月亮大白的夜晚，静静地躺在爷爷温热的床上，听着外面哗哗的流水声。

那时的乡下农村，人们的生活似乎顺应了日出而作、日暮而息的自然规律。漫长的童年时代，我有足够奢侈的时间去聆听那宁静的水声，陪着它一同蹁跹浮想，再和它一起酣然入睡。

老屋和这日夜不息的小瀑布相距不到五百米。叠泉抱石，飞花碎玉，那是我见过的最美流水。

及至可以独自扛上锄头，出没在崎岖的山路上给自家的山田灌水，我方才明白，原来故乡的人并非完全顺应了自然规律，穷忙的生活也会让他们夜以继日地在自家那块贫瘠的土地上艰辛劳作，把一坡坡梯地种到齐云的高度。

小果坐落在几条洁净的源流之上。后山密林深处有一个“牛滚潭”，村后山沟的水流就是从那里发源的。山的另一头也发源着一大沟水，两条水沟中间隔着一坡山田，由于水源互通，时常可以南北互调。

漫漫的历史长河中，两沟水如同大山母亲甘甜的乳汁，浇灌着村头一坡坡梯地，哺育着世代生息于此的乡人。

故乡的田都是梯地，至今的浇灌方式仍是泡灌——乡人们形象地称之为“泡田”。泡田不仅费水，还特别耗时，于是乡人们习惯在夜间泡田，这时没有他人抢水滋扰，只要时间耗够，再大的田也会有泡满的时候。

至今想来，月光之下，呆呆地站在田头，看晶莹闪亮的水流如攻城略地一般在眼前渐渐弥漫，是一件何等幸福的事！

等得焦躁时，我也会用脚步丈量水流还未浸满的干地，或是索性弯下身子把手戳进地里探视，然而却常常欣喜地发现，地底早已经被水湿透。原来水漫上禾苗前，苗下的土壤早已浸满了水分，此时离整块地灌满也就不远了。

千百年来，故乡的人与这清洁源流总是相依相伴，有那么多相濡以沫的故事让我至今不忘动情抒写：

比如常有脚勤手快的乡人顺着河沟走上一遭，什么水芹、折耳根、野薄荷等各种野菜很快就能摘上满满一箩筐，送到城里就成了餐桌上的珍馐；

再比如上山砍柴或是到坡头种地的人们会把歇脚的地点选在紧沿水沟的埂上，为方便吃水，还有人干脆把一个缺口碗或小瓢放在水边上；

还有父辈们上山劳作，总喜欢带上一股脑儿的茶具炊具，在水边煮出清甜的茶水和饭肴，在难得的休息间隙享受人生苦乐。

后来，牛滚潭消失了，故乡清洁的源流也成为季节性流水。

再后来，父亲盖了新房，我家从村头搬到村脚，老房早已毁坏，爷爷也早已逝去。即便某天夜里宿到老房的塌墙下，也无法听到那哗哗的流水声了。

山里的梯地差不多全被荒弃，地里的水沟也早已严重塞堵，水流不畅。村里的年轻人都出了远门，似乎没人在意这些了……

源流之上的乡愁，永远留在我的回忆中。

上黄古道 / 王祝兴

八百里瓯江浩浩荡荡，溯流而上，流域周围有很多石板砌成的古道。其中，六十华里长的上黄古道是明清时期处州府两县邑之间的官道，被马蹄和行者踩踏得光润滑亮。

几百年以来，周围的村民凭借这条古道通往外面世界。如今，尽管在现代文明的影响下，古道被一大段一大段地截断加宽并铺上厚厚的沥青，遮盖住了当年的沧桑，但两岸的风景依旧，山石险峻，林木苍翠，溪水潺潺。行走其间，一任斑驳的阳光抖落在身上，淡淡的清雅之情便油然而生，觉得自己就是一位白袍蓝巾的诗仙。

古道，走的人越来越稀少，竟成了驴友探寻的目标。在一条古道必经的溪水上，抱朴守拙的村民以厚圆的滚木拼板搭桥，仍保留着旧时的模样。眼下，久经风雨的木桥已经颓废断裂，布满了厚厚的青苔，只有一众飞鸟跳跃叽喳其间。古道边一处旧亭子的泥墙上题着一句话：行正道万无一失，种新田十有九收。语言质朴，道理浅显，是一位叫王清泉的老人生前当护林员时为劝诫破坏山林者而留下的。

随着几条山涧不断汇入，古道旁的溪水变得丰盈起来。那溪水清澈得使人生疑，总担心一脚踩入会弄污溪水姑子的纯净。

人有呆板和灵秀之分，水生物也是如此。溪水中的沙粒晶莹剔透，小鱼无忧无虑畅游其间。拿手指轻轻将其戳入水底，它反而会噘起嘴巴迎头而上，不停地唼喋你的手指头，怕是将其当成难得的美味了。呆板的螃蟹则潜伏在沙粒上任由你挑逗，三板也打不出一个响屁——你一戳，它一动，

半天挪不出半步。当然也有灵光的，一听到踩水的哗啦声就迅速爬进石头洞里，再不肯露头。如果肯花点力气，用力翻开一块大石头，就会发现一只肥肥的螃蟹伏在那儿，伸手将其抓起，只见两只大脚钳不停地一张一合，那又细又长的眼珠子死死盯着你，随时做好迎战的准备。

溪里的石头都是有年份的，被雨水冲刷的次数多了，被太阳干晒得久了，就显得特别润泽。

古道紧贴谷底。秋满时节，湛蓝的天空下，野果成熟了。

古道两边，有的是山楂。待大拇指粗的山楂果熟了，一树山楂就是一树红玛瑙，在阳光下熠熠灼人。站在古道上伸手摘一篓，用手指轻轻摩挲一下，就可放到嘴里有滋有味地品嚼那酸酸甜甜的果肉了。

从几十米外循着那青涩香甜的气息寻过去，就能看到一小片散生的野生猕猴桃树。叶子宽大呈心形，枝丫类似绳条，向四周攀爬伸展开来，乒乓球般大小的果实像葡萄一样一串串垂挂下来。

毛栗也是古道边常见的果实。深秋季节，毛栗成熟了，争先恐后地从刺茸茸的裹包里蹦出来。剥去乌紫发亮的外壳，露出里面黄澄澄的果肉，嚼起来那叫一个满口粉甜，回味无穷。

“群崖乱立山无序，一水长镌石有声”——用这副对联来描述古道上方半悬于空中的瀑布最妥帖了。站在谷底，氤氲的水汽或聚或散，云里雾里，周边苍翠的山林时隐时现。

眼前此情此景，不禁令人心生感慨：守护一方水土，成就万代幸福。看来，王清泉老人的题字在劝诫不知珍惜山间草木的迷途者的同时，也道出了自己对坎坷人生的体会，以及人应如何自处于山林乃至自然界的领悟。

炊烟 / 郭震海

炊烟是乡村大地上千年行走的诗行。那袅袅上升的炊烟，是乡村的符号，是村庄的魂魄，是割不断的情愫，更是忘不掉的乡愁。

“山村炊烟映朝阳，远陌青山绿意长”“万家年后炊烟起，白米青蒿社饭香”……千百年来，炊烟就如虚掩的柴门、亘古的土地一样，被诗人信手拈来入诗，被画家抓几缕入画。赶路人的脚步匆匆，抬起头，远望的目光多会被大山遮挡，但闻烟可识村，炊烟成为乡村最为独特的“胎记”。

我的家乡山西长治被太行、太岳两座大山紧紧地“搂”在怀中。一道皱褶就是一道沟，一个纹路就是一道岭，数不尽的村庄就如天上的繁星一样，散落在这沟沟岭岭中。

村庄里的人，曾经三餐靠劈柴烧火，房屋多是随坡就势，高低不同，但家家户户的屋顶上都有一个高高凸起的烟囱。

宁静的清晨，在薄雾弥漫中，“吱吱呀呀”的柴门次第打开，炊烟就会从每一家的屋顶上袅袅升腾，此时，整个村庄就笼罩在一层淡淡的烟雾之中。若是远观，青山环绕中，烟雾笼罩的村庄，隐隐约约的树梢和高低错落的屋顶，就如一幅水墨画。

可于我而言，一路闻着炊烟长大，既懂得这令人遐想的美，也最晓得生活在这美中的辛苦。

在乡村，家家三餐烧火做饭，炊烟就从火塘里发芽，顺着高高挺起的烟囱生发，微风给它施肥，迎风便长成了行走的云。

这些俯仰生姿、变幻莫测的“云”相互汇聚，所到之处是一股呛鼻的烟火味儿。

日久天长的烟熏火燎，家家屋内四壁皆黑，只有在每年春节时，农人们才会找些旧报纸贴裱，焕发出时日不长的新。

乡人四季劈柴，日久烧火。厚实的双手上，烟灰能和肌肤融为一体，就连帮忙的孩童们，小脸蛋上也时常挂着几道烟火的灰。

冬天的村庄很冷，取暖靠火炉子或烧柴，整个冬天的村庄烟火味儿不绝。如果落一场雪，就会发现洁白的雪花里，总会夹杂着星星点点的柴灰和煤灰。

冬日入山砍柴，对于村庄里的人来说，是必要的劳动。苍茫的山里没有太多枯死后的老树供作柴火，冬眠的小树或灌木就遭了殃。农人砍回这些活着的灌木后，不着急烧，就堆放在房前屋后等风干。

所以，在冬日的太行山里，户户房前或屋后，都会有杂乱的柴堆。来年开春，山里被砍掉小树和灌木的地方抽不出新枝，原本美丽的青山就像是患了“白癜风”。

这是我关于炊烟的记忆。炊烟是农耕文明的产物。伴随着乡村的成长，炊烟越过了千年的历史，送走了一代又一代人，也迎来了一代又一代人。

山外，现代文明的风来势凶猛，势不可挡，炊烟就如那苦涩的井水一样，正逐渐远去。但这并不意味着农耕文化的消逝。相反，那些忠厚传家、耕读继世等千年传承下来的优秀传统文化正在逐渐彰显，而告别了烧柴的村庄环境更加美丽，炊烟消逝的故乡则更显诱人。

有人担心，炊烟消逝的村庄，乡愁何在？其实，远去了炊烟的村庄，也不会让远归的游子找不到故乡。

你看，村中那古老的祠堂还在，那淳朴的村风家风还在，就如儿时母亲哼唱的歌谣一样，村边那条日夜不停歌唱的小河还在，水清得喜人，流淌得比过去更加欢快。

篱笆墙 / 张秀云

故乡安徽砀山果园多，农人常用那些修剪下来的树枝做篱笆墙。做篱笆很简单，用白石灰画好小院的轮廓，隔米把远栽一个粗大的木桩，木桩间用细棍横着连接在一起，框架就有了。之后把修剪好的树枝密密地插在那里，绑在横棍上固定好，再做一扇同样材质的门，一个篱笆小院就成了形。那时候的故乡，家家都有这样一个小院。院子里圈着鸡、鸭、鹅，门旁蹲着摇尾巴的小狗，房顶上炊烟袅袅，是村庄最寻常的画面。

这样的小院，防不住贼，主要是怕家禽和猪跑了出去。但不管怎样，有了院子就更像一个家。春天里，在篱笆根上埋几粒丝瓜种或丢几颗葫芦籽，很快，它们发芽长叶，细长的藤蔓向上攀缘，就有了一篱翠绿。随后，白色的葫芦花和金黄的丝瓜花冒了出来，随后就少不了累累垂下的果实。

黄瓜、眉豆等热热闹闹的一篱，招惹得蝴蝶、蜜蜂往来。蜻蜓最喜欢落在篱笆上，细细的足抱住树枝尖，翅膀平铺栖在那里。于是，顽皮的孩子蹑手蹑脚地走过去，悄悄捏住它的尾巴，任其在手里扑棱棱挣扎。待孩子玩够了，就随手丢给鸡做了美餐。乡下的鸡经常可以享用到这样的大餐，金龟子、蜻蜓、蛾子、蚱蜢、豆虫……还有各种在蔬菜上捉来的青虫。因此，鸡们喜欢待在篱笆根下，两只爪子交替着在土地上挠来挠去，时不时低头啄食些什么。天热了，乘着一墙绿叶投下的厚厚荫凉，它们乐得趴在篱笆根那儿小睡，把身下的土折腾出一个一个暄腾的窝。

篱下不寂寞，除了鸡，还有各种野草和主妇们种下的花。花都不是什么娇贵的品种，常是鸡冠花、夜来香、菊花之类。家里有女孩儿的，一定少不了那种染指甲的凤仙花。炎热的夏天，火似的太阳从西边的篱笆上掉下去，打几桶凉水泼在小院里，凉意很快就上来了。同时上来的，还有融融的月色。乳白的月色雾一样笼罩着安静的篱笆小院，笼着蟋蟀细细的歌和夜来香的芬芳。这时候，女孩们开始染指甲了，就着月光，把凤仙花加了明矾捣碎，用眉豆叶子包在指甲上，三遍染下来，指甲跟红玛瑙一样鲜艳。热烈的夏天，柴门里走出来的姑娘个个都指尖流丹，眼神生动。

村庄里，有些人家紧挨着住，两家共用一面篱笆墙。篱笆墙不算墙，只算一个象征，因为它隔不住隐私，东边在剥玉米，西边在甩花生，不用说，都看得见呢，谁先干完，就到另一家帮忙去。吃饭的时候，常常是一人端一只碗，隔着篱笆边吃边聊天，有另样的饭菜，就隔着篱笆递一碗过去。架上的藤蔓也不分彼此，这边的攀到那边去，那边的伸到这边来。果实，自然也不必分个彼此，丝瓜葫芦，谁够得着谁就摘吧。

深秋，篱笆上的绿色渐渐褪尽，只剩下野牵牛还开着，举着最后几朵浅红或淡蓝的小喇叭，在浓霜的早晨吹着不屈的号角。等待篱笆墙的，将是寂寞的寒冬和皑皑的白雪。待白雪飘尽，篱笆再次迎来新生，农人扯掉那些枯萎的藤蔓，插、绑、固定，修整一新的篱笆墙又精神抖擞地立在那儿，迎接温暖的东风和生机勃勃的春天。

而今，篱笆墙已多年不见。故乡当年的篱笆小院早被一幢幢竖起的楼房取代，那些红砖墙院高大森严，大多都上了锁，主人出远门打工去了。在城市或者景区，倒可以见到许多精致美丽的篱笆墙，竹的木的不锈钢的，上面爬着月季，攀着木香或蔷薇。只是，此篱笆不是彼篱笆，当年的风情再也寻不见了。

草垛 / 季学军

乡村是个广袤的大舞台，那里的一草一木总能给人留下太多的记忆。站在岁月的深处，我仿佛触摸到了家乡人的草垛情结。

大集体年代，草垛成了生产队的标志。打完粮食后，满地的草被堆成各式各样的草垛。

都说大草垛好扯，然而，在什么都上计划的那个时期，再大的草垛也不是那么好扯的，草也得按计划分配。

生产队里有规定，谁家房屋漏雨，用于修缮房子的草不上计划。队长说，有了安乐窝，才能有劲投入到农业大生产中。

年底生产队里按计划分草，堆放在晒场上密密麻麻的草垛被每家每户的独轮车推没了。冬天要来了，母亲也忙开了。

听说草有保暖作用，家里的每一张床都被母亲铺上了草，鼓囊囊的枕头里塞满了草，就连父亲穿的解放牌帆布鞋也垫上了暖脚的草。

母亲又用草织了个草帘，挂在门前抵御风寒，这样家就暖和了。

物资匮乏的年代，草维系着每个家庭的日常生活。霜冻来了，一把草能焐热整个菜园；母猪下崽了，也得拽一把草给小猪崽暖暖身子；沾湿了水的草韧劲十足，又被人们搓成捆绑东西最实用的草绳……

“铺穰草，盖穰草，一觉睡到早饭好”，这是家乡当时流传的一句谚语。家乡人习惯把稻草和麦秸秆统称为穰草，意思是有足够的穰草，生活才能过得安逸舒服。

我家人口多，除去生活用草，生产队分的草不够一日三餐烟囱冒的烟。

过完年，就是青黄不接的仨春天，到时候又到哪儿去弄草呢？

为了多积攒点草，父亲和母亲光着脚，淌着刺骨的水，到河中割起了芦苇，没有柳篓高的三个姐姐则抬着柳篓到处去拾草。

“草足粮实觉好睡”，这也正是家乡每个人心中祈盼的幸福日子。

好日子终于盼来了。分田到户后，每到夏收和秋收时，家家户户门口都堆起了两个大草垛。人们再也不用为日常生活用草而烦恼了。

草垛堆得越大，收成也就越好，看的心也跟着乐了，连村庄飘溢出的袅袅炊烟都散发着幸福祥和的味道。

随着经济的高速发展与生活水平的不断提高，家乡人以前住的茅草屋变成现在的一幢幢小楼房，烧菜做饭用上了方便、快捷的天然气，改变了传统一日三餐烧草做饭的习惯。

随着加强生态文明建设的号角吹响在神州大地，为了打造水清村绿的新农村，各地都加大了环境整治力度。

如今两季农忙时，收割机上都安装了草粉碎设备。草来自于自然，又归于自然，成了田里的有机肥料。家乡似乎很难再觅寻到一个高高大大的草垛了。

就这样，昔日最能代表农村风光的草垛，渐渐退出了人们的视野，也退出了农村生活的舞台，只能从记忆中找寻了。

石头有用不嫌沉 / 赵长春

想起了石磙。

石磙被想起来的时候不多，包括碾盘、石磨、耪石等，现在用处都不大了。

不过，这些可都是当年农家不可或缺的物件。一块大青石很重，打磨成这些物件，就有用了，就不嫌沉了。

既然想起了农具，自然会想起牛、马、驴、骡等牲口。石磙至少二三百斤，需要一头牛或者两头牛来拉。缰绳套在牛的脖颈上，通过轭紧紧拉住磙框。磙框为木制的四方框，对应的两边正中间各有一木榫，顶进石磙两端圆面正中的圆窝——这样，麦子、高粱、谷子什么的都可以在晒干后被碾压了。

当年，我的任务是把这些收获后的作物在场中摊匀，并跟在石磙后面及时地翻动。想更快、更匀地碾压，就要在石磙尾部系上一块耪石。耪石也多为青石制成，倒三角形、顶端有孔，穿绳系在磙框上压着作物，出籽更快，不过牲口吃力。

再说碾盘。那时候，各村基本上都有一到两盘，多在村子中间，露天放或在磨坊里。将大青石打制成直径两米左右、厚度二十厘米上下的圆盘，中间有一粗圆孔插碾柱，套两个磨扇上下放。上面那扇在距离中心孔洞不远处另凿一孔，俗称“磨眼”，用来漏粮食。磨扇多用红石头打磨而成，扇面上刻有凹槽，上下两扇方向相对。上面的磨扇系上磨棍、套上缰绳，由驴或骡拉动。

驴和骡性子稳，蒙了眼罩只管呼呼地转圈，人跟在后面将粮食缓缓倒入，上磨扇转动、下磨扇不动，磨槽纹路相互咬合，被粉碎的粮食就顺着磨扇间的缝隙流出。所要碾压的粮食多为玉米、黄豆、蚕豆、红薯干等，一遍不行，就再碾一遍，如此一遍又一遍，轰轰隆隆、咯咯吱吱，随着响动越来越小，面也越来越细。

在整个童年甚至少年时代，石碌、碾盘、石磨都是可玩的。比赛推石碌——孩子力气小，推起来相当费劲，要是旁边有女孩子就会更卖力，通常脸憋得通红；帮助家里推磨——有的人家不用牲口，小孩子放学回来后书包一放，就撅起屁股抱住磨棍一圈圈地转；捉迷藏——碾盘下面空间不小，藏身时如果能寻到一分钱，那真是意外的惊喜，赶紧跑回家悄悄藏起来。还有，围成一圈趴在碾盘上写作业，或者学电影里的战斗情节玩打仗，碾盘、石碌都是最好不过的掩体了。

听说，碾盘还与猴子的红屁股有关：传说很久以前，猴子把一村姑抢到山上，生了两个小猴子。后来，村姑找机会跑回来，被家人藏起。猴爸追到村里，把两个猴娃儿放在碾盘上就开始吆喝："猴娃娘，好狠心！撇下猴娃靠何人？"于是，村姑的妈连夜在碾盘下生火，将碾盘烤得滚烫。又一早，猴爸把两个猴娃儿往碾盘上一放，正要吆喝，只听猴娃儿大叫一声蹦下……猴爸很生气，亲自坐了上去，结果也"嗷"地一声跳下，背着两个猴娃儿跑回山上再也不回来了。只是，这屁股从此红了下来。

故事是邻家五母说的。夏夜里，星光下，碾盘上泼了井水、铺了席子，她摇着蒲扇给我们讲。她似乎有一肚子的故事，就像碾出来的米、磨出来的面，怎么也说不完。

五母喜欢说，石头有用不嫌沉，人有用了人喜欢……只是，现在的石碌、碾盘、石磨、耢石等，已经载着一段记忆远去，成为乡愁的一段历史。

土窑暖　土房亮 / 崔志坚

“你骗人！”三岁的女儿嘟着嘴一脸的不屑。第二天，站在我出生的窑洞前，她乐了：“嘿嘿，爸爸还真是窑洞里出生的！”

土窑是老家所在的王屋山深处那个偏僻山村祖祖辈辈繁衍生息的“窝”。记忆里，有一家一孔窑的，有一家三孔窑的；有一孔窑住五六口人的，有三孔窑住两三口人的。

愁吃愁穿的年代，打一孔窑不是件容易事，一般要请专门打窑洞的匠人。打窑不仅是体力活，也是技术活，都是选宅院看土层在先。如果打到一半发现土层不好，打的窑不结实，住人不安全，就只得废了重新选地方从头再干。

记得村里有一家打窑洞时，遇到少见的硬土层。这样的土层打窑结实，是罕见的好事，可主人家却高兴不起来，因为土层硬，匠人打窑费力费时，不得不多管十天半月的饭，还要多付一些工钱。

我出生的土窑是祖辈传下来的老窑洞。

夏天，在外面耍了一身汗，跑回家冲进院子，双脚刚在窑里落地，一股清凉瞬间传遍全身，真是爽啊！如若大人不在家，就索性躺到地上，更是个痛快！

冬天，下雪了，在院子里堆雪人。一炉火满窑里暖，手冷了，就回到窑里烤烤手，然后继续出去堆雪人，反复进出，快乐无穷。末了，把炉中尚未烧尽的柴禾摁入雪人眉目处——这下，原本面无表情的雪人就能够与孩子们一起笑了。

土窑有冬暖夏凉的优点，也有明显的缺点，那就是门一关黑洞洞，光线极差。那时，大人们常常念叨的是“土窑暖土房亮”，把改善居住条件的首选瞄在了建土房。

从记事起，爸妈就商量着建房，直到我上了小学，才开工排石头地基。那时候，盖房是一家的大事，也是村里的大事，木匠、石匠、泥瓦匠，一样都少不得，远亲近邻也会来帮忙。匠人的工钱不能少，帮忙的亲邻不要工钱，但饭必须要管。

村里人把房地基唤作房根脚，用石头排好房根脚后，就在石头上用土一层层夯房墙，夯好墙后上大梁，然后钉椽、铺荆巴、摊泥瓦瓦、起房脊……

如今，四十多年过去了，村里人还在夸俺家房根脚用的石头好、排得细法、结实漂亮。

我对先后两次动员乡亲去山里开采石头已经没有一点印象了，倒是对于夯墙时没能吃上一碗大米饭记忆犹新。

从夯第一层土墙开始，到土墙上玩就成了我们小孩子放学后首选的趣事。土墙要夯两层、晾几天，待土晾干一些再往上夯，房墙夯好到上大梁的高度是建土房的节点工程，为此，家里特意为前来帮忙的亲邻和匠人准备了一顿大米饭。

到了饭点儿，围在房子周围干活的大人都去吃大米饭了。没了大人在身边，一伙孩子就变着法儿大胆地玩，追着玩没意思，就比谁倒走得快——不承想，一个小伙伴一脚踏空，从墙上栽了下去。

这下闯了祸，人虽然没伤着，但责任不能不追究，我成了大家认定的唯一责任人。妈把那娃抱回我家院子，从灶火屋端给他一碗大米饭。

那次，妈没打我，只是瞪我一眼，然后塞了个玉米窝头打发我上学去。按照惯例，我本来是能吃上一碗大米饭的。

女儿的质疑让我迫不及待地驱车两小时，带她回到自己出生和生活过的土窑、土房前。那时，她才三岁。

如今，十六年过去了，她生在城市长在城市，对土窑土房多少还是有些陌生。

在乡村振兴的当下与未来，留在记忆里的“土窑暖土房亮”，能否成为她们这一代人关心的乡愁和文化符号，恐怕还需要我辈的努力。

消逝的水碾坊 / 李海培

少年时，生产队有一个水碾坊，就在离村两公里远的岔河。

水碾坊所在的位置是清水河与月亮河的交汇处，河水清澈，周围是一块块明镜般的水田。碾坊是用石板盖的，门前有块晒坝，背稻子碾米时，如果稻子不干，碎米就会很多，晒晒太阳，碾出的米就不碎了。碾坊后两个水槽下，各有一个水车，一大一小，经年累月地悠悠转着。那时生产队种的大多是红米，碾出的米煮的稀饭米汤粘稠香浓，很养人。

父亲看守水碾，吃住都在水碾坊，一天一夜能得 20 个工分。夜晚，父亲常带我去水碾坊和他做伴。在有月亮的夜晚，水车转动的吱嘎声、流水冲动水车的潺潺声、河里水鸟的咕咕声和田里的蛙鼓声如一曲曼妙的乡村小夜曲。父亲品咂着叶子烟，那猩红的烟头在月光下一明一灭。待咂够烟，父亲便拿出一架蛇皮蒙的自制二胡，如泣如诉地拉些悲戚的曲调，像《二泉映月》《江河水》什么的；有时也会拉些电影歌曲，像《白毛女》中的《北风吹》和《地道战》里的《毛主席的话儿记心上》等。我在旁边津津有味地听着，父亲曾手把手地教我拉，无奈天生愚钝的我怎么也学不会，二胡到了手里只是“杀鸡杀鸭”的，难听极了。

累了一天的父亲在床上睡得鼾声如雷，望着天上圆满的月亮，我却睡意全无。河里的月亮被潺潺的水流揉成一溪流淌的碎银，走在软软的田埂上，脚被夜露打湿后凉凉的，竖耳聆听，似乎听得到稻秧的拔节声。

最怕的是月黑的夜晚，外面墨一样漆黑，不时有几声令人毛骨悚然的“嘎嘎”声，拖着长长的腔调——有时水碾房的前后左右会一齐叫，后来知道那是猫头鹰。外面不远处，还有几把忽明忽暗的磷火，我被吓得缩进父亲的怀里瑟瑟发抖，大气都不敢出。父亲说：“你真是个鸡胆子，别怕，鬼也怕人哩。”

有时，父亲要碾好几百斤稻米，忙得不亦乐乎，身上头发上沾满了糠灰。一会儿关水闸，一会儿刷碾槽，一会儿扬风簸，碰到水碾出故障了还要爬进暗室修齿轮……偶尔闲下来，便坐着打会儿瞌睡。

有时，两三天没稻子碾，闲得他坐也不是，站也不是，想回家一趟又怕别人恰好挑稻子来碾。这时，他就去水田的前后坎儿捅黄鳝，或在离碾坊不远的小河里摸螃蟹、捞鱼。烧燃柴火，撮两三碗米放进砂锅里闷熟，把捅来的黄鳝剐好剁成一截截洗净，再去河坎边摘些螺蛳香（一种多年生草本）做佐料一齐炒。鲜香的黄鳝肉很可口，吃上就不想放下碗筷。摸来的螃蟹则用文火烤，待蟹壳被烤得焦黄后用力掰开，露出白生生的蟹肉，那香味仿佛直接沁入到脾胃里、骨子里甚至灵魂里……

如今，乡下都用上打米机了，水碾于是逐渐淡出了人们的视线，水碾坊也成了废墟。

前些年学写文章时，写过一篇《河边的老水车》，算是对消逝的水碾坊的纪念与致敬吧。“在河边，清亮亮的河水在那悠悠转动的老水车上谱写了一首洁白的歌。多少个朝朝暮暮，水车用浑厚的嗓音吟唱着那首无休止的歌……歌声伴着悠悠转动的水车，辗红了太阳，碾圆了月亮，把日子碾得香香的，把岁月碾得碎碎的，把人间的酸甜苦辣碾成了彩色的记忆。”

葫芦瓢 / 李成猛

小时候的豫南农村，家家户户厨房的锅碗瓢盆里面，总会有这么一样生活用品，形状特别且用途非常广泛——它就是葫芦瓢。

说来话长。那时日用品极为匮乏，人们就对菜园边、篱笆墙头、草垛上、瓜架下挂的葫芦动起了脑筋，尤其是那些又大又圆、模样周正的葫芦格外引人注意。

春走夏至，子规声声，秧苗绿了；夏去秋来，知了阵阵，稻子黄了。登高爬远的葫芦们形状由小变大、由扁变圆，颜色由绿变白、由白变黄，直至皮质增厚、外壳坚硬。手捧着小心摘下来，放在堂屋檐下的窗台上晒一个冬季就可以了。俗话说："葫芦压窗台，一年好运来"，寓意好啊！

待到葫芦干透，用手一摇，里面的葫芦籽"哗啦哗啦"直响的时候，给葫芦开瓢的时机就到了。找来木条、铅笔，沿葫芦正中间画上线，然后拿着事先准备好的小锯沿线轻轻锯开，一剖两半，心形的葫芦就变成了"一个葫芦两个瓢"。抠掉里面的葫芦籽，把瓢放在开水锅里翻几次身煮熟煮透，捞出晒干，就可以长久使用了。

葫芦瓢常见于锅沿边，和刷锅用的丝瓜络搭配，共同舀进刷出农家一年又一年的艰辛时光；有时也放在水缸里，不用担心它会沉到缸底——不是有句老话么，"按下了葫芦却起了瓢"，顶多翻一个身，又浮上来了。

葫芦瓢便于舀水。尤其是夏天，刚从地里干活回来，嗓子眼渴得直冒烟，二话不说，操起葫芦瓢就舀，一瓢"井拔凉"（当地称刚从井里打上来的凉水）"咕咚咕咚"进肚润过肺腑，全身的汗立马止住了，紧皱的眉头也舒展开来。

葫芦瓢也可不沾水，终生不与水打交道。譬如，在米缸挖米、面缸挖面，装花生、豌豆、绿豆、芝麻等，盛鸡蛋更方便。每次听到村头有货郎吆喝“有钱来买，没钱来换”时，女人和孩子们便坐不住了，摸摸口袋里没钱，赶忙拿出箱子、柜子里的鸡蛋，随便数一数装在葫芦瓢里端起就走，唯恐去迟了，针头线脑、瓜子小糖、纸烟火柴等琐碎东西被别家抢换光了。

千万别小看了这葫芦瓢，在那时可金贵得很。衣服破了，能缝缝补补，葫芦瓢同样可以。有一次，我不知是在玩耍还是端东西，反正一个没注意，葫芦瓢从手中“啪”地掉在地上，当时就裂开了。母亲心疼得不得了，拿起棍子就要教训我，好在被祖母及时拦住了。晚上得闲，祖母将破底瓢放在热水里几近泡透，然后取来大针麻线，就着灯光一针一线地将裂口重新缝好，第二天这葫芦瓢竟又能照常使用了。

从前灾荒年月多，尤其是春仨月青黄不接，还有冬仨月饥寒交迫，乞讨要饭的也多。走到我家门口，如赶到饭时，祖母便接过他们的碗，给盛得满满的，让他们吃饱了再走；如不逢饭时，祖母就拿着葫芦瓢去屋里挖米挖面，几乎每回都能盖住瓢底。只要囤子里或缸里还有，祖母就非常大方地施与，从不像有的家庭那样象征性地打发应付。

如今，农村家庭厨房里的自来水龙头和瓷盆使用起来相当便利，葫芦瓢等家什被物美价廉的塑料或不锈钢制品所取代，不知不觉走向了时光背后，成为名副其实的老物件。

往事如烟，记忆漫漶。但带着温度和感情的事物却因为怀念而在心底愈发清晰，葫芦瓢便是。

灶膛草木灰 / 夏丹

乡间有老灶，已经油头垢面，蒙尘多时。别小看这老灶土，它可曾经辉煌一时，相伴我们度过童年和少年。

在那个已经远去了的年代，老灶铁锅除了煮出喷香的米饭和鲜美的菜肴，还有许多附带的实用性功能，给乡人带来不可替代的实际价值。

过去的农家一般是三眼老灶，除了三口铁锅，还有两口膛罐。这膛罐和铁锅一样，也是连着下面的灶膛，火苗一样会蹿到膛罐的底子。

膛罐里都是注入满满一罐清水，当饭菜烧好后，膛罐里的水也就滚热了，灌到茶瓶里可满足一家人的洗漱用水，既节省柴火又方便及时。

灶膛里余火熄灭后，家庭主妇会继续利用其未尽的余热。

家里养猪时，母亲会将备好猪食的两三只泥瓦罐子埋在灼热的草灰里，下一次喂猪时便自然熟透了，喷发出特有的猪食香味，加上备好的豆渣或豆饼饲料，那八戒大仙便哼哼切切地埋头猛吞，三四个月的光景便养得圆圆滚滚。

灶膛外围的热量也会被充分利用。阴雨的日子里，如果有小孩尿布或裤子尿湿了，到河边一甩拧干，而后围在灶壁上，一顿饭的工夫便炕干了，干松松脆嘣嘣的，带有一股灶膛特有的焦糊味。

当年目睹母亲默默无闻地为弟妹们这样做时，我都会心生感慨，我小的时候又何曾不是母亲这样照顾过来的呢？

灶膛里带火星的草灰也是很有用的，特别是伸手怕冻的冬天，母亲会把两个铜质的烘炉子压满带火星的热草灰，再盖上带孔的铜盖子，然后便你来我去地轮流焐手脚。

手脚一暖，浑身就暖了，没了寒意，便可闷起头来写功课。很难想象，如果没有铜炉子草木灰，我那稚嫩的手脚不知会生出多少冻疮。

灶膛一天下来会积满穰草灰。虽然余热已尽，但这穰草灰废而不弃，乡人还会充分利用它的剩余价值。

母亲总是把草灰倒进猪圈里，经过猪粪和杂草的综合分解、发酵后，便成为垭田的好肥料，长出的庄稼乌旺，稻秆壮实，籽粒饱满，米质当然也是绝对的上乘。

至于秧瓜种菜、点豆育苗，更是少不了草木灰的帮衬——一来草灰生暖不板结，便于种子发芽出荚；二来草灰肥而不冲，利于初生幼苗发棵生长。

多年以后，当我再次踏上故土，走进厨房时，突然发现煤气炉取代了老灶的功能，灶台受到冷落，伸手摸去已经没有任何余温。

曾经的炊烟不见了，曾经的铜炉不见了，曾经的猪圈不见了……那些金黄的麦秆稻草则被弃放在沟渠和堆圩上，失去了发热发光的机会，真正变成了填沟堵河的废弃物。

我伫立在灶膛旁发呆：我的草灰、我的炊烟还会回来吗？我的铜炉、我的膛罐还会再见吗？没有了滚热的灶膛，没有了袅袅的炊烟，没有了温暖的草灰，还是童年的故乡模样吗？

怀念那口油光发亮的老灶，还有那灶膛里的草木灰香味……

乡村暑意 / 梁永刚

倏忽温风至，因循小暑来。

小暑时节的乡村，是一幅徐徐展开的生态画卷。绿树浓荫，草木葱茏，满眼都是活泼泼的蓬勃，连温热的空气里都氤氲着奔放的气息，让你不得不感叹大自然的造化和生命力的旺盛。盈盈碧水的池塘上，树影斑驳的院落中，篱落疏疏的菜园里，水生陆生的草木、林林总总的菜蔬，都踏着时令的节拍，赶趟似的一个个粉墨登场，恣意渲染着属于夏日的斑斓色彩。

二十四节气中，小暑绝对多情妩媚，宛如一位风情万种的女子，只是抛一个媚眼、吹几口香风，便撩拨得那些地上地下的小生灵急不可耐地去赴一场睽违已久的盛夏之约。

最早接到小暑邀请的大概是蝉。在暗无天日的泥土里苦苦等待了上千个日子后，一拿到请帖便急忙从黑暗中破土而出，趁着夜色向树上努力攀爬，极其艰难地完成生命的蜕变，开始盛夏的鸣唱。

要说夏夜最灵动的身影，当属萤火虫。田野里、池塘旁、草丛中，凡是有庄稼、青草和露水的地方，都能看到忽明忽暗的点点荧光，在寂静的夜空中闪烁，在徐徐的晚风中摇曳，照亮了孩子的快乐童年。

乡谚云："五黄六月腌臜热。"小暑时节，整个村庄都好似凝固在粘稠燥热的阳光里，除了树梢上的知了在不知疲倦地鸣噪。动物们全然没了平时的驴踢马跳，好像中了小暑这个魔法师的魔咒，打不起半点儿精神：老牛耷拉着脑袋，嘴巴有气无力地倒着白沫儿；一向喜动的土狗此时也躲在墙角阴凉处伸着舌头大口喘气；柴鸡没了四处觅食的冲动，趴在树荫下一动不动；就连皮糙肉厚的肥猪也哼唧着跑到池塘里打腻降温去了。

“六月不热，五谷不结”“小暑大暑，上蒸下煮”……这些农谚俚语是先人用经验和汗水写就的农耕诗篇，是老辈人对子孙的切切叮嘱。暑天里的农人最辛苦，天上下火，热气烤焦人，密不透风的庄稼地成了蒸笼，却仍要穿梭在田地里薅草、锄地，与炎热进行着一场无声的较量。

小暑所到之处，裹挟着滚滚热浪，不怒自威，连凉风也要惧怕三分。瞧！小暑离村庄尚有一大截路程，敏感的风就早早躲了起来。或许，风比人更怕热，溜到村前河塘的芦苇丛里凉快去了，或者藏到村后山坡的小树林里逍遥去了。

即便没有一丝风，小暑的乡村夜晚也富有情趣。大门前、池塘旁、老树下，男的一堆、女的一伙，不紧不慢地摇着蒲扇，漫无边际地扯着家常，以此排遣夏夜的闷热和单调。伴随着老蒲扇的轻摇慢扇，一个个家长里短的生活琐事被抖落出来，一段段插科打诨的乡村旧事被重新演绎。说到高兴时，就咧着嘴大笑不止；谈到精彩处，手里的老蒲扇被拍得呼呼作响。

乡村的小暑是一幅五彩斑斓的风情画，是一首恬淡清新的田园诗，是一壶浓香醇厚的陈酿酒。它昭示着自然万物的轨迹，让每一位漂泊在外的游子，循着乡村暑意的气息，一次次抵达梦中的草木故园。

秋凉几层雨 / 石广田

“一层秋雨一层凉”。秋天的光景，雨水总是很勤，仿佛春天、夏天没有做足的功课，在这个时节都要一一补上，要不，这一年看上去就不够完美。

太阳远了，天空高了，可一阵北风吹来，漫天的云彩却越积越厚，浓得连风自己也招架不住，整个世界阴沉沉的。这时候的天气预报，多半又要失灵：报小雨下中雨，报中雨下大雨，跟春天的情况完全倒了个个儿。偶尔也有秋汛，把玉米、花生、红薯都泡在水里，闹得抢收的人们直喊激得腿疼。“巴山夜雨涨秋池”，对于庄稼人，挑灯听雨，有时却是不折不扣的苦恼。

雨还是要下，一场比一场凉，仿佛在提醒依然青翠的草木，该落叶了。洋槐树、桐树、杨树、枣树……下一年的叶芽正在酝酿，老叶子一天天枯黄，风一吹，刷拉拉四处飞散。眉豆角不在意这些，它们在墙头恣意盘绕，反倒愈发精神。

老人们最知冷知热，年轻时的莽撞和执拗，腰、腿和胳膊总会给天气留下些把柄，或酸或疼，都得赶紧加衣服捂着。对于老人们加衣服的叮嘱，年轻人却往往不以为然，不是说“春捂秋冻”嘛，冻冻人更结实。

“好雨知时节”，春雨如此，秋雨更是如此。中秋节以后，等庄稼收完，晾晒得差不多了，就算雨下个十天八天，人们的心情反倒越发舒坦。下棋、打牌、唠嗑，三五一群围在一起，气氛暖融融的。不爱凑热闹的人，撑着伞到地头端详冬麦的长势，看看近前，望望远处，满眼绿茫茫的新麦苗，着实让人喜悦。

绵绵的阴雨，往往引来女人们的几声唠叨和叹息。柴草湿漉漉的，做饭引火时，浓烟把人呛得不停咳嗽，连眼泪都要出来。这个时候，煤球再舍不得也要用，因为吃饭的问题需要解决，洗过的衣服也要烘干，有了炉子，屋子里的潮气就小多了——过惯了干燥日子的北方人，对空气里的水分可不是一般的敏感。

“正月十六雪打灯，八月十五云遮月”“一场春风一场秋雨”……其实，这秋天的雨水在春天时就已经被人们预见。薄薄厚厚的秋雨，一层层覆盖在大地上，就算整个冬天不下一粒雪，墒情也能接住地气，让庄稼熬到开春。于是，季节就这样前后相接、祸福相依，在庄稼身上一览无余。

“十月小阳春”，那是初冬的事情。没有几场秋雨做铺垫，没有几分秋凉做前奏，温暖的初冬，怕是会让人产生些许错觉吧。

雪落村庄 / 梁永刚

北方的乡村，冬天如果没有几场雪的装扮，就像一日三餐少油缺盐般寡淡无味，根本算不上真正的冬天。

乡村的雪通常伴着无边的夜色从天而降。一家人正蜷缩在堂屋里烤火，突然外面起风了，朔风扬起长鞭抽动树枝咔咔作响。

要不了多久，一片片凌羽状的雪花就滑过天空，漫过田野，纤柔地飘落在坑塘、老井、树木、枯草上，让寻常的乡村事物变得灵动起来。

农人们趁着最后一抹亮光做好晚饭，赶鸡上架，刷锅喂猪，然后躲进屋内围着炉子烤火，排遣冬日长夜的寂寥。

大雪封门，围炉夜话，单调的乡间日子因一场雪的款款而来变得格外温馨。

一个个昏黄的木格窗棂里弥漫着闲适的光亮，憨憨的火炉开出温暖的花，男人们卷上纸烟凑在一块喷云吐雾，女人们一边纳鞋底一边唠家常，孩子们则沉浸在大人的故事传说中如痴如醉。

夜深了，一村庄的人都沉睡在大雪营造的静谧中，犬吠声渐渐稀疏，村庄的一隅响起了木门转动的声响。

门外的雪依然在下，走进家门的一刹那，夜归人身上的积雪融化为一地冰凉的水，滋养着村庄的梦境。

天亮了，雪落在村庄，沿途经过的每一个地方都能让人清晰地感受到大地的呼吸、岁月的脉动，生生不息而绵延悠长。

古老的村庄负重前行了几百年，像一册藏在历史深处的典籍，用泛黄的纸张记载着这里的人事变迁和生老病死。

满脸稚气的孩童是雪天的主角，他们像一个个不知疲倦的信使，用细碎的脚步把一场乡村雪事传到漫山遍野。

空旷的原野上，千层底棉鞋踩着厚厚的积雪，发出“咯吱咯吱”的闷响，那韵律和节奏伴着你追我赶的嬉笑和一路的大呼小叫，在寂寥的阡陌之上久久回荡。

安静的农家院落里，门楣旁宛如长龙的玉米辫、屋檐下红似火焰的辣椒串，在雪光的映衬下显得光彩照人。

圈里的猪、笼里的鸡，渐次被这场雪从慵懒的梦境里叫醒，甩甩身上的泥，抖抖背上的毛，从蛰伏的乡村日子里缓缓走出，沿着雪后的素雅和清新，一路抵达静默的麦秸垛，或蹭痒或觅食，排遣着郁积了一冬天的苦闷。

雪地上，几只土狗追逐嬉戏，黑狗白了，白狗肿了，好像多日未曾谋面的老友，因为一场雪的盛情邀请，呼朋引伴，恣意撒欢。

环绕在村庄周围的小河宛如玉带，鱼儿在雪的庇护下安心做着明媚的梦。

一场雪足以让时光在村庄游走的步伐慢下来，让尘世的浮躁变得踏实，让粗糙的生活变得精致。青砖黛瓦的房舍、沉陷的坑塘、方正的草垛、光秃秃的树木……那些素日里静默守在村庄一隅的寻常景致，连同此起彼伏的鸡鸣犬吠，都被覆盖在皑皑白雪之下，隐没在岁月深处，却留下一片人间烟火气息。

故人

小贩儿 / 蔡运磊

说他们为贩儿，其实不妥——多是兼职，临时客串。忙时就为民，闲时方为贩儿。可转眼间二十多年了，冷不丁看到某些情景，读到某些文字，听到某些声音，他们及他们独特的吆喝，就会蓦然再现，清晰如昨。

老家的村儿不大，但有不少纵横交错、长短宽窄的大街小巷，因此村贩儿的吆喝亦如此：放慢了，拖长了，顶上去，落下来；或悠远，或短促，或绵柔，或干脆；或像妈妈刚刚炸好的焦香麻花儿，或似奶奶在小铜锅儿里炖好的白菜粉条儿，或如爸爸困乏时扬脖儿猛灌的高度白酒：

“割——肉割油！

换——豆腐！

修——伞哎！

收废品哩来咧，收那生铁熟铁，麻绳头儿麻包片儿……”

用已故“京城叫卖大王”臧鸿的“叫卖理论”说，就是“吆喝要有辙有韵有板有眼有腔有调，没有这六样，是人就会，那也没人爱听你的了。既要有规矩又要有艺术性，瞎喊不行。在大宅门前吆喝，要拖长声，既让三四层院子里的太太小姐听见，又要透出优雅，不能野腔野调地招人烦；在闹市上吆喝，讲究音短、甜脆、响亮，让人听起来干净利落，一听就想买。”

一大早听到换豆腐的吆喝声，妈妈解开蛇皮袋舀上大半碗黄豆，等到吆喝近了就让我拿去换。不一会儿功夫，一大碗雪白的豆腐就端回来了，配上白菜、菠菜或韭菜一炒，再烧一锅汤，支起鏊子烙一叠单馍，就是一顿丰盛的早餐。

老家盛产大豆，所以村儿上磨豆腐、卖豆腐的就多。不过他们卖的豆腐只有一样：不管春夏秋冬，早上出来，只有一样——千层豆腐；如果是夏天的傍晚出来，还是只有一样——热豆腐。

所谓热豆腐，其实就是介于千层豆腐与豆腐脑儿之间的一种嫩豆腐。拿五毛钱或大半碗脏烂豆子给他，对方就掀开土黄色的笼布，拿出黄铜刀轻轻一划，转眼间，颤巍巍的一块雪白豆腐就飞上秤盘，摊在一块塑料皮上被称好了。

然后，卖豆腐的人一手托豆腐，一手持刀，只见一通上下飞舞，薄薄的豆腐块儿、豆腐条儿便错落有致地在盆碗里码好。拎起一把白塑料壶，拧开盖儿将一股裹着香椿叶或辣椒皮的芝麻酱兜头浇下——好了，现在可以抓起筷子大快朵颐了。

尽管长年累月地卖，但村上这些豆腐贩儿只吆喝，不敲鼓。靠敲打兜售的小贩儿也不是没有，比如卖香油的、说评书的，还有摇拨浪鼓的货郎担儿。

不像货郎担儿，卖香油的和说评书的不讲一句话，到了地方，只需把梆子、大鼓咚咚一敲，就有人提着瓶子或搬着板凳跑过来。货郎担儿只有一位，个儿矮矮的，面皮儿黑黑的，五短身材。一边摇着拨浪鼓，一边吆喝，那声音既悦耳又押韵，听着很顺耳。小孩子一听见这久违的吆喝声，迫不及待地跑出院子看热闹；小孩一出来，大人往往也就跟了出来，于是货郎担儿的生意就来了。

奶奶养了几只小鸡，怕跑丢，就拿出平时积攒的几包头发换些针头线脑或红黄蓝绿的颜料给小鸡们抹上。我纳闷了：脏兮兮的头发怎能换亮晶晶的针和好看的颜料呢？这不是赔本儿了吗？大姑娘小媳妇则特别喜欢镜子、胭脂盒啥的。

由于货郎担不卖玩具和零嘴儿，小孩子们只好眼巴巴地站在一边儿，盼望着他赶紧卖完那些小零碎，挑起担子一边摇鼓一边拖着特有的成套“南腔”远去，只见拨浪鼓两边的坠儿跟耍性子的小孩儿胳膊一样，不停地前后左右甩着……

随着社会进步、行业变迁，传统的叫卖声逐渐淡出了我们的日常生活。后来，取而代之的是一个个高音喇叭，提前录好叫卖内容反复播放，没有了合辙押韵，充耳的只是单调乏味。

再后来，沿街摆摊的小贩儿连吆喝都省了：卖小吃快餐的扯块条幅，写上“烧饼夹菜”“鸡蛋灌饼”几个字；卖西瓜的找块纸板儿，上面写着“不甜不要钱”——抑或连纸板儿都不要，直接砍开一个鲜红的大瓜了事……如此这般，尽管简单粗暴、缺少韵味美感，生意却也好得很。

那个时代的确远去了。

苇匠 / 秦延安

寡言的父亲从五里外的河滩割回一车芦苇，预备打苇席。那如屋檐高、头顶白絮花的芦苇一下子挤满了院落，就连卷尺、苇梭子、撬席刀、拨子也从工具箱里跳了出来。

看到父亲忙活的身影，乡邻们好心劝道：一张苇席也就十来块钱，还用得着亲自打？说是这样说，村人们曾经可是很羡慕父亲打苇席的手艺的。父亲嘿嘿一笑："闲着没事干，打打苇席，手艺也不生分。"

作为村里唯一的苇匠，父亲说得轻松，苇席打起来却并不轻松，需要经过选苇、破篾、浸泡、辗压、分苇、编织、收边等一系列工艺流程。

编一张苇席，最快也得两三天，论起经济效益确实没有买一张苇席划算，但执拗的父亲坚持要亲自打苇席。脆生生的细长芦苇拿在手里容易折断，堆在地上又容易被人踩碎，但只要不碎得撕心裂骨，就都会被父亲物尽其用地编成苇席。

一根根细长的芦苇，需要去叶、剥壳、砍苇花，才能备用。粗细均匀、剥得光溜溜的金黄芦苇，总会让人想起脱光衣服的婴儿，细白可爱。

父亲左手拿着苇梭子，右手推送着芦苇，随着嘶嘶的声响，指头粗的芦苇穿过山洞样的苇梭子，四分开来变成薄如羽翼的篾条。劈篾条很费手劲，也容易刮伤手，所以父亲从不让我们帮忙，即使自己的手指划破了，也只是简单地用小布条缠上，草草了事。

纤细冗长的篾条很容易折断，需要洒水浸润。漫漫长夜，水分漫过苇篾的根梢，也柔软着它的个性，再经过碌碡的反复碾压，便薄如纸张韧似牛皮了。

编苇席时，父亲会移到屋里光洁的水泥地面。犹如一位经天纬地的将帅，拿着一把篾条从一个边角开始列阵布局，然后沿着两条边逐渐铺开——这叫踩角起头，即用五根苇篾，一根为根，另一根为梢，根梢轮换交替使用。只见父亲左手抬，右手压，一根根篾条在粗糙而灵活的手指间上下翻飞、错落有致。

挑一压二，隔二挑一压一，挑二压三抬四，或交叉或平行，时不时还要用撬席刀紧一下缝隙……原本散乱无序的一根根篾条，在父亲运筹帷幄的调遣下聚到一起，先是筛子大，再是磨盘大，最后变成一大块金灿灿的苇席。

俗话说："编筐编篮，重在收边。"编织一张苇席的成功与否，也取决于收边。作为最后一道工序，每到收边时，父亲总要抽上一袋烟休息片刻，不知是为了庆贺编席的胜利在望，还是为了再给自己加把劲儿。多余的篾子被斜切掉，只留下一尺长左右，然后反折过来，在拨子的帮助下插到苇席的背面，这样整个席边便变得光滑美观。

编苇席看似不经风吹日晒，却是个苦力活，需要长时间弯腰低头，手指头经常会被苇刺扎出血。为什么要学编苇席呢？父亲说，当年在吃不饱饭时，他就是凭这独门手艺在生产队里挣得高工分，养活着一家人。

一门手艺记录着一段历史，关联着一段生活，也讲述着一段人生。只可惜父亲用编苇席的方式纪念过去的生活没多久，家乡河滩里的芦苇便消失了，而铺炕、晒粮食、盖跺遮雨的苇席也随之被床垫子、竹席、塑料帐子所替代。

我曾想跟父亲学编苇席，或许是年少贪玩，或者根本就没想靠它吃饭，最终没有学会这门手艺。随着十八年前父亲的去世，村子里再没有苇匠和编苇席的手艺了。

弹棉郎 / 李剑坤

弹棉花是一门老手艺。每当春夏农闲时，就有弹棉郎背着弹棉花的家伙什走村串户弹棉花。弹棉花要使一张很大的弓，足有两米长，据说弓弦是用牛筋加工制作而成。大弹弓配有一把硬木锤子，用来敲击弓弦，产生的震动足以把棉花弹得又松又软。还有一个磨得光滑顺溜的大硬木盘子，可以把弹蓬松的棉花和棉线压得紧密牢实。

弹棉郎随身携带一把雷神一样酷的锤子、一张供后羿射日都绰绰有余的神弓和一个坚硬厚重的木质盾牌，足以让农村的孩子们充满好奇和崇拜。

可惜弹棉郎不是执长矛、骑瘦马的堂吉诃德，他手里的各类神器只是营生的工具。好多年前，一床棉被称得上是乡下人家的一个大家当了，弹棉花就是要把这个大家当翻旧成新。

弹棉郎从主人家借两个门扇，铺在两条长凳上，再摊一床席子，就成了工作的平台。扯掉旧被褥外面的棉线、撕开旧棉絮后，就可以颇有节奏与韵律地敲击弓弦了。

棉花弹好之后，稍微平整一下，便在弹好的棉花外面套铺上棉线，再用大木盘打着转儿全力按压，让棉线的经纬依偎住棉絮的温柔。布好了一面线再布另一面，原本又黑又旧的老棉被魔术般地变成了又白又亮的新褥子。

农家的孩子虽大多不谙丝竹，却不失对音乐的天赋和兴趣，最喜欢的就是这弹棉花的响动节奏。弹棉郎腰系一根宽宽的带子，上插一根鱼竿一样的棍子，尖端的绳索挂在弹弓的前端，后端则固定在腰际。

只见弹棉郎扎起马步，左手扶着弹弓保持与门板上的棉花平行，右手抓住木锤“铛铛铛”地敲击弓弦。弓弦深入棉花的程度不同，弦线上缠绕或弹出的棉絮便不同，弹弓也因此发出或简单或雄浑的曲调。这时候，弹棉郎变成了一个演奏大师，独奏着一根孤弦，时而低鸣时而高亢，穿金破玉般自在流畅，仿佛正在农家的堂屋里举行一场隆重的演奏会。

这样的音乐演奏给宁静的乡村设置了一个议题。孩子们循声而来。在他们眼里，简单的音符变成了弓弦上弹出的棉絮飞扬，挂在眉间，停在发梢，跳起来捉，蹲下来捡，嬉笑追逐，其乐融融，演绎出“轻罗小扇扑流萤”的生动境界。

农妇们也循声来了，把这里当成家长里短的场合，相互询问最近的新奇事，还要不时斜眼监视着棉线布得密不密、棉花弹得蓬不蓬，不动声色地预约好各家弹被褥的先后顺序，把在门板上扯下的棉絮塞回去，再拍一拍沾染到头上的棉絮。男主人偶尔也凑过来，与弹棉郎聊一聊风餐露宿的漂泊和行程万里的见闻。一床弹罢头飞雪，满城风絮若等闲，在与主家的交谈中，弹棉郎找到了午晚餐的着落，并商定好夜里的归宿。

后来，随着经济的发展，人们的生活水平逐渐提高，买一床新棉被花不了几个钱；而且，化纤做成的被褥经久耐用，不再需要旧物翻新，没人愿意从事弹棉花这个辛苦的老行当了。

如果说养蜂人是追寻春天和花季的行者，那么弹棉郎则是为人们捎来温柔梦乡的过客。如今，或许只有在北方大城市杨花柳絮漫天飞舞时，幼时聆听过弹弓锤子独奏的人们才能想起弹棉郎，想起那高低错落的悦耳声调……

麦客 / 蔡文刚

布谷鸟开始叫了，记得也就是这个时候，父亲就要去遥远的村庄做麦客了。

在当地，人们把像赶集一样割麦子的外地人形象地称作“麦客”。

小时候，每年伯伯和父亲都会在村庄里组成一个小团队去赶麦场，奔赴到周边地方割麦子挣钱。哪里麦子黄了，他们就去哪里割。

麦客深受主人欢迎，因为与收割机相比，麦客价格低廉且收割细致、不糟蹋粮食。特别是一些收割机不能到达的地方，最需要麦客。

那些日子，父亲基本不回家，每天与镰刀相伴，晚上就借居在麦子主人家里，过着挥汗如雨的日子。

父亲最重要的两件工具是自行车和镰刀。每次离家，他都要带上镰刀和一两件换洗衣服，装上母亲为他烙好的干粮，骑着自行车匆匆离去，一走就是好多天。

直到割麦的那个地方下雨了，或者麦子割完需要重新换地方时，才回家一趟。

每次回来，父亲都穿着那身备用衣服。待母亲把他换下来的衣服从包里掏出来时，它们早已被汗水反复浸泡得僵硬、泛白，扑面而来一股刺鼻的霉味。

那时我还小，才不管这些，最上心的就是帮父亲数钱。父亲从贴身口袋里掏出一叠钱让我数数，总感觉那钱摸起来潮潮的、很柔软，数起来有点费事。

当我反复数过几遍报个数字后，父亲便笑着夸赞我，还会顺手给我一两元作为奖赏买零食吃。现在回想起来，那时年少无知的我太不懂父亲的艰难和辛苦了。

父亲回家休息时，最重要的事儿就是磨镰，他要利用这些时间为再次出门做准备。磨镰是割麦的重要准备环节，即用一块磨石将镰刀磨得锋利些。

常言道，“磨刀不误砍柴工”，只有把刃子磨得飞快，才能在望不到边际的麦田里施展一番，才能和时间赛跑、多收几亩，如此也就能多挣一些钱。

看父亲磨镰是种享受。先准备一碗水和两块磨石——一块粗的，一块细的。粗的用来磨老刀，等刀刃磨得有锋芒时，再在细磨石上磨，那样不会磨掉已经磨出的刀刃。

很多时候，父亲叫我往磨刀石上洒水，这样他就可以专心磨刃子了。父亲用两只手捏着刃子背在磨石上有节奏地运动着，先从左侧磨到右侧，再从右侧磨到左侧……

这样反反复复数次之后，再将刃子的另一面翻过来，同样的动作之后，刃子就变得锋利无比了。

每磨好一把镰刀，父亲都要用它在自己的头发上试上一试，结果每一次父亲的头发都被锋利的刃子剃下很多。就这样，整整一个月，麦子收割完以后，父亲的头发也基本被自己剃完了。

岁月如梭，现在收麦子都用收割机了，再也见不到过去的麦客。

麦客已远去，谨以此文献给我曾经的麦客父亲。

日月广子岭 / 胡少明

父亲的坟茔被安置在广子岭的最高处，周边一片石林，全是嶙峋的石灰岩，除了一尊酷似望月的猴子，其他都突兀仰蹇，形象奇怪。左边有一方石台，属于风化石，再左边有一簇散而不乱的竹林。

父亲去世时我在县城边的郊区上高一，许多往事都是各位叔叔说与我听的。

小叔说父亲很聪明，村里耍龙灯，龙头与龙身转弯榫接总是做不好，是父亲用竹篾织编成弯筒解决的。父亲上过小学，毛笔字写得不错，尤其是小楷，瘦硬流畅，带点小行书风格。

三叔说父亲很实诚，老是吃亏。抗战时，他未成年就做电话兵，天天在瞭望台上站岗。解放后，他为了照顾家，不肯外出谋职，自愿做了农民。一九五八年水稻亩产“放卫星”，插秧不允许有距离，他偏偏坚持合理密植。一九六五年搞“四清”，他用家里仅有的一坛子高粱退赔，弥补生产队长的工作“失职”。他个子高，食量大，生怕招人嫌，走亲戚之前都要先在自己家吃一碗饭。现在的人行事多言利，甚至只图利，而父亲却始终克己奉公，笃信“吃亏是福”。“他一辈子没有吃饱一餐饭”，村里年长的都为他的早逝惋惜。抬棺上山的人把他安葬在山岭最高处，毕竟生前辛劳了一辈子，身后的清休应该得到保证。

我只知道他很勤快，一个人养活了一家人——体弱多病的母亲，六个尚未长大成人的儿女。除了在生产队出工，他每天天不亮就挑担水浇灌自留地，傍晚收工回来还要背了锄头去给红薯、麦子松土、除草。自留地种的粗粮仍然不够吃，父亲只好到山上开垦荒地，锄去杂草，捡走沙石，累积壤土。春天种菜，夏天植薯，七葱八蒜九藠头。尽管忙碌，但一年四季菜蔬充饥，生活依然艰辛。这没有改变他勤劳的本色，反而令他更加讨厌偷懒的行为。我的头上有四个姐姐，家务一般不用我做，慢慢地就养成了耍巧的习惯。父亲很在乎又很无奈，气不过时就骂道：“你将来有饭吃，我就在手板上烧火。”这是恨铁不成钢的赌咒了。父亲平时话很少，骂人也没什么词汇，为了出气，只好把自己的本钱——手板垫进去。

去年，我看到一个现代劳模的事迹，可以概括为以下要点：工作时间，下班跟上班一个样；工作范围，职责外与职责内一个样；工作效果，群众口碑与上级评价一个样；奉献精神，主观意愿与国家、社会需要一个样。其实，父亲一生的轨迹，也可以概括出这么几点。

走到父亲坟前，割去坟头上的杂草，整饬好上下周边，再摆上他生前最喜爱的家常饭食，嘴上不知说些什么才好，唯有祈愿在心底：九泉之下，不再劳苦，安好无忧。

日月从广子岭上空升起，光辉普照着岭下的人间，或为白日或为月夜。在我看来，虽然人的际遇和能力不同，但是心力却是相同的。

手工鞋 / 赵华伟

乡下有做鞋的习惯，在买不到和买不起成品鞋的年代，女人承担起了为全家人做鞋的重任。

阳光笼罩的墙根边，男人无所事事地扯着“闲篇”，女人则不紧不慢地纳着鞋，压底、起针、缝帮、缀花……一道道工序严谨而密实，女人将涓涓慈爱连同岁月的痕迹，一起纳进了那些朴素的鞋子里。

天气晴好时，娘开始浆“结排”了。“结排”是缝制鞋底和鞋帮的初料。把水烧开，将面粉调成糊状，缓缓倒进锅中，边倒边搅，等面糊逐渐变稠时，停火、起锅、晾凉，一种天然的粘合剂——“糨子”就诞生了。

抬出门板或小桌，将旧棉布打湿，逐层抹上糨子，依次叠加在板面上，等到半指厚时罢手，放在日头下晒干，成品即为“结排”。然后，拿出纸板做的“鞋样”，在“结排”上比照整齐后剪下，以大针粗线绗扎实，一双棉布鞋底便跃然而出。“鞋样”是决定鞋子大小的图纸，也是做鞋时的标尺。我家一本厚厚的大部头书里，藏的就是全家人的“鞋样”。

我们的脚长得快，一张“鞋样”不能包揽，因此，做鞋前，娘会用手指在我们的脚板仔细丈量，随后抄起剪刀，三两下就裁出一张新“鞋样”。

丈量脚板时，娘绝少用尺，她笃信手上的感觉比生硬的标尺更准确真实。会做鞋的女人很多，但有娘这项本事的屈指可数，因此一入冬，来家里讨“鞋样”的人总是络绎不绝。

鞋底纳实后，用磨盘压平，就能连缀鞋帮了。鞋帮的面料随心而选：想要大气，用条绒；想要庄重，选深蓝色的涤纶或晴纶；想要结实，最好用毛皮，耐潮也容易打理。

鞋帮的样式也依据个人喜好而变，例如有人喜欢在鞋口处缝皮筋或留气眼，方便调整鞋子松紧和扎鞋带。但不管怎么变，都是为了做出一双外形漂亮、穿戴合脚的鞋。

与大人的鞋相比，童鞋更费工。童鞋的“鞋样”不能依照成人，因为婴孩的脚底脚面都是鼓嘟嘟的肉，只有把鞋底起成椭圆形才不会夹脚，穿起来才不受罪。

童鞋讲究漂亮，装饰方面花样百出，有亮片、铃铛、兔毛、虎头等，一般采用绣或缝的方式加缀，若没有一定的美术功底，就会画虎类猫。虎头图案是童鞋上的常用装饰，娘裁的“鼻眼虎”精致大方，高鼻头、圆眼睛、尖眉毛、长尾巴，威猛而不失憨厚，深受邻居们的喜爱。

童鞋还得耐踢腾，要多包一道边，即在鞋底和鞋帮的连接处，缝一圈皮革或厚绒，也叫“加牙”。“加牙”后的鞋子不但结实，而且美观。童鞋比成人鞋更难伺候，“小人费大工”说的就是这层意思。

鞋子有轮回：从棉鞋穿起，随季节更替依次换为单鞋、松紧口鞋和便鞋，等到穿够一圈，光景又进入了冬天，鞋子还得从头做起。

做鞋子操劳，单鞋、棉鞋、便鞋都得置备，一家人起码要十几双。每年一入冬，女人的头件大事就是浆“结排”，锅底下灶火熊熊，院子里“结排”林立，街上叽叽喳喳讨论做法、样式，全部心思都用在了鞋子上，每一针、每一线都浸透着她们的汗水，耗费着她们的心神。

娘每晚都要靠在床头纳鞋底，冷风从门洞吹入，煤油灯忽暗忽明，我们的耳边一直回响着哧哧的扯线声……耗费了一个冬天，十几双鞋子终于相继做好了。为了避免返潮发霉，娘会将鞋子装进塑料袋，挂在高高的屋墙上，远远望去，蓬蓬松松一大堆，令人感觉踏实而舒服。

幸福是个累积的过程，从平淡的心境、柔软的鞋子和灿烂的笑容开始。其实，我想说的并不是鞋子，而是鞋子背后那些有关爱和付出的故事——正因为有了她们不知疲倦的操劳，才成就了一家人的幸福，不是吗？

太师椅 / 吴晓锦

离开老家已近三十载，人也过了知天命之年，但老屋里的那个尊位依然神圣地占据着我的记忆高地。

尊位原先放着一张竹椅，是我家的太师椅，印象中似乎比家里别的椅子要高一点。太师椅稳稳地背靠火塘间的第二根柱子。坐在椅上，可以一目了然地傲视门外和正堂以及火塘间的窗外，大有君临一切的气势。

不知道那张已明显泛黄的太师椅是什么时候放在尊位的，能记事时，就常见祖母坐在那里。虽然身为独子的父亲深受祖母疼爱，但父亲还是坚持让祖母坐那张太师椅。

祖母曾在那张太师椅上抱着我们吃饭，给我们穿鞋换衣服。出去做客打包点好吃的回来，她也会坐在太师椅上分发给我们，然后愉快地看着我们狼吞虎咽。及至我们长大了，每逢赶集带回点零食，她也会坐在太师椅上欣慰地接受我们的孝敬，即使牙力已有所下降，也还是有滋有味地细嚼慢咽。

祖母去世后，自然就轮到父亲去坐那张太师椅。坐上太师椅的父亲俨然一家之长，高兴时会要我们唱歌给他听、跳舞给他看，或者给他斟酒添饭；不高兴时，就会黑着脸批评看不顺眼的人，或威严地教育我们懂些事，提高学习成绩。

如果有长辈来到，哪怕只是堂伯们来串门，父亲也会让出宝座，请客人上座。平时，我们会趁父母不在家时偷偷去坐那太师椅，体验一下当家长的滋味，但只要一听到父亲回来的声音，就马上逃也似地跑开了。

平时，常在老屋生活的有奶奶、母亲和我们兄妹五人，父亲在外工作，回家的时间并不多。我们家人多劳力少，既要保证大家的温饱，又要培养五个孩子读书，父亲那本单薄的购粮证和可怜的工资没少被我们征用。

寨上的女孩子多半不被重视，能读到高中的寥寥无几，但父亲却始终鼓励三个妹妹读书，并且曾在太师椅上直起身子放出豪言：“只要你们读得去书，我就算卖掉半边祖屋也不可惜！”

进了高中和大学后，我们的吃穿用度渐渐增大，奶奶又瘫在床上，逼得父亲不得不去借单位的钱。我上大学时，父亲争取到回老家扩建供销分点的机会，想乘机多挣几个辛苦钱，可没想到钱还没挣到，自己就患了脑血栓。

在老屋的太师椅上继续坐了七年也担忧了七年后，父亲终于挺不住，去列祖列宗那里报了到。父亲去世后，那张太师椅正式成了母亲的专座，但母亲似乎对此并不很在乎。族中长辈或外客到时，母亲总会让出那个太师位。就算有时我们无意中去坐了，她也不计较。

后来太师椅所在的位置摆上了直角沙发，那张太师椅从此退出了历史舞台。但那个位置依旧是家里的尊位，我们兄妹始终没谁好意思越位去长坐。

母亲仍然不乐意就位她的专座，说沙发倒是比竹椅软和，但没有竹椅凉爽，而且人挨着人很不自在，还是椅子方便些。只有人少的时候，母亲才愿意去坐那太师位。

而今，至亲的长辈中只有母亲健在。为了家里的农活和家务，母亲成家后就再没进过县城。其实母亲年轻时曾被招到省城参加铁路建设，后来因为运气不好没能继续跟着大部队往别处开拔，只好回乡务农。

此后，她不时向我们描述当铁路工人时到过的地方，谈起当年对省城里开公交车和卡车的女同胞的羡慕。我想，这大概也是父母亲宁愿自己多吃苦，也要支持我们读书的原因吧。

在儿女的心目中，坐上太师椅的尊位后，即便是再平凡的父母，也变得不再普通。我们无法坦然于他们的远去，正所谓：“父母在，今生才有来处；父母不在，人生就只剩下归途。”

希望我永远不会有坐上那个太师椅尊位的机会。

生灵

风吹草木生 / 石广田

东风吹拂，枯黄的冬麦醒过神儿来，在返青水的催促下，不几天就变得绿汪汪的。蛰伏在麦垄间的荠菜、水萝卜棵、面条棵、米米蒿……蜷缩了一个冬天，也趁着返青水伸展开来，长得油光发亮。

地头和路边空地上的野草，露出淡淡的黄绿色。它们醒得晚一些，除非冬天下了几场大雪，或是春雨来得及时，才能跟得上麦田间同伴的节奏。没有人的帮助，它们反倒很老成，深浅不一的颜色，描绘出一派“草色遥看近却无”的空灵。

记得小时候，我和小伙伴们下午一放学，就会被母亲差遣去挖野菜。我们挎着篮子，拎着铁铲，哼着歌谣，捎带着自制的风筝，像一群觅食的鸟儿飞进田野里。待风筝高高地冲上天空，我们就系好风筝线开始挖野菜，让风筝在头顶上兀自飘来荡去。

“水萝卜棵，水萝卜棵，一棵打糊涂一碗多……”我们一遍又一遍念叨着，仿佛只有这样耐心地召唤，野菜才能主动钻进我们的视线。

糊涂是家乡人对玉米粥的称呼，水萝卜棵是做咸糊涂的绝好搭配。吃了一冬天白菜、萝卜，咸糊涂显得很清爽，我们都非常喜欢。等太阳落下去，我们才收起风筝回家，鞋子和裤脚都被染成了墨绿色，沾满了泥土。篮子里野菜的多少并没有人在意，够第二天早晨做咸糊涂就行了，反正下午放学还可以去挖。

挖野菜大概能持续一个月。在越来越暖和的春风里，野菜很快就会抽薹，开出或白或紫的小花，不能再吃了。

野菜行将老去，茅草才从去年秋天枯黄的叶子下冒出新芽。有一种茅草芽被我们叫做“茅茅穗”，它们不是要长成修长的叶子，而是长成像秋天芦花一样毛茸茸的白穗子。

茅茅穗绵软甘甜，再次把我们引向荒地和田埂。弯腰低头仔细搜寻，一次又一次被茅草芽欺骗，茅茅穗才能塞满衣兜。

树木也排着队，一拨拨等着发芽开花。杏花、桃花、梨花、棠梨花……这些好看的花被我们折下来插到灌满水的空酒瓶里，白白红红地能开上好几天，让屋子在整个春天都弥漫着温暖的气息。柳穗、榆钱、洋槐花就以吃为主了——焯熟凉拌，拌面蒸成菜或窝头，一股股清新的味道，充实着肠胃，也清醒着头脑。

比起越冬的野草和树木，在春天新生的草木发芽要晚很多，可它们却能带给我们更多的惊喜。田埂、路边有时候会长出一棵小杏树或小桃树，有时候会长出一棵凤仙花或向日葵，它们都被我们在名字前面加上一个“旅”字，好像真的长了腿脚自己跑过来的。旅生草木被我们小心地移到家里，只是没几棵能栽得活。

风越来越暖和，唤醒草木，再唤醒人，这个世界才算真正从冬天完全醒来。人到中年以后，每每在春风里行走在乡村，感觉这春天一年比一年来得迟，于是不由地感叹：“这春脖子真短啊，还没过春天呢，夏天就来了！”

与草木同安 / 曹文生

草木，也是有灵魂的。

草木的灵魂，带着一种素心。它不选择土地，或许它是从远方而来的一粒种子，带着异域的方言，落在陕北的大地上；或许过了一个春天，它就占领了山头，先于人类抵达这里。

在陕北，顺着一条小路走下去，都像一次探险。路边，草木群居在一起，挡住了去路。你看，马茹子、狼眼刺拐还有酸枣，都具有一种尖锐的性格。一路上，若与它们较劲，这受自于父母的发肤就会被刺画出形状不一的天符。在这里，温和的树少，尖锐的树多——或许，干旱的黄土上，只有坚韧的生命才能活下来，包括居民也一样。

草木，比人更接近生命的本意。

有人问，草木像一群被时光丢弃的婴儿，它们有精神吗？

草木的精神是一种善。它们潜伏在山中，看似强势，郁郁葱葱，让一座山有了灵气；其实，花枯叶落之后，就只剩下一地干柴，衍生出一缕缕炊烟。

草木的精神是一种突兀的美。正走着，一朵山丹丹花孤独地长在黄土的断面上，这种红是一种昭示，也是一种草木遗落在人间的谜语，等待人去靠近它。它就这样毫无节制、肆无忌惮地盛开，使得土黄的山沟像一个偌大的碗捧出一碗红，令人想起“金碗盛丹”四个字。或许，山丹丹代表的是一群草木一样的人，他们在黄土之上过着一种隐忍的生活，偶尔怒放，也不过是人生苦短的一种方式，于简单中释放美好罢了。

古代的陕北，是一个听后让人颤栗的词。如今，它和人间任何地方一样，不再羞涩，不再低人一等。一座山，便带来了一座山的自足和逍遥。在这里，草木葳蕤，鸟鸣清幽。山里，藏着太多的长歌短调，虫吟声、鸟鸣声……当一座山被这些声音打开，它就不再怀才不遇，不再孤独终老。

生活的意义，从草始，归于草。一些草，注定一辈子无人问津，但它们仍遵循着节气，遵循着风水；五谷，不过是草的一种，只是被祖先从草里鉴别出来，能填饱肚子，才以粮食的面目高于野草；还有些草，心怀高义，像珍宝一样被人小心翼翼地挖出来、晒干，送进中药店变成灵丹妙药，成为治病救命的符号。

说来惭愧，陕北的山林里，我只认识很少的草。一同进山的伙伴引领我进入陕北草木的中药世界。黄芩、远志、柴胡，这三个名字于我而言是三种普渡众生的符号。对于黄芩，我有些敌意，父亲一生见不得黄芩，因为它里面含着一种黄酮，父亲对它过敏。或许血脉里的亲情大于中药的善念，我对它有些轻视。远志是我喜欢的，一种草具有远大志向，或许它的志向不在深山，而是心忧天下，用草木的善心去治愈柔弱的身体。

柴胡也是我喜欢的名字，凡是带着柴的草木，我都格外亲近，或许是长在乡下的缘故，对于柴格外敏感。家里的柴决定着生存，决定着温饱。炊烟袅袅，永远是乡下人理想的活法。这些草从野草中分离出来，后来的人再看见它们，都是一脸的尊重。只有在山中，它们还具有草木的原始样子。

可见，草木精神，应是人的精神；与草木同安，应是人类的大同理想。

大别山兰草 / 李成猛

大别山是中原地区的一道天然屏障，因解放战争中刘邓大军千里挺进而闻名全国。恰巧，我家就住在山脚下面。

大别山脉重重叠叠，起伏连绵；山高林密，沟壑纵横。其中珍禽稀兽、奇花异草不可胜数，然而，最让我心动的还是山中随处可见的兰草。大别山兰草幽居山中，钟天地之灵气，得日月之精华，出落得自然大方、淡雅秀美。

这里的兰草肉质根，形如蚯蚓，根长须多，有别于众生俗草，既是自然进化的结果，也是生存的需要。根长，便于扎进岩缝；须多，利于汲取养分。唯其如此，方能延续种族，生生不息。

以前上山，见兰草身段窈窕、婀娜多姿，于是心生爱意，连根拔起栽在自家院子里，真个是“满庭花簇簇，开得许多香；朝朝频顾惜，夜夜不能忘”。当然，由于拔断根须，也毁坏了不少兰草，确实是暴殄天物，现在想起仍愧疚不已。

大别山兰草的茎为假鳞茎，是植株叶片基部和根部位置相连的膨大物，近球形，有点像洋葱或蒜瓣根部，也有棒状的直立或匍匐茎，可以很好地储存养料及水分，对兰草的生长起着重要作用。

假鳞茎，也称“假球茎”和“芦头”，由多个节组成，节上有芽，上半部分的节长叶片和花朵，下半部分的节长根系。我会把假鳞茎从石缝里抠出来，往家里事先填好泥土的花盆或破缸里一按，像分葱栽蒜那样，浇上水使之保持湿润，十天半月之后就能成活。

和根、茎一样，大别山兰草的叶子也卓尔不群，终年鲜绿，刚柔兼备，飘逸舒展，姿态优美，不愧是草木中的艺术品。兰草的叶呈长椭圆形或披针形，长约 6 到 12 厘米，视情形长度会有所不同——“山之阴叶长而花稀，山之阳叶短而花繁”。叶子两面都很光滑，边缘具有不规则的粗细齿。幼时，我久咳不愈，祖母就会采得兰草叶熬水，一喝便见效。有时候疯玩，胳膊腿不慎被刮破皮流血，小伙伴急忙掰来兰草叶，放在嘴里嚼碎，同时敷于创面用布条裹紧，不日即好。

从观赏的角度来说，除了叶，便是花了。兰花是一种奇特的花，它一般由花梗、花托、花萼、花冠和雌雄蕊群组成，两侧对称，花色淡雅，以嫩绿、黄绿居多，素心者为名贵。由于大别山兰草生长于荒山野岭，无囿于人工束缚，因而状无定形，花姿有的洒脱不羁，有的端庄隽秀，有的雍容华贵，有的亭亭玉立，可谓别具神韵。

芝兰生于深谷，不以无人而不芳。大别山兰草尤以幽香著名，花开之时，空谷幽兰，暗香浮动，置身其间，鼻翼翕动，顿觉神清气爽、胸胆舒张。可见，兰花被誉为“花中四君子”，实至名归。

大别山兰草虽不及松柏高大，也没有秀竹颀长，虽不与百花争艳，也不同虫鸟争鸣，但自有山石强壮其筋骨，流泉润泽其肌肤，倒也无忧无惧，怡然自得。

前些年，随着当地气候变得异常，非旱即涝，大别山兰草出现了叶子变黄、花开稀少、大幅萎缩的现象，加之附近居民受利益驱使，大量盗采，使得有些地方的兰草一度呈现了一株难求的尴尬局面。为了保护大别山兰草，当地政府近年来相继出台了“还草于山，还兰于林”的积极措施，几年下来，成效斐然，一簇簇兰草重新萌发于大别山深处。

同其他草木一样，兰草犹如大地肌体上的毛发，只要有它们存在，就能吐故纳新，丰富山林，平衡生态。因此，从某种意义上来讲，大别山兰草的兴衰也能折射出“中原之肺”的健康状况。

幽兰香风远，蕙草流芳根。真心希望大别山兰草永远高洁清幽，不为尘世所染，继续美化自然，造福人民。

刈草为药 / 石广田

地里长庄稼，也长野草，还有见首不见尾的各类蘑菇。在农人眼里，它们都有各自独特的妙处。

儿时，割草是每个农村孩子的必修功课。什么草牛羊爱吃，什么草鸡鸭爱吃，什么草人可以吃，什么草有毒不能碰……这些经验，大人们会隔三岔五地告诉我们，甚至还用“碰了打碗花会打碎饭碗”的故事吓唬人。草那么多，再好的记性也记不全，很多时候只能“剜到篮里都是菜”，让牛羊自己去分辨，它们不吃的草下次就不会再割回家。

渐渐地，我发现一些野草不仅能供人吃马喂，还是治病疗伤的好药。

在干燥的春末夏初时节，小孩子流鼻血很常见。用手捏住鼻子或是用凉水洗额头，有时能止血，有时却止不住。这时，有经验的母亲就跑到野地里掐来几片“萋萋芽”的叶子，揉碎后塞到孩子流血的鼻孔里，血很快就止住了。平日里，“萋萋芽”这种草并不受人待见，它的叶子上有细细的小刺，扎到手上很不舒服，牛羊也不爱吃，谁能想到它竟然能止血。长大后我才知道“萋萋芽”的学名叫作“小蓟”。

读小学五年级的时候，我和小伙伴们曾集体去野外挖茅草根。茅草根有圆珠笔芯般粗细，一节一节长得很像竹子，用水洗净后白生生的，嚼起来有一丝丝甜味。那一年家乡脑炎大流行，全村的母亲们也不知从哪里得到的方子，都在用茅草根、绿豆和冰糖熬水给孩子们喝，据说可以预防此病。三十多年过去，茅草根汤水的味道早已忘记，但那简单的方子却留在了记忆里。

村里的老人对野草的药性更为了解，比如马齿菜治痢疾，苍耳子治鼻炎，牵牛子治便秘，凤仙花治灰指甲，薄荷叶治红眼病……

此外，蘑菇也可入药。马勃是一种珍贵的圆蘑菇，不管谁发现了它，都会小心地收藏起来。若是割草时不小心割破了手，捏一小撮黄褐色的马勃粉摁到伤口上，很快就能止血，后期也不会发炎。在酒精、碘伏稀缺的年代，谁家有马勃粉，有需要的村里人都会去借，说起话来自然就客气许多。

我和小伙伴儿们曾经在枯木烂草间苦苦寻觅过马勃的身影，却没有找对过一颗，只留下一堆诸如"那是狗尿苔"之类的笑话。

刈草为药的农人，对草的情感颇为复杂——只要不长到庄稼地里，每一棵草都挺可爱，舍不得拔掉。想想也是，一棵棵平淡无奇的野草，却治好了那么多人的病，早就活成了人类的朋友。近来突发的新冠肺炎疫情，更让我们再一次见识了草药的功德。"清肺排毒汤""透解祛瘟颗粒"等中医药方剂在救治患者的过程中取得了良好效果，一定程度上缓解了人们"苦于无药可治"的焦虑。

又是一年春风浩荡，新冠肺炎疫情已得到有效控制。千百年来，先人们用经验、智慧和亲身尝试，探索出一条与自然互利共生的和谐相处之道。愿这次疫情过后，我们能够重新认识野草，认识中医药，认识人与自然的关系。

黄蒿 / 张建春

屠呦呦了不起，提取青蒿素，为人类作出了重大贡献。为此，我专门查阅了资料，发现屠呦呦所用的青蒿，就是我故乡漫山遍野的黄蒿。

黄蒿的黄，名字取自秋天。秋风吹，遍地黄叶，黄蒿枯黄随了众。实际上，春天、夏天的黄蒿绿得可人，如取此意，显然叫青蒿更合适。

黄蒿宜生存，耐水耐涝，有一星土就可活棵。我家房前屋后都有生长，初时柔弱，后疯长，不需很多时日，就超过了益母草、马鞭草、红蓼之类，可谓独领风骚。

长高的黄蒿密密如林，钻进去连太阳也难以照射到。小时候，我们爱钻黄蒿棵，藏个“猫猫”，搞点小动作。鸡鸭们也爱钻，在躲太阳的同时，顺带还能找些吃的。鸡有时偷懒，把蛋下在蒿子棵中，因此在蒿子棵中拣几只鸡蛋也是常事。此外，还会有南瓜、冬瓜的藤蔓探进蒿子棵，坐下了果，只等着秋天成熟。

有一年，城里的表叔捎来两只半大的火鸡，甩着长长的鼻子凶猛地攻击人，很是稀奇。也许是为了躲避众人的围观，火鸡找到了一个好去处——那就是钻进黄蒿棵，就此不打照面，竟就这样养在了那里。

黄蒿之苦，与黄连有一比，再加上黄胆，在老家并称“三大苦”。小时候嘴巴闲，乡间的草、花、果，几乎都尝过，但从苦的程度来说，黄蒿得排在前列。俗话说，“苦口利病”，乡间偏方认为黄蒿汁可驱虫，于是常有孩子被灌进黄蒿汁，纵使千般不愿，还是得接受，毕竟苦味总比肚子痛要好忍受些。

黄蒿的气味独特，说不上香，而是介于青气和芬芬之间，有点“气道”。这味道有不少好用处。乡间夏天晚上蚊虫多，砍下几株黄蒿点燃了，让轻烟袅袅升起，蚊虫便会退避三舍。

黄蒿烟气淡香，不熏人，伴着蒿子的薄烟，在月下听大人讲故事，文戏武戏都显得格外精彩，入脑入心。同样能享受到黄蒿好处的还有老牛——在牛棚里薰上一团子黄蒿烟，没有了吸血蝇蚊的搅扰，牛睡得安稳，第二天下地的气力也用得均匀。中秋夜，黄蒿则成了火把的配料，只是秋天的黄蒿不经烧，点火就着，但气味耐闻，似乎如此就可以将人与田野经久地联结在一起。

在乡里人眼中，蒿子命贱，习惯于自生自灭，耐得住锄、砍、烧、堆……可谓物尽其用，仍然能活得生机勃勃。然而，谁又能料到，这样平凡的野草竟有如此惊人的药效，一下子“活”进了人类的药典，成为治疗疟疾的良药材料。

感谢屠呦呦，是她让最不起眼的黄蒿变得亮丽起来，也让我的乡愁找到了一个新的寄存之处。这几年常回乡间，黄蒿必见。它们仍然姿态不变，春翠秋黄。立于黄蒿边，我的心中颇有些感慨：人不也似黄蒿一样，总有独特的价值等待被发现、淬炼吗?

故园老树 / 李成猛

蜗居在城市一角，偶尔会情不自禁地忆起故园，以及故园的老树。

故园的树品种可多了。

随处可见的是柳树。村旁、路口、沟渠边，即使是荒郊野地，也不乏它们的身影。栅园笆子时需要硬棍，就将柳树枝撅成几截随便插在园边，只要有水，都能成活，有的甚至能长成合抱粗的大树，想想都是神奇。

柳树含诗意：旱柳韵致，垂柳妩媚。

旱柳不择地势，随处可见。它们秀美中平添一份端庄，显得卓尔不群，点缀在哪里都是一处动人的风景。

垂柳多在沟渠畔，树干不高、不粗，多褶皱，皮一律淡青色，略显深沉。长长的柳丝如万千手臂伸出，风情撩人，在水中映出秀颀的倒影，引得调皮的鱼儿和她们亲吻嬉戏。清风徐来，拂过水面，水波粼粼、银光万点，绿柳垂钓着白云，更显婀娜多姿。

每年四月，那铺天盖地的槐花将春天的魅力渲染到极致。一大嘟噜一大嘟噜的花穗引得人们垂涎欲滴，奔走相告。于是大人小孩齐上阵，爬树的带竹筐，用钩的在地上摊布，人人脸上尽带笑，家家挎得槐花归。

小时候吃过榆钱饭，鲜嫩的榆树新叶小巧如铜钱，入口香甜，不腥不苦，着实是难得的美味。饥馑年月，榆树的皮经常被人们扒掉晒干，碾成粉末和以杂粮或野菜食用，虽无营养，但可活命。榆树的干笔直，是做家具、盖房的好原料。

楝树，叶小、花呈淡紫色。树干结实，长不太高，皮光滑而有细微斑点，是孩子们最喜欢爬的树之一。楝树果夏青秋黄，好看好玩不好吃，果实可入药，树干做器具经久耐用。

椿树也常见，按气味有香椿、臭椿之分。家乡多是臭椿，叶大籽小，皮厚且表皮分泌有黏胶。小时候，我们常用它的黏胶涂在麻秸秆或竹竿上，再悄悄地伸上树去粘知了。如果不小心将黏胶弄在衣服上，洗都洗不掉，只得留下一块黑疤痕。缺吃少穿的年月，衣服金贵，不用说，挨一顿打是少不掉的。

小叶杨因叶小而得名，树干标直，可做盖屋用的檩条子。不过，那时杨树还不显眼，有意栽种者极少，远不占树种主流，仅仅是配角。

以上几种树都是小时在家乡常见的，实际上还远不止这些。那时树的种类繁多、相生共荣，成为环抱村庄的主宰，人在村里，庄在树中，绿树和村庄相互映衬，和谐唯美。

曾经美好的情景现在却发生了根本性变化。前段时间抽空回了趟老家，只见满眼清一色高大的杨树矗立在房前、屋后、沟坎、渠埂和河坡。我问乡亲其他地方是否也如此，答案令人失望——杨树几乎一统村庄天下，一树独秀。问及其它树种，有人无奈地摇了摇头："已经很少见了。"近十年来，由于家居装潢、工程施工、家具需求等诸多因素，板材加工业兴起，导致杨树身价陡增，于是急功近利的人们纷纷栽种可以速生的杨树。就这样，不知不觉间，柳、槐、榆、楝、椿等传统树种淡出了人们视线，使得村庄寂寞苍白、单调乏味、浮躁短视，缺少了理性认知，也失去了应有的丰富多彩与鲜活灵动。

要是有那么一天，记忆中的老树重新回到现实中的村庄，该叫人多么惊喜呀。期待"绿树村边合，青山郭外斜"的情景重新回到故园。

本地杨 / 石广田

“七九、八九春风摆柳，九九杨落地。”这是儿时《数九歌》里的最后两句。其中，杨是本地杨树，落地的是毛茸茸、胖嘟嘟的杨树花穗。

本地杨的叫法，实际上是一种俗称。它究竟是什么杨树，没有人深究，只要能和外来的“钻天杨”区别开就行。这种俗称似乎来源于人们自身——本地人之于外地人，扩展到其他事物中去，本地的就加上“本地”二字，成了一个隐隐的规律。当然，也有给外来事物加前缀区分的，比如洋葱、洋槐……只是洋槐特殊一些，原先叫作槐树的国槐在乡村变得极其稀少，洋槐却比比皆是，“洋”字已经不再被人提起，悄悄地承袭了“槐树”的名分。国槐只得还叫作“国槐”，没有人再用“槐树”来称呼它了。

本地杨的长相有点儿像泡桐树，该长高就长高，该分枝就分枝，该长粗就长粗，一棵树就能遮出一大片阴凉。鸟儿们很喜欢本地杨的枝繁叶茂，喜鹊、斑鸠、老鸹争着抢着在上面搭窝，一棵树上会有好几个鸟窝，非常热闹。与本地杨比起来，钻天杨就没有这样的气氛——它只顾一个劲儿往天上长，长到很高才分出细枝，身材又瘦又弱，风一吹就摇晃得厉害，一棵树上能有一个鸟窝就很幸运了。

小孩子非常喜欢本地杨。史铁生在回忆母亲的文章《秋天的怀念》中，提到杨树花像毛毛虫并用脚踩着玩——其实，那也是很多农村孩子童年的有趣游戏。记得儿时的我和小伙伴们每到春天也拣杨树花玩耍，或是塞到鼻孔里当胡须演戏，或是偷偷放到女同学的文具盒里吓得她大声尖叫。本地杨的花穗落下树也就败了，不像钻天杨细密的棉絮还要随风四处飘飞，惹得人心烦不悦。

大人们对本地杨说不上喜欢，甚至有些忌讳。杨树叶子厚硬而浓密，风一吹，就会相互碰撞发出嘈杂的“哗哗”声。在安静的黑夜里，这种响声传得很远，听起来像有人在使劲儿鼓掌，闹腾得人难以入睡。由于太过“吵闹”，没有人愿意把它栽在自家庭院里，于是本地杨就被打发到了大街边甚至村外的荒地里。

像柳树一样，本地杨很容易成活，剪一段树枝插到泥土里，浇足水就能生根发芽，长成一棵小杨树。但与钻天杨比起来，本地杨长得太慢，人们似乎更喜欢栽种十年就能成材的钻天杨。于是，从三十多年前开始，家乡的钻天杨越种越多，到现在本地杨已经很难见到。“杨树”的名字正从本地杨迁到钻天杨身上，像“槐树”一样都不再指从前的树木了。

《诗经》曰：“昔我往矣，杨柳依依。”今天的杨柳是否就是那时的杨柳，人们对此大概不会有什么疑问。老家豫北流行一句民谚“问我祖先何处来，山西洪洞大槐树”，我曾误以为那“槐树”就是洋槐。若干年后，若我再对晚辈说起《数九歌》，“九九杨落地”究竟是哪种杨树，恐怕也得好好解释一下了。

大樟树 / 段伟

人难过百岁，树却可历经千年。读懂一个人不易，读懂一棵树更难。

大樟树生长在村头水口人气兴旺之地，是家乡的灵魂和标识。县志记载，古樟“植于唐宋，盛于明清”。专家鉴定，它的树龄至少在1200年以上。也就是说，自唐以来，古樟就在此兹俯视大千世界，阅尽人间沧桑。

虽饱经风霜，古樟却枝干遒劲，苍翠挺立。其树冠如幡似盖，古朴飘逸，满眼风韵。树下一马平川，天垂野阔，环眺群山如屏，层峦起伏。躯干粗糙龟裂，底部被岁月淘空，常有孩童在树洞里捉迷藏，或者爬上去躺在枝干上看云卷云舒，月落乌啼。

樟树之大，随便一根枝干就是一户人家半个月的柴禾。但从我记事起，乡亲们宁愿走近二十里的山路去拾掇柴禾，也没人拣拾冬天凋落的枯枝烧菜做饭。天地万物，长到异相就成为神物了，乡亲们固执地相信这棵树代表看不见的神灵，是村庄的守护神。逢年过节，还有人备下红丝带，给这棵老树烧香挂彩祈太平。

大樟树暖不争花红，寒不改叶绿；叶生叶落，周而复始——那是一种温而不炽、曲而不折的气韵。春分，气温转暖，樟叶新旧交替，嫩绿的新叶不断抽出；夏初，樟蕊盛开，盈润饱满，犹如镶嵌在树枝上的金灿灿风铃；秋临，樟蕊坠落，一地斑斓，或黄或红或白，如黍米般一团团、一簇簇；冬至，大樟树仍然郁郁葱葱，成为鸟儿嬉戏和松鼠玩耍的天堂。

炎炎夏日，大樟树遮天蔽日，成为村里人休憩闲谈的好去处。中午时分，天空透亮热辣，田里做活的汉子回到家，撂下手中的农具就直奔大樟树下，小孩也跟来了，一直等到妇人在家做好饭菜跑来喊才回去。因此，树下常有叔侄伯爷、大姨二妈在一起家长里短，聊村里的逸闻趣事，通过大樟树下放大传播，长了腿似的传遍全村。

村谚云："娘家哭得应天响，婆家家当塔塔涨。"在家乡，闺女出阁有"哭嫁"的习俗，即姑娘动步前要先哭，以示不舍父母亲朋，俗称"哭出门""哭发""谢亲"。哭完后，亲友方将姑娘送出门。"昂首嫁姑娘，低头结儿媳""出阁姑娘十八变，临上轿还有新套套"……此时，男方应以糖果、花生、桂圆、枣子等茶点在途中"摆茶"迎新。迎新"摆茶"大多选择在古樟底下，寓意一对新人婚后恩爱像古樟一样深扎沃土，樟香永恒；子孙枝繁叶茂，健康久远。

一棵树，皮上有多少纹路，就有多少故事；枝上有多少叶片，就有多少诗篇。要读懂一棵古树，就得俯下身去抚摸它的根，那根里浸泡着先人的血泪；要读懂一棵古树，就得仰起头去看它的冠，那冠中容纳了无言的悲欢。

大樟树啊，你承载着多少家乡人的辛劳与梦想！对你的爱，已经融入家乡儿女的血脉，并将赓续为子孙后代生命中最温暖的记忆。

村头的老槐树 / 梁永刚

许多年来，每次回到故乡，一头撞进那片热土的怀抱，我最先望见的就是村头那棵傲然挺立的老槐树。枝丫间升腾起的袅袅炊烟，氤氲着饭菜的清香，传递着家的温暖讯息，让我瞬间忘记了浑身的疲惫和一路的颠簸。

村头是小村通往外面的门，老槐树就是守卫门户的门神。进门，出门，看似寻常简单，却是悲欢离合。

对于那些漂泊在外的游子来说，村头的老槐树下是充满思念、牵挂和企盼的地方，也是守望幸福的驿站。老槐树是一把标尺，丈量着血浓于水的亲情距离；老槐树是一道分割线，隔开了草木故园与外面的世界。

每每我离开故乡，老槐树下是母亲和我分别的地方。老槐树下也是村民聚散离合的地方。寒来暑往，流转经年，参军入伍，异乡求学，外出打工，出外经商，多少背着简单行囊的村人走出家门，走出村头，走出老槐树的庇护，去外面的世界追逐梦想。不管走得多远，无一例外都要在老槐树下启程，从此天各一方，四处漂泊。

老槐树是小村的眼睛，目送着日出而作日落而息的村人，也打量着每一个从村子里经过的人。

记忆中，村头的老槐树下也是外乡人歇脚的驿站。货郎担、卖油郎、玩把戏的、补漏锅的，甚至是要饭的，这些行色匆匆的乡村过客或推车，或肩扛，走村穿巷，沿街叫卖，用自己的手艺和勤劳换取着一家老小的温饱。

老槐树下，对于那些四处漂泊的生意人或者手艺人来说，是一个吸袋旱烟歇歇脚的场所，也是一个体味人生冷暖的地方。一年四季，老槐树下都或多或少蹲坐着闲暇无事的村人，冬天晒暖，夏季纳凉，几乎没有断过人。

乡亲们宅心仁厚，民风淳朴，尤其是对那些外乡人更是厚道热情，看见路上走来陌生人，便起身上前询问。

来人一边散烟，一面说明来意，如若是来投亲奔友的，立即有人领着到家里；如若是做小买卖的或者是手艺人，便有人向其详细讲解村落布局、街道走向、人口分布，让这些外乡人少走冤枉路。

那棵老槐树，年年岁岁历经风雨侵蚀依然傲然挺立，凝视着一个小村的兴衰荣辱。

“每逢佳节倍思亲”，一临近年关，村头的老槐树下便人头攒动，潮水般涌来了村中的男女老幼，他们踮起脚尖举目远眺，翘首以盼——父思女，母盼子，妇望夫，夫念妻，羞涩的村姑揪着辫梢等情郎。

栖息在钢筋混凝土丛林里的游子，无论事业多么辉煌，地位多么显赫，异乡再好都无法安放他们不安的灵魂和躁动的心灵。

多少次夜深人静，他们时常想起那熟稔的村头，亲人们手搭凉棚站在村头老槐树下的那幅剪影，在梦中一次次浮现，那时候，他们心里热乎乎的，也酸溜溜的，饱含着热泪，记住了乡愁。

后来，随着越来越多的年轻人外出打工，村庄里留下的多是些苍老的身影和稚嫩的面孔。村庄空了，瘦了，村头也不再是往昔的村头，人影稀疏，门可罗雀。

在村庄的臂弯里，在夕阳的余晖里，我看到村头那棵原本蓊蓊郁郁、葳蕤蓬勃的老槐树，如今一天天消瘦下去，仅留嶙峋铁骨，用最后一丝气息默念着思念、牵挂和企盼。

栗树花开 / 郑烈煌

割麦插秧、点豆种瓜的芒种节气，也正是栗树开花的盛期。每到这时，我总是忍不住要奔回乡下老家，给房前屋后那些还健在的栗子树刨刨荒草、喷喷药肥，以期秋来板栗丰实、饱满。

世人都爱栗子的甜脆、糯腻，却忽视了栗子树开花的样子。那花白中泛绿，绿中泛白，最后变成嫩黄，一挂挂、一条条在叶柄处伸展开去，毛茸茸、密密匝匝，肥硕得足有三四寸长。远远望去，无论是单棵独株，还是连片成林，都是一团团、一簇簇、一片片如烟如雾的鹅黄嫩白，煞是赏心悦目。尤其那若有若无的清香，丝丝缕缕飘忽在农忙的原野上，更是沁人心脾。

生在栗乡，三岁看爷爷接种板栗，四岁跟奶奶和娘打栗、剥栗，五岁就能像爷爷那样把毛栗变成板栗。只是，我往往会错把公枝子接到本体的毛栗树上，没有爷爷嫁接的成活率那么高。隔年看去，新嫁接的栗树上开出几串又短又细小的花条，结出三两个栗子球，要么没有栗米，要么仍是小小的颗粒。

跟爷爷学种板栗的童年时光，正赶上荒年灾岁，吃了上顿愁下顿。“细伢秧，吃一缸”，长身体的时候消化能力强，吃得多却饿得快。饿急了，我们就成了无法无天的顽童野妞，不管是生产队的还是左邻右舍的，只要能吃的东西，在上学、放学的路上都要变着法子偷，忙不迭地放进饥饿的肚皮里。

栗子成熟时，那些在房前屋后和自留地里产有栗子的人家，总要在栗子园或者大棵的栗树下搭起一个茅棚，早晚照看着。爷爷却不以为然：“小孩子顺手摘几个就摘几个，碍么事？总不敢驮着竹棍去打光吧？”

凉风吹过，石头河岸上的老栗树发出窸窸窣窣的声音，苍老的树干斑驳如虬龙盘蛟，新叶铺开的巨大树冠从河这边伸到了河那边。置身树下，任由落絮轻沾，一阵阵清香扑面而来——这是爷爷的抚摸，是爷爷又在跟我“挖古”了。

1937 年父亲出生时，爷爷种下了这棵纪念树。那一年，正赶上抗日战争全面爆发，因此这棵树留下的记忆可谓刻骨铭心。如今算起来，老栗树已经 83 岁了，可惜父亲不能与之比寿。或许蕴藉了太多的历史沧桑，汲足了一塆众百口的人气、肥气和水气，老栗树经年不古，生机勃发，照应着聚族而居的家园。1982 年秋，儿子出生，这树栗子结得格外丰实、饱满。那年中秋时节，成熟的栗子把栗球都撑爆了，裸露着一树乌赤的栗米。落下中风后遗症的爷爷每天在树下踯躅，有点歪斜的嘴角也在乡亲们“太太”上、“太太”下的恭贺声中抚正熨平了。曾孙子满月的前一天，行动有些不便的爷爷悄悄拿了长竹竿，铆足了力气打下满地的红板栗。塆里尊他“太”、叫他“爹”的晚辈们见了就问：“下那么多栗子，是过中秋吃，还是卖钱去？”爷爷笑答：“才不是卖钱咧，明天给我曾孙做满月咧，炖鸡肉、猪肉、牛肉、羊肉，搞个栗子大宴，一塆的老少都要来赏脸哦。”说着笑着，爷爷就这样醉倒在栗树下，再也没有醒来……

夕阳西下，暮云四合，晚起的袅袅炊烟萦绕在塆前的五龙山上。此刻，处在盛期的栗花美若天仙，灿若云锦。我倚靠着爷爷的栗树，让眼前这如梦如幻的仙境慰藉着无尽的伤逝。相信爷爷奶奶父亲母亲都还没有走远，云光霞霭之上，他们看着塆里人过上了芝麻开花节节高的好日子，再不用操心衣食住行了；他们看着曾经光秃秃的前山后岗，在当下生态农业的产业链条上，变成了苍翠欲滴的“金山银山”……

棠梨花 / 陆向荣（彝族）

在故乡，棠梨树总是长在最偏僻、贫瘠、荒芜的山头或田边地角。不过，棠梨花的开放却总是令人猝不及防。

春寒料峭。水，依然冰凉；风，依然寒冷；漫山遍野的林木依旧一片萧瑟……而棠梨花，却率先复苏了。开始是一朵、两朵，从铁一般冷峻的枝干上钻出来。不出三两日，那些花儿就像约好来赶集似的，前脚跟着后脚，你一丛我一丛地竞相怒放了。远远望去，山脚、山腰、山顶上，到处都是一团团气势宏大、雪白华丽的棠梨花冠，彼此遥相呼应，照亮了故乡的山坡。

比起人工培育的花朵，山野的花总是略显朴素单薄些。光看远景，你会误以为棠梨花的花枝是花团锦簇的；只有近观，你才能发现，它的花瓣小而细碎，整朵花也就指甲盖大小，并且花朵疏疏朗朗，并非簇拥成团。

一朵花看起来不起眼，但是，它的每根枝条都绽放出来，成千上万朵，气势就出来了——正是靠着数量众多，棠梨花聚集起了那漫山遍野的华丽气势。

“棠梨花，煎粑粑……”熟悉的童谣是对幼年时光的无限怀念。那时，故乡山寨里家家户户都缺粮，棠梨花开的季节因此成为故乡彝人“丰衣足食”的日子。

每当春雨飘洒过后，花瓣里的灰尘被雨水洗刷一清，母亲就把棠梨花采摘回家。先洗干净后放到大锅里煮透，再捞到小竹箩里沥尽水，然后用清水浸泡上两三天。想吃的时候，加入韭菜素炒或者调入鸡蛋煎炸，那浓郁四溢的香气和新鲜爽口的味道，让人一顿要多吃上三碗米饭。

在一年一度的巍山小吃节上，棠梨花粑粑深受都市食客的青睐。其实，棠梨花粑粑做起来再简单不过了，只要将煮过浸好的花捣碎，和上面粉放入油锅里煎熟即可。

此时，你一定已经迫不及待地伸出了筷子。口感如何呢？那叫一个香脆可口、齿颊留香。

在巍山古城的不少饭店里，还有棠梨花炒腊肉这道菜，据说有清肺、止咳、润喉的功效，虽然价格不菲，但仍有不少食客趋之若鹜。

棠梨树浑身长满了尖刺，经常被父辈们砍了做篱笆或是连枷。不过，棠梨树的生命力顽强，除了靠种子繁殖，砍过的树桩也会发出新的枝丫，好像怎么砍都砍不死，也砍不光。

远离了山野、村庄后，很多人分不清棠梨和梨树的区别。其实，棠梨就是嫁接梨树的砧木。它的树叶和花朵与梨树相似，只是浑身长满了尖刺，而且果实长大后呈黑色，只有手指头大小。棠梨果虽然可以吃，但口感不好。记得小时候上山放牛时，我经常摘棠梨果吃——那酸涩中带着些许香甜的感觉，或许就是童年的味道吧。

棠梨的花事短暂，满打满算才半个来月。碧绿的叶芽吐出来没几天，花朵就渐趋凋零，花期也到了尾声，任凭新发的绿叶喧宾夺主。此后，各种玲珑满目的山花席卷而来，乡村迎来最艳丽多姿的场面。

如此主宰过春天华丽的开局后，棠梨重又归隐于山野，不动声色，不问衰荣，只待来年。

柳絮飞啊飞 / 夏丹

三月的春风，时紧时慢，吹得柳枝如女人的长发曼妙生姿。迎着灿烂的春光，柳絮轻飏，踏歌起舞。

早春的河堤阡陌是柳絮的世界。唐代刘禹锡的《柳絮》曰："飘飏南陌起东邻，漠漠蒙蒙暗度春……何处好风偏似雪，隋河堤上古江津。"

薛涛则有"二月杨花轻复微，春风摇荡惹人衣。他家本是无情物，一任南飞又北飞"。一个"轻复微"和"南北飞"，把柳絮轻飏游离的形态写绝写活了。

柳树是君子树，没有桃树的红妆、梨白的蜜蕊，但柳树是纯朴的，柳絮是淡雅的。你看那纤纤柳絮乳白中含有翠青，像清醇的玉液中闪烁的幽光，这就足够了。

柳絮要在春季里释放一年的豪情，在城市总是为难，在乡村却可以没有顾忌，随性而为。风起的时候，柳絮先是绕着母树旋转，像是依依不舍地惜别；然后如鸿雁羽毛凌起，蓄足了气力飘向高空；偶遇劲风，还会御风远行，尽显桀骜本色。

高飞的柳絮，飘过村庄，越过杆线，欲与飞鸟竞风流；低游的柳絮，贴着水面，掠过蒹葭，想和游鱼逐春波。柳絮的志向在蓝天，归宿却在春泥。

风息气静，晴空落英，柳絮停下疲惫的脚步，或流落一弯水面，或傍依河堤苇丛，或散布野外沟渠。

那静谧水面聚起的层层絮花，宛若水上云朵，自在地飘来荡去；河堤上躺落的斑斑白絮，犹如初春残雪，守望着水面上的白色精灵；而野外渠

畔的草丛间累积起的团团柳絮，则成了寒冬腊月卷起的千堆雪，别有一番景致和情趣。

天有天道，地有地规，自然界自有其传承续存的法则。柳树的寿命不长，长到一定时就会因虫蛀而开裂，直至自然枯息寿终，因此很少有成百上千年的柳树。

也许正是这些弱点，激活了它在物种繁殖上的优势，那便是絮裹种子，借风播撒。柳树的种子轻得几乎没有重量，难怪柳絮乐意带着它四处漂泊呢。

看似浪漫，柳絮其实是有使命的——即便轻歌曼舞，也不忘给种子找到一个安身立命的地方，这是它的出发点和落脚点。故而，在河堤、岸边、湖荡、渠畔……在所有临水的地方，总能看到柳絮飘忽不定的身影。等到来年春天，人们便能看到一株株细小的嫩苗破土而出，并在夏秋之际成长为一棵棵临水柳木。

儿时的我们，常常手执镰刀割柳枝，拿回家用来编柳筐、菜篮子和鸟笼子。柳枝割了长、长了割，似乎总也割不完；而刀下遗漏的一枝半棵小柳苗，着了魔似地窜高长大，直至亭亭玉立。

那时的我，总是纳闷这么多的柳树柳枝是谁种的。父亲说是天生的，老师则说是鸟雀衔来了种子。老师的思路无疑是对的，不过柳树的种子不是鸟雀衔来，鸟雀对柳絮没有兴趣。

后来上高中学习自然读本，方知植物有天然的传承功能，柳絮就怀有这种特殊的使命。

柳树不择土质、不畏严寒，适应多种气候条件和地质环境。在北方游牧民族的信仰中，柳树甚至是远古图腾演化而来的始母神化身，人们以此比喻柳树的柔韧秀美、坚毅不拔与生生不息。

我以为，柳絮四海为家、随遇而安的秉性，才是她最主要的精神特质。

三月柳絮飞啊飞……

腊月梅花 / 陆向荣（彝族）

即便在寒冬腊月，故乡的天空也极少飘雪。山野里大片大片的白，是梅花。

梅花的开放，令人猝不及防。除了它，漫山遍野的林木依旧是一片萧瑟的基调。水，依然冰凉；风，依然料峭。而那些有着铁般冷峻枝干的梅树，率先复苏了。

与别的树木不同，梅树的复苏没有一片绿叶的点缀，那些密密匝匝的花，开始是一枝、两枝，颤巍巍地探出头来。不出三两日，花儿就像相约来村里赶集似的，后脚跟着前脚，整丛整丛竞相怒放了——就如同阳光的碎片，照亮了寂寥的山坡，也照亮了沉睡的村庄。

我想看看田野绿了没有，树木是否抽出了嫩条，便赶着牛群上了山。此时的山野，还是一派草枯水寒的萧瑟景象，山野里那些梅树绝对是个意外。

那时还没有人规模化地种植梅子，只是为了给孩子们找点零嘴，才在房前屋后、田间地头及山涧沟谷边随意栽上那么几株。不过，往往在夏日梅子尚未成熟时，贪嘴的孩子们就将其洗劫一空了。“还是梅娃娃呢，怎么就摘了！”父辈们这样呵斥着，言语中却透着些许心酸和慈爱。

腊月里的梅花就是一道绝美的风景。

当山野里所有的树木都落光了叶子，枯枝丛里的梅花枝条却格外醒目。梅树的枝干不算高挑，但因那满树的雪白而抢占了花魁，远远望去，一株株那样显眼。

梅花群落分散，山脚、山腰、山顶都有它们的影子，就这样组成一个大家族，彼此遥相呼应。那一团团气势宏大、姿容华丽的花冠，是掉落在山野的白色火焰，炸响了无声的惊雷，点燃了寒冬第一抹明艳的色彩。

梅的花瓣很细碎，整朵也就指甲盖大小，且开得疏疏朗朗，并非簇拥成团；但每根枝条都绽放出来，一枝也不落下。

一朵花，不起眼；成千上万朵，气势就出来了。靠着数量众多，梅花聚集起华丽的气势。

很多年后，我离开了村庄。每当在异乡看到梅花的踪影，耳边便会回荡起那首《咏梅》诗："墙角数枝梅，凌寒独自开。遥知不是雪，为有暗香来。"尽管提着小火盆上学、在山间放牛砍柴拣野生菌的时光已一去不复返，但童年里的梅花却时时开在记忆的深处。

不久前下乡路过一个叫山顶塘的地方，沿路望见的，除了梅花还是梅花，白茫茫的连绵不断，像白云、像白雪，如诗如画、似真似幻，给人感觉那么不真实。

听说村子里不少青壮年都到外地打工去了，只有老人和孩子守着这漫山遍野的梅树，在日复一日的等待中生活。每当梅花盛开的时候，他们便格外兴奋——因为在远方奔波了一年的亲人，就要如候鸟般飞回来了。

是的，当梅花开遍山野的时候，过年的日子就近了。我仿佛看到童年里那漫山遍野的梅花，又举起雪白的灯盏，为万千游子照亮了回家的路。

桐花半亩 / 葛取兵

在南方，尤其是湖南山区，生长着漫山遍野的油桐树。

每年的四月和五月是油桐花开的时节。桐花雌雄同株，花冠呈白色分为五瓣，花蒂则天然带着一抹红晕。如果把油桐比作乡间的朴素妇人，那么油桐花则像穿着红色碎花衣衫的村姑，在山野里风姿绰约着，寂寞地吐露芬芳，令人心生怜爱。

油桐的花落得也让人心疼。桐花是伞形花序，一簇簇高高在上，抬头看不清，落下来却是整朵整朵的满满一地。油桐树下，落花洁白，花絮飘飞，宛如飘雪，因此有“五月雪”的雅称。唐朝诗人孟浩然有名句“夜来风雨声，花落知多少”，这花可以是桃花、李花、杏花，但年少时的我却一直认为是桐花。一夜风雨过后，早晨出门上学，一路上看到的便是满满一地洁白、娇羞、亮丽、鲜活的桐花，上面还有我打着赤脚踩出的一溜脚板印。

油桐在乡下属于名贵的树，种子可榨油，即桐油。秋冬之际，常见乡亲们从油桐树上摘下果子，放在晒谷坪上晒几个大太阳，待桐籽干透后，送到榨油房用牛拉着石磨碾碎榨出金黄的油，把家具、农具刷上一遍，屋里屋外便弥漫着一股淡淡的熟悉的清香。听母亲说，一棵桐树可以捡一箩桐籽，100 斤桐籽可以榨 40 斤桐油。难怪有民谣说“千棕百桐、子孙不穷”，朴素的话语里实则蕴藏着生活的大道理。

桐油在民间的用途广泛，或被涂抹在木器上作为保护层，或当成防水材料制造油布、油纸等，或调制油泥镶嵌于缝隙，还可以调和成中医药膏外敷治病。在洞庭湖地区，桐油尤其金贵。洞庭湖的渔船下水前，必须反复刷涂桐油——一来可以保护木板表层免受湖水腐蚀；二来可让木板之间咬合得更紧密，滴水不入。哪家的婴儿拉肚子、感染风寒了，往手心点一滴桐油，把温暖的手掌放在婴儿的背心和肚脐上揉搓或抚摸，疗效比吃药、打针还灵验。

南方雨水多，一把油纸伞是常用之物。在文人骚客眼中，“撑着油纸伞，独自彷徨在悠长、悠长又寂寥的雨巷，我希望逢着一个丁香一样地结着愁怨的姑娘……”无疑是一幅美好浪漫的情景。蒙蒙细雨中那一把把流动的风景——油纸伞，曾是江南生活中的一大特色，而刷油则是做一把伞的灵魂。伞的防水性好不好，结实不结实，都与刷油紧密相关，这里的油就是桐油。

时光荏苒，世事变迁。五彩斑斓的洋漆进入中国后，桐油在民间牢不可摧的地位有所撼动，到后来干脆变成了书本上的怀旧物品。回味以前漫山桐花若飞雪的岁月，成了读书人怀旧的一声长叹，也为洞庭湖地区的沧桑巨变写下一笔注脚。

油桐，正在老去。

消逝的桐林开始正在记忆中变模糊……若干年后，何处觅“桐花半亩，静销一庭愁雨”呢?

金黄油菜花 / 常书侦

阳春三月，冀中平原的油菜花开了，一眼望不到边。花香随风飘散，整个田野弥漫着一股特有的香甜气息，尽情地嗅上一大口，人都要陶醉几分。

小时候，我最喜欢的不是粉红的桃花、雪白的梨花，而是金黄的油菜花。农家孩子喜欢油菜花，不单单因为它浓郁的色彩、芬芳的气味，更因为它是农家最主要的食用油来源。家乡曾流传着一句顺口溜："菜籽油，菜籽油，有它日子不发愁。"没错，有了菜籽油，农家日子就能过得有滋有味。

每年油菜籽收获的季节，就是闲了大半年的榨油坊开张的日子。那时的榨油坊低矮破旧、光线昏暗，里边充满着热腾腾的蒸汽。当经过一道道原始而简单的工序，清亮亮的菜籽油淙淙地通过油槽流入一口大缸时，整个榨油坊便香气四溢起来——那清香醉人的味道，是农家过日子的味道。

农家孩子喜爱油菜花，还因为它能招来追赶花季的蜂农，引来无数的蜜蜂蝴蝶，采出气味芬芳、透心甜爽的菜花蜜。

还记得村头油菜田里那顶小帐篷，旁边一溜儿摆放着十多个蜂箱，时常可见几只蜜蜂在上面爬来爬去，小小的翅膀在阳光下震颤，闪耀着晶莹的光芒。此时，更多的蜜蜂正在远处某个地方辛勤地忙碌着。通常，选择好心仪的花朵后，它们便停在上面嘤嘤地亲吻着花心，忘我地忠实履行着与生俱来的义务。放蜂人则蹲在田埂上，惬意地眯缝起眼睛，仿佛一位正在欣赏自己杰作的艺术家。

记忆中，每到油菜花开的季节，放蜂人都要来我们村扎帐篷。腾下手来，还顺带着给乡亲们讲讲蜜蜂的放养方法，所以村里甭管大人还是孩子，有事没事都喜欢围着他转。渐渐地，家乡的养蜂人多了起来。

如今，又是油菜花开时，我迫不及待地背着行囊风尘仆仆赶回故乡。果然不出所料，村头的油菜花地里，放蜂人早已如约立起一顶顶帐篷。金色的阳光、金色的菜花、金色的帐篷和金色的蜜蜂，让整个田野变成了金色的世界。可以想见，当打开蜂箱时，放蜂人的心情该有多么幸福——因为从蜂箱里飞出的是希望，流出的是甜蜜。

故乡的春天，淌着蜜，流着甜，涌动着我菜籽油一样清香、菜花蜜一样甘甜的乡愁。

庄稼花 / 梁永刚

在乡间，叫上名、叫不上名的花有很多，令我最念念不忘的就是故乡的“庄稼花”。

春天的这方舞台上，最先登场的是油菜花。油菜花是庄稼花中的名门望族，开得最恣意、最热烈，或独自成块成片，汇聚成气势宏大的黄金方阵，绵延数十里而不衰；或套种麦垄之中，为绿浪翻滚的麦海镶嵌出道道金边。三四月间，老家村后山坡上的几百亩田地里，金黄灼眼的的油菜花竞相开放。

初开的油菜花最惹人喜爱，先是青绿中夹带点点嫩黄，似乎有些胆怯，过不了多久，黄色的笔触便越来越浓重，逐渐变成了耀眼灿烂的金黄，浓郁花香引来蜂飞蝶舞，好不热闹。举目望去，山坡的沟沟壑壑里，平坦的田野阡陌上，一垄垄一片片油菜花，在阳光的照射下，黄得纯真透彻，热烈奔放。贪玩的孩童穿梭在油菜花地里，像奔跑于一幅徐徐展开的画卷中。

紧随油菜花的是蚕豆花和豌豆花。它们好似一对孪生姐妹，楚楚动人，温婉雅致。蚕豆开花，大致是清明过后。它的花很别致，模样也好看，花瓣或白或红或暗紫，黑白各半的花心像极了一对黑色的眼睛。乡谚说：“蚕豆花开，把眼睁开。”远远望去，蚕豆花瓣好似描了浓浓的眼影，不到凋谢，花瓣上的一双大眼便始终睁着。

豌豆则是田野阡陌上最秀美的农作物之一，花美叶也美，如月牙、像小船的豌豆角更美。阳春三月，在杨柳风的轻抚和春雨的滋润下，鲜嫩的豌豆苗从浅绿到碧绿再到油绿，一天比一天光鲜亮丽。在时令的催促下，豌豆苗伸出了对生的豌豆叶，像一对对蝴蝶的翅膀，在微风中轻轻地摇曳。

清明节过后，豌豆花盛开了，粉白、浅红、淡紫的花儿竞相开放，招来蜂蝶来回穿梭，采花酿蜜。

庄稼花的家族中，小麦花却是温婉朴实的姑娘，没有婀娜身姿，没有醉人芳香，悄悄地开，静静地谢。春风拂过，麦苗返青，踏着时令的节拍，经过拔节孕穗出芒的一路跋涉，小麦终于抵达扬花的渡口。小麦花太渺小琐碎，不惹人瞩目倒也罢了，就连那些同样微小的蜂啊蝶啊也懒得亲近它们。风和阳光却不嫌弃，在小麦开花的前夕，先是热情的风儿送上一个温暖的拥抱，紧接着阳光也赶来了，轻轻地吻了一下它的脸颊。风和阳光促成了一桩美好花事，午后的小麦花灿然开放，一脸满足。

吃着农家饭长大的我对小麦花有种与生俱来的熟稔。年少的我曾经匍匐在麦地里仔细端详过，那麦花细小如芥，白中带黄，隐藏在狭长的叶子间，遍布于翠绿的青穗上，细细碎碎，散发着若有若无的暗香，让你油然心生怜惜。

土里刨食的农人，可以对桃花杏花视而不见，却极其在意这不起眼的小麦花。在庄稼人看来，扬花是麦子的盛事，关乎着籽粒的饱瘪，蕴藏着丰收的期冀。小麦花娇嫩，经不起风的摇晃和雨的涤荡。到了小麦扬花的那几日，祖父总是心神不宁，一大早起来就站到院里看天，久久地看，唯恐起风下雨，吹落麦花。对于和土地打了一辈子交道的祖父来说，小麦开花是一场隆重的盛典，自然不能少了他这个最忠实的观众。小麦花期很短，祖父常说，小麦开花，一袋烟功夫。一地的小麦悄无声息地开着花，祖父就蹲在地头专注虔诚地看着。一袋烟抽完了，小麦花也凋零了。祖父用爱怜的目光逡巡着一地麦花，口中喃喃自语：“小麦开花了，麦粒就要鼓起来了。”

稻花 / 刘忠焕

端午过后，往村前的田垌走去，想看看早稻、闻闻稻花香。

初夏的稻田，蒸蒸日上，连田水都是发烫的——这样的热度正合适水稻抽穗扬花。

儿时记忆中，稻田里青绿一片、禾苗健硕，排灌沟内流水潺潺、小鱼游动。纤细的白稻花在风浪下各自授粉，然后一点点飘落在稻田平静的水面上。那田水起码有一指深，飘落的稻花成了小鱼虾、泥鳅和蟛蜞的食物。待太阳西斜，我们会选一段沟渠，塞堵住两头戽鱼，屡有收获。

在世俗的眼光里，秋之菊桂、冬之梅兰、春之桃李、夏之凤凰蔷薇，才叫姹紫嫣红，稻花总是属于异类。

不过，在古代诗人眼中，稻花却是超凡脱俗的“异类”。舒岳祥在《稻花桑花》中赞叹“稻花花中王，桑花花中后”，独尊稻花桑花为“民之父母”。曾几在《苏秀道中》中则喜不自禁：“千里稻花应秀色，五更梧桐更佳音。”稻花自知没有孤芳自赏的资本，便集体跃然而出，颇具集体主义精神。连文凤更是在《稻花》中直抒胸臆：“此花不入谱，岂是凡花匹。”看来，微不足道的稻花以实奉人，早已打败以色迷人的“凡花”。

稻花给人的视觉效果，得益于其大面积的密密匝匝，厚绿中点缀着碎白。可以想象，葱茏的田野里，抽穗的禾苗仿佛在一夜间齐刷刷就开了花。

那点点茸茸的白花，略带奶香味，虽不起眼却洁白晶莹，兼有水仙的淡然、茉莉的素雅和昙花的奇异，衬着稻株清朗的绿，别有一番风韵。

更为可贵的是，不事张扬的稻花花期极短，前后也就几天时间，几乎看不到存在过的痕迹。对于它们来说，生命的意义就是生存与繁衍。

为此，稻花把实用性的功能放大到了极致，无需艳色，连花瓣都省了，就这样敷衍地花开一季。然后，任由南风吹着，闭合灌浆，随着绿浪铺展起伏。

小时候，每每读到“锄禾日当午，汗滴禾下土”，以为说的就是稻田里的事。后来才知道，那是在侍弄小麦或黄粟之类的旱地作物。

稻田里的活可不同，耘田得用脚拨弄，杂草得用手拔除，动不得锄头。手脚并用的活更辛苦，除了没有工具借力，裸露的手脚还会被稻叶的毛刺划痒。不过，父老乡亲们却并不为此矫情。

我在乡村待到十九岁才离开，对于耕耘稼穑并不陌生，只不过不像父辈们那样痴迷与执着。

在那个食物拮据的年代，稻谷是生存之基，父老乡亲所有的心血都凝聚在种田上。有事没事，人们总爱扛一把铁锹或锄头到田头转悠，堵堵蟛蜞洞、拔把稗子草，再打量一下禾苗的长势。在他们眼里，稻花只是一个生长符号，自然也就不会借花咏物、附庸风雅了。

由于久居城市，现在别说是稻花，就连禾苗都难得一见了。但我还是要感恩稻花，感恩稻田里那万顷细碎、刹那芳华以及说不清的灵魂，是它们都把来世变作谷粒，哺育了芸芸众生。记住这点，就够了。

冬小麦 / 常书侦

从冬到春，田野是冬小麦的舞台。初冬时节，一望无垠的冀中平原脱去了老气横秋的外衣，田野一片嫩绿，那是刚出土不久稚嫩的麦苗，在初冬小风儿的吹拂下，翩翩起舞。这是农人用辛勤的汗水描绘出的美丽画卷。

娇嫩嫩水灵灵的麦苗，对这个世界充满了好奇，它们的心情好极了。在刚出土的日子里，每天早晨，它们的尖尖儿上总会顽皮地挑着一颗颗晶莹的露珠，每个露珠里面都住着一个小太阳。

俗话说："白露早，寒露迟，秋分种麦正当时。"早在晚秋季节，面对即将到来的寒冬，高粱、玉米、大豆、谷子等大田作物全都退场。寒风与飞雪，是它们迈不过的坎儿。而冬小麦偏要在这个时候登场，去演一场抗严寒、斗冰雪，孕育明年夏季丰收的火爆大戏。

冬小麦从播种到收获，像唐僧西天取经一样，要历经九九八十一难。严寒、干旱、病虫害、倒伏、干热风等，都在考验着冬小麦的意志和毅力。出土才两个多月，冬小麦就会迎来"冰天雪地鸟飞绝，大地萧条风唱歌"的严寒季节，但它们没有恐惧，没有慌乱，总能坦然处之。

"瑞雪兆丰年。"其实，这句话是专门说给冬小麦听的。每一片雪花，都是与冬小麦的一份丰收约定。在雪飘的日子，它们是无比欢喜的。雪给它们补充了所需的水分，也给它们盖上了厚厚的被子。在皑皑白雪的覆盖下，茫茫大地显得那么安详。然而，在安详和平静之下，冬小麦正在为明春的杰作暗暗打着腹稿。

终归，寒冬是无情的。零下十几摄氏度的气温，加上刺骨的寒风，把麦苗冻成铁青色。只有在中午时分才能融化一点点积雪，不过个把钟头后便又结成了冰。冰碴子咬着麦苗的脖子，连呼吸都有几分困难。在严寒面前无畏无惧的冬小麦，此时此刻，要在生死线上走一遭。如果墒情不好，它们很难安全越冬。因此，农家要在大地封冻之前，对小麦进行冬灌，让它们喝足喝饱，方保无虞。

冬阳下，农家姐妹身穿花棉袄，用五齿钉耙给冬灌后的麦田松土，防止板结，提高地温。她们的欢声笑语，给寂寞的麦田带来鲜活的气息。此时，在严寒的威逼下，小麦的根须在地底下仍然保持着清醒的头脑和活力，它们把丰收的信念深深扎在土壤里，养精蓄锐，一刻也不肯松懈。它们知道，春天已经不远了。

终于，九尽春回杏花白，麦苗青青燕子来。在春风的吹拂下，麦苗开始返青了。它们抖搂掉身上的泥土，伸展开被积雪压弯的腰身，率先向春天报到。很快，它们从匍匐状态站立起来，一地绿毯让人喜爱不已。

农人喜悦地说："麦苗起身了！"当然，麦苗起身前，农家要浇起身水，为它们壮行，以便提高分蘖成穗率。这时，最美的画卷莫过于农家汉子手握铁锹，挽着裤管走在田埂上进行春灌；农妇则头扎蓝花头巾，一手端着盛了化肥的盆子，一手撒出一道道白雾给麦苗追肥——农家亲切地称此为"奶麦子"。

天上白云飘，路边杨柳摇，燕子裁春色，菜花唱春谣。此刻，喝足了水的麦苗显得生机勃勃，青春飞扬，颜色由浅绿变为油绿。它们一旦起身，就会不管不顾地开始拔节、抽穗、扬花、灌浆。接下来，就是麦浪连天涌，农家收割忙了。

酒香八月稗 / 黄从周

我的家乡管“高脚糯”（长糯米）叫“八月稗”。都说“稗子挤了禾”，大伙儿对稗子没什么好印象，可是却管“高脚糯”叫“八月稗”。

“八月稗”米粒细长，颜色呈粉白、不透明状，黏性强。它生长在南方，家乡一年种一季，四月插秧、八月收割，所以叫作“八月稗”。

因为一季稻生长时间长，口感黏甜软糯，适合老人家吃，更适合做酒。

做酒时节，东家香、西家香，屋里香、巷子香，一个村庄都是香的。一样的米，做出几十样的酒，这要得益于酒曲的品种不同、分量不同。

“八月稗”淘洗干净后，放在水里泡，泡到用手可以碾碎米粒就可以；把糯米放在铺了屉布的蒸笼上，用大火蒸至米粒全熟无夹生；蒸熟的糯米粉用凉开水搅均匀，捞起来放在干净无油无水的盆里，表面撒上酒曲搅拌均匀，然后在盆里压平、压紧，中间掏两个浅窝，盖上蓑衣、塑料纸。天气热，不到两天就能闻到阵阵酒香。

糯米制成的酒，可用于滋补健身和治病。村里的自雄大伯，年轻时学过中医，他用糯米、杜仲、黄芪、杞子、当归等酿成“杜仲糯米酒”，饮之有壮气提神、美容益寿、舒筋活血的功效。他家还有一种“天麻糯米酒”，是用天麻、党参等配糯米制成，有补脑益智、护发明目、活血行气、延年益寿的作用。

糯米不但可以配药物酿酒，而且可以和果品同酿，例如“刺梨糯米酒”，常饮能防心血管疾病、抗癌。他家的蒲团也是用“八月稗”秸秆扎成，车轮般大小，一环扣一环，花纹粗犷，好看又实用。

喝酒时节，男人醉、女人醉，老头乐、小孩乐，一个村庄充满了欢乐。一样的酒，一百个人喝，有一百种不同的味道；一样的醉，一百个人醉，有一百种醉态——从不声不语，到高声大气，到酒后吐真言，全因为生活的际遇和感悟不同。

酒曲放得多的，酒劲大，冲头，是男人们斗酒的首选。喝着酽酽的酒，唱着甜甜的祝酒歌："一只里格螃蟹八呀八只脚，两把那个大钳钳呀钳铜壳……"

喝着唱着，简单的数字唱不出来了："一只里格螃蟹一呀一只脚、三把那个大钳钳呀钳铜壳"；话语也多起来："火车是我推着走的""'十八排'山峰是我堆起来的"……

酒曲放得少的，甜而淡，适合妇女儿童食用。女人、孩子食用后脸蛋红扑扑的，好看得很。

有人说，酒缸里那两个浅窝就是女人脸上那两个酒窝——要不，人们怎知道脸上有酒窝的女人会喝酒呢？与男人们不同，女人们喝得越多话越少，声音也越小，最后干脆凑在闺密的耳边，说着外人听不见的悄悄话。

我只是不明白：这么好的糯米、这么好的酒，怎么就取了个"八月稗"的名字？难道和我们人一样，喜欢的东西，把它的名字安得贱一点，好养活？

谷 / 廖辉军

金秋时节，谷是露天的大地金矿，一片又一片，照亮了我的念想。

谷的脚步很慢，数千年的时光都无法改变它。

曾经，我试图追寻谷的足迹，无论北国还是江南，怎样的水土全都尝试过，谷还是谷的本色，就像我的黄皮肤。

谷让我不由得想起祖辈渐行渐远的背影。

小时候，奶奶戴着老花镜，用簸箕盛着石碾磨出的糙米，小心翼翼地将谷与米一粒粒分开，然后做成粗糠饭和馍馍，又硬又涩，吃着卡嗓子，却能充饥。

那个年代，谷很稀少，我从奶奶认真而虔诚的眼神中读出，谷如父亲，扮演着一个家庭最关键的角色。

在父亲离开的那年，他用四四方方的木制打谷斗徉徜在一片金色海洋里，广袤的田野瞬间成为谷的阅兵场，一抡一甩之间，噼噼啪啪声中，谷穗像勇往直前的战士，义无反顾地投身方斗的围城。

我不明白平时内向寡言的父亲此刻为何一边大声吆喝着，一边喘着粗气，近乎固执地选择最原始的方式与谷交流。

当我独自面对谷的时候，才真正懂得谷是有灵性的。催芽播种，插秧蓄水，除草施肥，收割翻晒……每道手脚丝毫不能怠慢，农人就这样将自己的情感深深融入到一次次鞠躬里，而谷则用颗粒归仓兑现着自己的承诺。

一滴汗，一粒谷，这分明是生生不息的轮回口诀！

离家的那段岁月，梦中常常被谷的棱角刺痛。黄土地、父老乡亲、老屋粮仓……那些与谷有关的事物，是否保持着原来的模样？

时光如潮水，可以淘走太多的东西，除了谷，或许那都是缥缈可变的吧。而谷依然沉稳简朴，将岁月长河塑造成沉甸的一米光阴。

一粒谷是渺小的，不小心掉进土壤里，半天都找不到踪影。然而，许许多多聚在一起，再粗壮的秸秆也会为此弯腰低头。

很多时候，我通过谷怀念未曾见谋面的祖辈，甚至千里之外的黄河和黄土高原，感到无比亲切。谷让我觉得，天下再大也不过谷的尺寸，走得再远也不孤单，跑得再快也不害怕。

一位农人告诉我：床头有担谷，不愁无人哭。谷不仅是勤劳的信物，更是农人生活的忠实伴侣。对于农人来说，谷何尝不是生命的另一种延续呢？

米的真名叫谷，这也是我一直想向孩子们传授的人生第一课。谷虽然表面粗糙，但饱满结实、棱角分明。剥开谷的黄外套，才见清白纯净的米心，之后便有了香喷喷的米饭。

我不厌其烦地一遍又一遍叮嘱孩子：千万不要忘了啊，谷心才叫米，一如父辈那古铜色肌肤下深藏的心，或许长大后，你自然而然也会变成谷的模样。

如果米是金，那么谷便是矿。正如很少有人知道金子最初的样貌，也没人愿意了解米的过去。如今，我们离开谷已经很遥远了。若干年后，还有多少人能够感知谷的存在？

稗草 / 徐翠华

“好种出好稻，坏种出稗草；稗草拔光，稻谷满仓。”母亲对稗草的态度跟这句农谚很是相似，她恨不得把稻田里的稗草赶尽杀绝，逮住一株非要斩草除根不可；跟母亲相反，对稗草我完全没有仇恨，甚至多了几分在母亲看来不可饶恕的喜欢。

跟田野里的杂草相比，稗草长得实在端庄，无论是秸秆或者是叶子都跟水稻非常相似。稗草就是仗着近似水稻的外表来“骗吃骗喝”。

它理直气壮地混在稻田里，如同端坐在自家厅堂，公然吸收主人施的肥灌的水，大摇大摆把自己长成一株水稻的模样。长得努力的稗草秸秆比水稻的粗，叶子比水稻的墨绿。“穷人家的孩子早当家”，也许它们自知地位卑微，自然要活得比别人努力才有可能出人头地。稗草的胃口要比稻子大，它们的根系在泥土里横行无忌，大口吸肥，大碗喝水。有它们在，稻子自然要逊色许多，歉收是在所难免的。

刚长出叶子的稗草根本无法从水稻里分辨出来，只有在分蘖期才初见端倪。跟母亲在稻田里除稗草，看着田里千株一律的青苗，常常被稗草这个伪装者的外表迷惑。尽管母亲不厌其烦地教我辨识稗草的方法：稻苗叶片跟叶柄的“耳朵”间“耳朵”有纤细的绒毛，稗草没有。“有毛无毛一看便知。”母亲叨叨的这句话对我作用不大。细毛如绒，我是个近视眼，总不能每棵都拔起来辨认吧？俯身看看，稗草长得比水稻还要像水稻，禾苗又照着稗草的样子长。由于稗草茁壮生长的样子比水稻还要显得惹人怜爱，我反而对它放松了警惕。再反观营养不良的水稻，它们病泱泱的样子总让我联想到田野里无人打理的野草，于是手就常常伸向这些弱者，把它们当成稗草除之后快。

不论怎么努力，我始终无法区分稗草和水稻，母亲因此常常骂我笨。她闭着眼睛也不会拔错一根水稻，更不会放过一株稗草。估计如果稗草有腿，远远见到母亲便要落荒而逃的。

并非母亲对稗草有什么深仇大恨，她只是太希望能够多收获一斤稻子了。毕竟，对于有过艰难生活的人，粮食是神圣而不容侵犯的。所以在水稻分蘖期，拔稗草成为一件轰轰烈烈的事情。稗草如果能开口，一定会为自己辩解：“我也需要水分肥料，我也会像水稻一样抽穗结果，求求你们手下留情啊！”然而农人们又怎么会轻易手软呢。

其实，稗草也想像水稻那样打了粮食为人们作贡献，因此，水稻抽穗它扬花，水稻灌浆它也结穗子；水稻娇气离不开水，稗草顽强能抗旱。在口粮不够吃的困难时期，稗子还救过人们的命。但因为产量低，没人栽种，甚至把它当作野草除掉。

我以为稗草对水稻是一种深入骨髓的膜拜，它把一棵野草活到了一株庄稼的境界，尽管只能空抱一腔热情。近日在某电商网站上无意发现有稗子卖且价格不菲——原来，竟然有人把稗子当粗粮吃。这种待遇，不知稗草知道了会不会感到些许欣慰。

沙地花生 / 石广田

沙地漏水漏肥，种小麦、玉米得比其他土地要多浇好几遍水，每亩地多施一二十斤化肥。有经验的庄稼人说，沙地保苗不保产，别看苗齐苗壮，打不出多少粮食。

可对于花生，这话并不灵验。

暮春，一粒紫红色的花生种进沙地，不几天，就长出一棵肥嘟嘟的花生苗。每到夏天，家乡黄河故道的沙地上，满眼绿茫茫的都是花生秧。

低头细看，那秧上高高低低开满了金色蝴蝶样的小花，每朵花都向下伸出一根深紫色的果针，扎进松软的沙土，结出一颗颗紫红色的果实——如此说来，“花生”这个名字取得真是巧妙。

花生耐旱，不需要施肥，因为它“自带干粮”。拔出一棵花生秧，根上米粒般的小疙瘩特别显眼，它们叫“根瘤”，与黄豆、绿豆等豆科庄稼一样，能够自制肥料。别看沙地上的玉米和芝麻长得枯黄细瘦，病恹恹的，花生却活得自由自在，浓郁的葱绿色炫耀着勃勃生机。

中秋时节，花生成熟了。带秧刨出来的花生，用手一抖，沙土就落得干干净净。将它们一排排摆在灰黄色的沙地上，在秋日的阳光下，白花花的晃得人不敢睁眼。

不过，其他土地上长出来的花生却难有此盛景：一颗颗灰头土脸的，颜色与泥土几乎没有分别，就算是籽粒多、个头大，也很难与沙地花生争夺人们的宠爱——“一白遮三丑”，这话用在沙地花生身上，再合适不过了。

傍晚时分，家家户户都围坐在院子里择花生。此时，大人们喜欢聊聊一年的收成，再议论些陈年往事和人情世故；孩子们则头碰头地窃窃私语，偶尔塞进嘴里几粒花生仁当零食吃。

有的人家嫌一棵棵地择太慢，就找来水桶，提起几秧花生使劲儿往桶沿儿上摔，任花生果纷乱地掉进桶里，砰砰的声响在村子里此起彼伏，从响亮变成沉闷，再从沉闷变成响亮，一直持续到深夜……

花生浑身都是宝，所以才如此招人喜爱。花生果能榨油，剩下的油饼能当肥料和饲料。晒干的花生秧可以烧火做饭，用机器粉碎了还可以当饲料。花生仁可以煮着吃、炒着吃、炸着吃，牙齿尚好的老人特别爱吃焦脆的五香花生仁，据说可以延年益寿，因此花生又被称为“长寿果”。

花生带来的喜气远不止于此。新娘嫁妆的抽屉里，新床的枕头、被子里，拜天地时供桌上的果盘里，都少不了花生。懂得老规矩的大婶、大娘们说：“花生、花生，就是花着生，生完男孩儿生女孩儿，生完女孩儿生男孩儿，最好生个龙凤胎。”可见，花生已经变成乡土文化里隐喻“多子多孙多福寿”的符号。

故乡贫瘠的沙地，因为种植花生而一年年肥沃起来。在我心里面，花生在沙地开出的花朵倔强而好看，长久又喜庆。只是我不知道，儿时那首活泼的歌谣是否还在流传：“小白鸡儿，挠墙根儿，一挠挠出个花落生儿。叫娘吃，娘不吃；叫爹吃，爹不吃，嘎嘣嘎嘣自己吃……”

萤舞翩跹 / 吴贤友

如果说白天是蝉和鸟的世界，那么夜晚一定是蛙和萤的舞台。蛙鸣如鼓，萤舞翩跹，这夜晚精灵的联袂亮相，上演了一场场美丽乡村的视听盛宴。

记忆中很长一段时间，村子里还没有通电。每每暮色四合的时候，大人们总会搬几张藤椅凉床到空敞的高处，或倚或躺，迎风纳凉，舒展筋骨。一阵风吹来，那幽微的凉意让人身心安泰。这样的夜晚适合谈古今中外家国天下，话田园桑麻姑嫂人情，说着说着就动了情、走了心，就有了心思和希望……

当然，这样的闲话不属于孩子，他们有自己的欢乐。那时候，没有电视，没有手机，也没有不完的家庭作业，但荡秋千、躲猫猫、掏鸟窝、抓黄鳝这样的事足以把孩子们的夜晚填得满满当当。

季夏之月，腐草为萤。最美妙的当然是流萤在地、繁星在天的朦胧景象。有了这光亮的装扮，寂寥的乡村夏夜也便灿然而灵动起来。

萤火纷飞的夏日，追逐那些飞舞的光亮自然是令孩子们开心的事。每当看到一盏盏萤火翩然飞来的时候，大家就会一跃而起，随着萤火虫高低纷飞而奔跑追逐，直至把它捧在手心。这时候，透过大拇指的缝隙，看那一闪一闪的小尾巴，内心激动不已，不由地感叹生命的神奇。

稍不留神一松手，那小精灵忽有所悟，蓦然展翅升腾，越过篱笆和房梁，淡弱的光点在夜幕中划过一道美丽的弧线。此情此景，真有着说不尽的欣喜与感动。

我一直偏执地认为，人世间有两种最美的光：一是此生不渡的美丽星河，二是触手可及的萤火。星河让人仰望，萤火给人温暖。

20 世纪 80 年代末，村边的荒山被勘探，发现乃是一座储量极大的白云石矿。很快，几户人家就凑了些钱，建起工地，开采白云石。丰厚的回报让全村人一发不可收，不长的时间里，村子的北面荒山上便架起了几十台破碎机，日夜轰鸣，从此再也见不到萤火明灭的殊胜景象。

后来，我去了县城读书，接着上大学，旅食他乡，少有回还，童年的记忆也就慢慢淡了、远了。尽管如此，那埋藏心底的情愫，稍一触碰，便汩汩滔滔，难以自已。

读书的时候，看到“征求萤火，得数斛，夜出游山，放之，光遍岩谷”的文字，那种诗意浪漫让我迷醉，浮想联翩。

可在课堂上，说起“相逢秋月满，更值夜萤飞”的温暖圆融，“银烛秋光冷画屏，轻罗小扇扑流萤”的百无聊赖，“昼长吟罢蝉鸣树，夜深烬落萤入帏”的惬意自适，“老翁也学痴儿女，扑得流萤露湿衣”的闲心雅趣，这些城里的孩子却总是一脸的懵懂。也难怪，他们的世界里，难见那样的星斗和萤火。

去年回乡探亲时，和亲人们聊起少小欢乐事，姐姐说：“政府这几年大力治理污染，以前的那些小矿山一律关停了”。如今，又能望得见青山、看得见绿水，当然也能再见萤火纷飞了。

秋月春风等闲度，蛙鸣萤飞又一年。我和孩子约定：今年暑假回乡，一起寻找记忆中的萤火虫。

雀鸟 / 李海培

在乡下度过童年和少年时光，对家乡的雀鸟一直怀有一种难以割舍的情感。那时山上全是树，树上都有鸟。

小鸟在林子里交谈、嬉戏，跳来跳去，突然又如撒豆般呼朋引伴地飞向远方，令人不由得心生羡慕：人要是能长双翅膀，像小鸟一般随心所欲地自由飞翔，该有多好啊？

上山割草时，经常发现地坎下的石墙缝隙里有鸟窝——大多圆圆的，中间用些绒毛和细碎的野棉花铺衬，看起来温馨而暖和。鸟蛋呈花斑色，十分光滑，有些鸟窝里还有未放翅的小嫩鸟，见到人，争先恐后地昂着头，张开小嘴盼食。

用手指轻触小鸟的喙子，有种痒痒的感觉。有时，某个淘气的孩子从鸟窝里捧出一只嫩鸟，鸟妈妈就会在不远的树枝上声嘶力竭地嚎叫着，人走到哪里，它就追到哪里，直到把小鸟儿放回鸟窝后，鸟妈妈才肯“善罢干休”。

春播时节，布谷鸟叫着“布谷，布谷”，似乎在提醒人们千万别误了农时。还有一种忘记名字的小鸟，喊着“修沟淌水”，催促人们赶紧把水沟疏通修好，赶在雨水来临前抢水、打田、插秧。

抢收抢种的五月天，阳雀也嚷嚷着“快栽快割”，告诉庄稼人尽快把麦子收割回家，同时将苞谷栽种下去。令我百思不得其解的是，为什么这些自然界的雀鸟如此地通熟人性？

打田时节，燕子成双成对地飞来了。燕子喜欢在屋檐下筑巢，于是，厚道的庄户人家便给它们钉一块木板作为歇脚处。从田里衔泥筑巢时，雌燕和雄燕总是形影不离，从早到晚呢喃着只有自己才听得懂的情话。

不久，一窝张着黄口的雏燕孵出来了，屋檐下顿时热闹起来，也给庄户人家增添了不少喜气。等到秋风一凉，雏燕长大了，燕子夫妇便带着子女飞走了。来年春暖花开，又有一对燕子飞回旧巢。只是不知道飞回的这对是不是去年的那对，或是它们的子女？

童年的记忆里，有关雀鸟的谚语、俗语和童谣数不胜数，像“花喜鹊，尾巴长，娶了媳妇忘了娘”“秧鸡顾头不顾尾”“螳螂捕蝉，焉知黄雀在后”“筛子筛，簸箕簸，老鹰来，小鸡躲”……

其中，老鹰最为凶狠，目光如炬，嘴尖如钩，爪子刚劲有力。炎热的夏季，老鹰会在空中盘旋着寻找猎物，瞅准哪家刚孵出一窝小鸡，随时像一道闪电般俯冲下来，以迅雷不及掩耳之势用铁钳般尖利的爪子将小鸡抓走——遇此情景，主人也只能失望且无奈地抹抹鼻子望望天。还记得沈幺叔家一窝孵出的 12 只小鸡，不到一个星期就被老鹰全抓光了。

村后的大楸树上住着好几窝白鹭，窝是用小树枝垒成的，比喜鹊的窝要大很多。白鹭的颈长长的，喙又直又尖，经常飞到田坎上或者开满野花的小河边，表面上很绅士地迈着优雅的步子，其实是在伺机捕捉黄鳝或是鱼虾。听老辈人说，白鹭居住的村寨往往风水好、树林多，只有山清水秀的地方才能留得住它。

那时的村庄，麻雀随处可见，三只一群、五只一伙。麻雀小而机灵，常常趁人不备时从房瓦上飞下来偷食院坝里晾晒的粮食。人还没等靠近，它们早已逃之夭夭了。

我们喜欢捉麻雀，在簸箕里放一把用线拴好的细筛，撒些碎米或苞谷面作诱饵，待麻雀飞进簸箕里吃得正欢时，把线一拽，吃食的麻雀便被筛子罩住，多则十余只，少则三五只。

村里的教师见我们这帮孩子逮麻雀，便摇头晃脑地吟诵着白居易的

《鸟》：“莫道群生性命微，一般骨肉一般皮。劝君莫打枝头鸟，子在巢中望母归。”之后轻声细语地给我们解释诗的意思，直到我们动了恻隐之心，把麻雀全部放飞了。

近水知鱼性，近山识鸟音。在我看来，无论是黄豆雀的清脆、叫天子的婉转、斑鸠的深情，都是世界上最自然最质朴最动听的音乐。大自然因为有鸟而显得鲜活，树林因为有鸟而显得灵动，村庄也因为有鸟更显自然、和谐。

燕逐故园春 / 吕峰

燕子，一种俊美的鸟儿，羽毛黑白分明，双尾似剪刀，与迎春花一道被视为春天的象征。

当大地走出寂寞的寒冬，燕子便从南方赶回来迎接久违的春天。沉湎在春风里，它们一个个迈着轻快的步伐，时而几只、时而几十只蹦跳在树枝上，形成一串又一串灵动的音符，仿佛正在上演一曲美妙动听的春之交响。每当看到这些自由的身影，与之有关的记忆便如春潮般涌上心头，带我重新回到儿时的故园。

故乡的春天似乎总是来得特别早。当人们还没从寒冬里完全回过神来，草木已悄然吐出了新芽。此时，在南方潜伏了整个冬季的燕子们便陆续飞回家乡，“啁啾啁啾”地徘徊于低空，寻找可以筑巢的地方。

燕子喜欢把巢筑在屋檐下或屋梁上。“片片仙云来渡水，双双燕子共衔泥。”刚回到家乡的燕子顾不上旅途的疲惫，便不辞辛劳地穿梭往返于麦田的沟渠、河流的岸边与主人家的屋檐下、走廊里，用一口口衔回的春泥一粒粘着一粒……用不了多久，一个令人叹为观止的燕窝便出现在房梁上。自此，燕子开始与人毗邻而居，在这个堪称伟大建筑的巢穴里生儿育女，繁衍下一代。

乡村人家很在意燕子，谁家檐下平添了一对燕子，都会被看作是吉祥如意的好兆头，想来这一年的运气都不会坏。作为登堂入室的贵客，燕子也从来不白白享受主人家的殷勤照拂，而是每天辛勤地早起外出觅食，在尽心尽力哺育幼雏的同时，帮助人们消灭田间地头或树林果园里的害虫。

于是，谁家的燕子开始筑巢，谁家的燕子哺出新燕，谁家的新燕开始试飞……就像喜欢谈论天气和庄稼的收成一样，燕子们的生活细节往往成为庄户人家热衷的事情，被不厌其烦地在闲暇谈论着。

印象中，每年春天都有燕子来我家筑巢。这巢，家里大人从来不让我乱碰，因此能够安稳地挂在屋檐下。我常常一个人坐在乱七八糟地堆放着农具的堂屋一角，看着燕子夫妻给雏燕喂食。跟小孩儿一样，雏燕们总是迫不及待地从巢中伸出头来，张着黄黄的小嘴"叽叽"地喊饿，燕子夫妻俩便整天忙不停地一趟又一趟外出觅食。神奇的是，它们喂食雏燕的顺序从未错过，这样就保证了谁也不会多吃，谁也不会饿着。

在儿时那颗童稚的心中，很难想象没有燕子呢喃的春天会是什么样子。移居城市后，与燕子接触的机会渐渐少了。偶尔经过树林、湖边，匆匆瞥见燕子匆匆飞过的身影，我都会怀着惊喜的心情凝视良久，追随出去的目光随着它融入无垠的蓝天。

"燕子来时新社，梨花落后清明。"燕子是春天的音符，在它轻快的旋律中，万物开始萌发、生长；燕子亦是飞舞的精灵，记忆里所有的灰尘都在燕翅的抖动中纷纷落下，所有的角落都在燕影的映衬下逐渐清晰，所有的欢乐都在燕声的回响时浮上心头。

年年此时燕归来。

蛙声的力量 / 孙森林

人们很少关注蛙声的力量，特别是生活节奏越来越紧张的都市人，他们已很久没有听到蛙声，更没有机会体味那寂寞夏夜里的生命呐喊。

蛙声很少响在白天，大概青蛙知道白天人人都在为生活奔波，即使再大的声音也是徒劳。只有夏夜才是它们的舞台，当星星点亮了夜空，当萤火虫提着灯笼前来观看，青蛙的表演便准时开始了。

蛙声属于夏夜的旷野，在雷雨欲来之前尤其响亮——这是对上天赤裸裸的挑战，小小的青蛙真是勇气可嘉。

青蛙并非一个出色的歌手，它的音乐单调而略显聒噪，像难登大雅之堂的说唱，但那是生命的力量，一声声发自内心的呼唤让人心生震撼。我们无法走进青蛙的内心世界，与蛙的交流只限于这声声带着诉求的蛙鸣。

《旧唐书·五行志》里说："古者以蛤为天使也，报福庆之事。"《天中记》里则有"蛙能食山精"的记载。从前人们无力掌握自己的命运，只能寄情于天地间的一事一物，于是蛙也被神化了。有趣的是，如今这种神化竟然变成了现实。

我生长在农村，农人极其爱蛙，亲昵地称之为"护谷虫"。又听老辈人说，早年间曾有"立夏听蛙，以卜丰歉"的习俗。这是很有道理的——据有关资料统计，仅一只蛙一年捕食的害虫就达一万五千只，而且从蝌蚪开始便大量吞食孑孓，堪称害虫的"终身天敌"。

上世纪六七十年代，由于物资紧缺，蛙也跟着遭了殃。赶上粮食歉收的年份，人们不得不各自寻找一些法子以弥补口腹的不足，照蛙捕蛙，或食或卖，便是一种。有些老年人常常为此含着泪大声呵斥那些憨厚的汉子和不懂事的伢子们。然而种田人捕蛙、杀蛙，谁个不揪心？没法子啊！那年月，粮食产量连年下降，入夜蛙声寥落，情景令人痛心。

1975 年，我高中毕业后回乡务农。农忙季节以外参加生产大队和人民公社组织的修水利“常备军”，挖水渠修水库，冬闲变冬忙。从几十里外引来水库的水，改变了靠天吃饭的命运，大旱之年也能夺丰收。渐渐地，一到夏日的夜晚，又能听到久违的蛙声。

十多年前，村里修通了到镇上的水泥公路，并安装了路灯。从此，家乡的夜晚路灯闪烁、蛙声齐鸣，好不热闹。

“稻花香里说丰年，听取蛙声一片。”沁凉如水的夏夜里，我沉浸在令人神怡的一片蛙声中，思绪万千。窗外的蛙声与心头的音符仿佛在合奏着一支唯美的交响曲。

青山不老，碧水长流。蛙将以“害虫天敌”的身份，永存世界；蛙，也将成为欢乐的“丰收使者”，长驻人间。

布谷声声 / 常书侦

布谷鸟是农家的贴心朋友。早春时节，它会如约而至。一听到那亲切的“布谷……布谷……”的叫声，人们就好像久违了某种命令一般：“布谷鸟叫了，该下田了。”

打小，我就对布谷鸟充满了好奇心：“它懂农时吗？它懂人话吗？为什么春天刚到它就飞来，叫声好像人喊话？”每当我提出这些疑问时，爷爷总会告诉我：“布谷鸟通人性，知节令，是一种神奇的鸟，可要好好爱护呐！”

每逢听到布谷鸟叫，母亲就会沉不住气地催促父亲：“布谷鸟都叫几遍了，早该准备地里的营生了。”父亲往往笑答：“你就是家里的布谷鸟，一天叫三遍。”在母亲的唠叨声中，父亲从柴房里搬出木犁，把犁铧擦得铮明瓦亮；找出套牲口的缰绳，快断的地方用新绳子续接好；还要给老黄牛添料加膘……

布谷声声里，农家的心开始骚动。沉寂了一冬的大田，人影开始晃动。不论老幼，都会兴高采烈来到地头忙活——毕竟，这是过年后第一次野外劳动，借此机会，可以领略大野的初春气息，看那阳光下悠悠上升的地气，那份挣脱了寒冷冬季的喜悦之情溢于言表。

这么重要的生产劳动，即使全家出动也不足为奇：老者站在地头的粪堆前，用铁锨或铁叉往筐子里装粪；男人们担着两只沉甸甸地筐子，健步如飞地穿梭于田间地头；孩童们则用一根木棍抬着筐子运粪，隔几步就倒一堆；女人们头上蒙着扎染的蓝花头巾，把倒在地里的粪用铁锨铲起来均匀地扬开——这样，开犁之前的黄土地就盖上了一层粪土，为即将播下的种子备下出土生长的足够营养。

布谷声声里，春耕开始了。春耕开犁日，老牛卖力时。开犁时，富有经验的老黄牛不用主人吆喝，就会娴熟地拉动木犁。使役者左手持鞭，右手扶犁；牛在前面拉，人在后边扶，嘴里哼着梆子腔，惬意至极。

此时，如果有布谷鸟从头顶飞过，人的心情就会更加愉悦，兴许还会用鞭子甩出几个脆脆的鞭花儿来。听到头顶的布谷鸟叫声，连老黄牛也会“哞哞”地附和上两三声，算是一种友善的回应吧。

布谷声声里，耧铃摇响了。每家每户大多是老汉扶耧，壮年汉子驾耧，妇女和女娃子在前边拉耧，男娃子则用长绳拉着砘子，跟在耧后将地垄里的土轧实，免得透风跑墒影响出苗。风和日丽的大好春光里，天上布谷声声，地上耧铃叮当，好一派忙碌祥和的田园风光！

如今，种田早已机械化、科学化了，牛拉犁、人拉耧、全家老幼齐上阵的老式耕作方式渐渐退出了历史舞台。但每到早春季节，听到布谷鸟催促播种的鸣叫声，就会勾起对故土的无限怀念之情，内心就会生发出一种回到家乡的冲动。

我多想在布谷声声里，再次投入故乡的怀抱，与父老乡亲一道，撒下那一粒粒希望的种子，用汗水浇灌出无尽的春色和一个又一个丰收年……

家雀儿 / 刘琪瑞

家雀儿是它的小名，大名叫麻雀，俗名还有小雀儿、老家贼、山雀子等。

家雀儿是农人的朋友，是故乡的一个符号。它们成群结队地在旷野上飞翔，在一根根电线上跳跃，宛如五线谱上一个个黑亮的音符，不时弹奏出悦耳的乡村奏鸣曲。

家雀儿在鸟类中是个小不点儿，名字前往往要加上一个“小”字——小麻雀、小雀儿。它们实在太小了：小脑袋机灵地左顾右盼，小眼珠儿绿豆粒似地骨碌骨碌转悠，小爪儿总是在泥地雪野上印满密密匝匝的印记。

好多俗语、谚语都因它的“小”而生，比如“麻雀虽小，五脏俱全”（形容小而完备）；“燕雀安知鸿鹄之志”（形容胸无大志）；“老家贼吃不下二两谷”（形容肚量小）……

家雀儿是个乐天派，就像一群孩子，不论飞到了哪儿，永远都叽叽喳喳、吵吵嚷嚷，一言不合就掐开了架。屋檐下、河畔湖边的高柳上甚至高压线上，它们边掐边吵、上下翻飞，好不热闹。

家雀儿还是筑巢做窝的高手。往往夫妻俩飞上飞下，衔来破棉絮、树枝、草叶之类，在高树上做巢，看似摇摇欲坠，其实牢固得很。更多时候，它们会在低矮的房檐下做巢，洞口仅能容得下它们小小的身子，以致我们掏鸟蛋时伸进去的小手也会被挤得生疼。

乡下的孩子把家雀儿当成最好的玩伴，“掏家雀”是最好玩的游戏之一。家雀儿是标准的“夜盲眼”，天刚落黑就看不清东西了，早早进窝上宿。小时候，我和小伙伴们常在天黑时拎着手电筒，去屋后的房檐下摸雀儿，手电一照它就惊得一动不动，手伸进窝里，顺顺当当就能把呆呆的家雀儿掏出来，有时还能摸到一窝儿家雀蛋。也有倒霉的时候，冷不丁摸到一条蛇，未及掏出来，那种冰凉凉的感觉就已经意识到了，直吓得“哎呀”一声，差点儿从小伙伴的肩上栽下来。

有时，我们也会做了土弹弓打家雀，瞄准矮墙上或者草垛旁呆呆蹲着的家雀儿，只听“嗖”的一声，小雀儿应声落地，身旁的大黄狗撒着欢儿飞奔而去，屁颠屁颠儿地将它衔回来。母亲知道了，吓唬我们：“打吧打吧，打了小燕子，变成没毛儿的丑秃子；打了家雀儿，让你们说不上媳妇……”

最有意思的莫过于下雪天罩家雀儿。在雪地上扫出来一片空地，撒上稻谷或麦粒，用一根长长的绳子一端绑上一根短木棍，用木棍撑起筛子的一角，我们则牵着绳子的另一端躲起来，悄没声息地候着。家雀儿先是叽叽喳喳飞过来一两只，然后呼朋引伴一大群。躲在远处的我们瞅准时机猛地一拽，“轰”的一声后家雀儿炸了群，总会罩进筛子里不少。

家雀儿气性大，不像其它鸟儿可以放在金丝笼里好好地将养，它们天性无拘无束，如果豢养，用不多久就会气得嘴角吐血，绝食而亡。小时候，我们捉了家雀儿回家，母亲总说：“赶紧放生去，留着也养不活，还落得杀生的罪过……”

家雀儿食性杂，主要以谷物、草籽为食，春天养育幼雀时也吃棉铃虫、菜青虫、金针虫等害虫。家雀儿鬼机灵，在啄食谷物时表现得尤为明显：未成熟的一般不食，向阳处或者高处的熟得早，便呼朋引伴飞来先吃，然后再吃晚熟的，啄食水果也是这样。所以农人对它防不胜防，常在野外扎了稻草人吓唬。那些奇形怪状的草人儿兀地立在田埂上，一个个形态诡异，成为故乡一道独特的风景。

而今乡村面貌焕然一新，房子都是钢筋水泥结构的，恐怕难以找到茅草屋、木头房了。没有了低矮的屋檐，没有了一个个金色的草垛，不知道我们的老朋友——那些已经为数不多的小家雀儿在哪儿安家？

蟋蟀 / 王畔政

秋风起，天转凉，蝉鸣退场，蟋蟀当仁不让地充当了舞台的主角。秋风秋雨秋蟋蟀，风声雨声蟋蟀声，整个乡野小院，“唧唧……唧唧……”的声音忽高忽低、此起彼伏。

乡村小院，水泥墙围，石块铺地。平日里走过，凡是有泥土缝的地方就杂草葳蕤，灰灰菜、马齿苋、云青菜比着赛旺长。我不主张除草净院，保留一点原生态环境，任其自由生长，于是就有了自己的“百草园”。蟋蟀喜欢松软的断墙、潮湿的瓦砾石块，这些我那杂草横生的“百草园”都符合。因而，每到夜晚，我无需费力就能倾听到蟋蟀的演唱。

吃罢晚饭，天色仍然放晴，一桌一椅，一壶一杯，一扇一书，齐刷刷摆在小院中间，我半躺在藤椅上，摇扇品茗执手一卷，纳凉、喝茶、读书，等待着一场隆重的音乐演出——舞台，就是小院的角角落落；演员，就是那一只只身长大约 20 毫米的蟋蟀，无需灯光、道具、音响。这是世界上成本最低的演出，也是最原始、自然的演出。

夜色降临，大幕拉开，蟋蟀音乐会正式开场了。我把书放到一边，用心欣赏起来。听，先是稀稀拉拉的几声浅唱低吟，尔后是一群上规模的合唱，间或片刻的低音声部，随后又是集体高昂的爆响。

那声音忽而似古筝悠悠，忽而似琴音绵绵，忽而似河水潺潺，忽而又像庄稼地里一阵秋风掠过，听起来有序幕、有起伏、有铺垫、有高潮……声声入耳，句句入心，百听不厌，一时忘我。

这等美妙音乐，民间填词能手早就为它配上了歌词：拆拆洗洗，洗洗拆拆……这恐怕是最接近汉语发声的唱词了。立秋天凉，它在提醒农妇赶快将被褥拆拆洗洗，晾晒存放，以备度秋过冬。

多好的蟋蟀啊！一句简单的歌词，无限柔情，亲密无间。这些伟大的自然音乐家每年总是如约而至，用美妙的歌声关注着人间冷暖，我却只能用倾听来表达对它们的敬意。

其实，对蟋蟀吟唱有科学的解读，这是雄蟋蟀在向雌蟋蟀求爱，只有歌声嘹亮者才会得到配偶的青睐。为此，雄蟋蟀必须使出浑身解数放声高歌。你听，那歌词不正是他在向心仪的对象吐露真情吗？“我在这里，我在等你”“我最爱你，我最想你”……这场音乐演唱会到底是为警示人类的冷暖而开，还是为自己的爱情追求而唱？我情愿相信，二者皆有。

月上中天，茶饮一壶，音乐会还没有谢幕。听蟋蟀音乐会，只听其音，未见其形，未免有些遗憾。借着灯光，再打开手电筒，循着发出声响的草丛、砾石处找去，拨草丛、移砾石，就为了一睹蟋蟀尊容。呵呵，那不就是它吗？淘气而文艺的一个精灵。可是，这么一丁点儿的小昆虫怎么会发出那么清脆质感的声响，而且一唱就是一个夜晚？大千世界真是无奇不有！

抬头望天云破月，低头看院花弄影。耳边蟋蟀清脆声，一夜无眠到天明。

“七月在野，八月在宇，九月在户，十月蟋蟀入我床下。”蟋蟀鸣秋，为旷莽的世间增添了声情并茂的亮色。这等少有的音乐家，把乡野之秋装扮成了一个富有灵感的季节。

尽管时令已是秋季，但酷暑却远没有退去。夜半睡不着觉，我就起身出屋，半躺在藤椅上，仰望天际看星月，任凭丝丝凉风沁入肌理，耳边的声音依然是“花丛月下总吱吱，正是秋声欢唱时”。

雁阵 / 常书侦

“八月雁门开，雁儿脚下带霜来。”每年的白露至秋分前后，对气候敏感的大雁就准备向南飞迁过冬了。

“秋天来了，天气凉了，一群大雁往南飞，一会儿排成个人字，一会儿排成个一字……”

曾经出现在小学一年级语文课本里的这段文字，相信很多人到老都不会忘记。正是有了这段简洁形象的文字，让我儿时的脑海里有了对大雁的初步印象，以至于看到天空里“嘎啦嘎啦”鸣叫的雁阵，不但感到格外亲切，还会生发出几分激动。

“秋分落叶鸟先知，北雁南飞意迟迟。”此时，忙碌的农家不论在干什么，只要听到天上的雁鸣声，都会止住脚步，停下手头的营生，仰头观看不断变换的雁阵。一直到把雁阵送出视野之外，这才恋恋不舍地收回目光，拾起手头的营生。

小时候，我和小伙伴这会儿正躲在河边的草丛里，耐心等待飞累的大雁落在芦苇滩休息过夜。不过大多数时候，雁阵都会从我们的头顶缓缓飞过——作为鸟类中的正规军，它们排列的队形可以用井然有序来形容。

每当看到一年没见的大雁，小伙伴们就会兴高采烈地跳起来，把手罩在嘴边扯着嗓子齐声喊：“我下命令大雁听，排成人字行不行？我下命令大雁听，排成一字行不行？”大雁好像听懂了我们的喊话，不停地变换着列序。这下我们更得意了，拖着腔调一遍又一遍地喊，直到雁阵消失在天际，耳边响起母亲唤我回家吃饭的声音。

故乡的芦苇滩边有一个黄土堆，乡亲们叫它“雁儿坟”，里面埋的是大雁。听老人讲，每当白露、秋分时节，大雁忙着南飞，它们中的老者病者实在飞不动了，就落在芦苇滩上，寻找生命的最后归宿，好心的村民把它们埋葬在这里。

记得有一年秋天，一只受伤的大雁在飞过我们村上空时突然跌落下来。村里辈分最大的八爷来了，看了看说：“它的伤不算重，能养好。”于是便抱回家，悉心给大雁疗伤。等大雁伤好了，雪花也落了下来。大雁走不了，八爷就把它当作自家的鸡鸭一样养着，第二年开春后才送到芦苇滩放飞。

两年前种麦时，我回到故乡。走在机耕路上，听到久违的雁鸣，急忙抬起头，只见一群排成“一”字形的大雁正扇动翅膀、伸长脖颈向南奋力飞着。因为有了雁阵的衬托，天空显得愈加高阔、明净；因为增添了大雁的鸣叫，大野显得愈加空旷、博大。

那一刻，飞临我头顶的悬天雁阵，仿佛一行铁石打磨出的千古绝句；而每一声雁鸣，则是一滴滋润心田的清纯甘泉。

我现在居住在一座小城，平日里很难觅到大雁的踪影，或许是那些高楼大厦阻挡了我观察大雁的视线，也可能是忙忙碌碌的生活令我时常无暇顾及大雁的存在。

总之，那昔日秋凉时节从故乡天空划过的雁阵，此刻成为我内心中即熟悉又遥远的记忆。

牛伙计 / 张凤波

正要出门，就听到门外传来声若洪钟的召唤：“小坡，出来陪六爷赶庙会！”

六爷仍旧穿一身黑色棉衣，头上系着一条说白不白说黑不黑的毛巾，嘴里叼着一根长长的旱烟袋。自然，六爷依然牵着他的伙计——那只老态龙钟名叫大黄的老牛。大黄跟了六爷十年还是二十年，我说不清楚，但可以肯定，大黄绝对是一头忠诚的老牛。

我说，赶庙会咋还带牛？六爷说，咋了，大黄就不能赶庙会了？大黄可是我的老伙计。

大黄身上的毛发光滑整洁，想必是六爷捯饬了一番。大黄服服帖帖地跟在六爷身后，除了鼻孔时不时哧地冒出两股热气，走路非常轻稳，没有招人厌的地方。

据我了解，现在全村只有六爷一人养牛。大黄走在赶庙会的人群里，招来一片侧目，小孩一边追一边拿着小木棍戳大黄的皮肤。大黄痒了就甩甩尾巴，也不恼怒。六爷很享受这种被人羡慕的感觉，围着庙堂足足转了三圈才离开。

下午，六爷要去耕地。我在家闲着没事，就坐上牛车跟着去了地里。

六爷大概有五亩地，周围村民早就实现了机械化耕种，可六爷这朵“奇葩”还在用最传统的老牛耕地。六爷家的地有四亩已经种了冬小麦，只有一亩地需要耕犁，以备开春种菜。

六爷从牛车上把耕地的犁和套取下来，整理好套在大黄的脖子上，连上犁把，鞭子在空中打了一个响，大黄的脖子向前一伸，迈起稳健的步伐开始劳作了。

犁地到底是费劲，大黄每迈一步，都要伸一下脖子，吐一口粗气。六爷在后边扶着犁把，虽然手里扬着鞭子，但一直不肯落下，满眼的怜悯。

犁了二分地，六爷停了下来，赶紧让我从牛车上拿下一个粮食袋，从里面掏出一把玉米粒喂给大黄。

我说，现在别人都用机械耕种了，咱咋还用牛啊？六爷说，咱养牛有牛粪，用牛耕地不污染环境，种出的粮食好吃；他们用机器耕，又上化肥又洒药，不仅污染空气，还破坏土地营养，粮食产量上去了，口感却下来了。

真没想到，大字不识一个的六爷居然还是一位保护环境的热心人。相比之下，我感到自惭形秽。

六爷说，咱家的粮食收的不多，但颗颗环保，粒粒健康，绝对是绿色食品。六爷七十多岁，从来没生过一次病，想必就是得益于食用自己用牛耕种产出的绿色食品吧。

六爷指着大黄说，现在我的老伙计也注意养生了，别人地边上的草一口也不吃，只吃咱自家地里没打过药的草。所以啊，咱家地里的杂草、秸秆一棵也舍不得扔，全得给老伙计备着。

看得出来，大黄早已成为六爷的家人了。一亩地，六爷让大黄歇了五次，喂了五次，饮了三次水。大黄也很感谢六爷的呵护，干活的时候步伐稳健，用力均匀；休息的时候则用鼻子蹭蹭六爷，讨讨好，撒撒娇。六爷也时不时地顺顺大黄的颈毛，与老伙计进行着无声的心灵交流。

六爷地里用的是有机肥，长了杂草就用手一棵棵拨掉。六爷地里的庄稼虽然没有周围的庄稼长得高、结得多，但六爷的庄稼棵棵黝黑健壮、精神抖擞，傲立在天地之间。

耕完地，套上牛车，我在回家的路上思索着：由于六爷对环境的坚守，保住了村里最后一块原始绿地。在收获的季节，六爷收获的不仅仅是绿色的粮食，更是土地对坚守者健康的馈赠。

记趣

打猪草 / 陈健

老家在豫南淮河岸边，小时候家家养猪，正所谓“穷不丢猪，富不离书”。在那个普遍贫穷的年代，用每天的洗碗刷锅水添加一瓢米糠或麸皮，喂上一两头猪，临到年关就是一家老小的指望。“杀上一头猪，年货全办完”，因此，老家人将喂猪视为“攒钱”。

那时一般人家建不起猪圈，聪明的乡邻便选择一片平坦的场地，用铁锤、斧子之类的钝器楔入一个结实的木桩，再到街上的铁匠铺打制一条铁链子，把猪牢牢拴住——铁链一头的铁圈套在木桩上，这样铁链所及就成了猪的活动中心。每顿刷锅洗碗的稀汤寡水，再加上一瓢米糠、麸皮之类，拉上两泡尿一泡屎猪就肚子瘪瘪了。而寻找食物又是动物最原始的本能，于是猪就在它的活动领地用长鼻子拼命地拱过来拱过去，希望找到聊以填肚子的食物，结果却收获寥寥。每次等不到主人做饭，猪就“哼哼唧唧”地叫开了，那声音既是对铁链禁锢的抗议，更是对饥肠辘辘的诉说。

因为猪，我们这些垂髫小民也有了新任务，那就是打猪草。每天放学回到家，只要不是严寒或酷暑天，家里的长辈就会吩咐我们出去。到底是一提篮、两箩筐还是更多，主要根据孩子年龄的大小或喂猪头数的多少来分配。任务分定后，长辈们还不忘嘱咐，一定要打猪喜欢吃的草。诸如“猪殃殃”“牛舌棵”“窝窝菜”“驴尾巴蒿”“马齿苋”等适合喂猪的野草，野地里多得是，找起来毫不费劲。有些浅塘里生长的“鱼腥草”和“菱角秧”，以及池塘水面上生长的浮萍，也是猪比较喜欢进食的。有了我们提供的这些“野味”，猪儿们的嘴巴吃得“呤嗒呤嗒”响，尾巴还不停地摇摆着，仿佛在向我们表示感谢。

小孩子天性爱玩。有的小伙伴因为贪玩，敷衍打猪草的任务，把长辈交代的话当成耳旁风，结果回到家里免不了一顿教训。记得有个叫“群山”的小伙伴，为了快点完成任务，就把“猫儿眼”“水蒿”这些“苦得闹舌根”的东西挖回去喂猪。猪哪里有那么傻，于是通过拒食来“抗议”，结果惹恼了他爹，把小屁股打得又红又肿，也算是让他长了记性。

打猪草，让我们这些懵懂的孩童对穷困的家庭作出了一份贡献。猪儿们吃了我们采回的“野味”，不仅增长了体重，也减少了米糠、麸皮之类的投入。那时一头猪喂一年也就长到两百来斤，快的也长不到三百斤，可那绝对是绿色食品。年关宰杀那天，煮上一块“猪下碎”（难卖的肉），再加些猪血、豆腐，也算是对家人一年辛苦的犒劳。一家熬猪肉，整个村庄似乎都飘荡着香味。

转眼间，几十年过去了，儿时与小伙伴们打猪草的情景至今仍历历在目，猪吃草时那种悠然自得的享受模样也时常浮现在眼前。每每想起儿时的猪肉香，我甚至会不由自主地流下口水。如今的我，怎么也找不回那种感觉和味道，难道是随着生活水平不断提高，大鱼大肉成为日常，我们的味蕾也麻木了吗?

拾粪 / 庄电一

“庄稼一枝花，全靠肥当家”，因此，人畜粪便都被庄稼人视作种田的宝贝。过去，背着粪筐到处拾粪，是东北农村各家各户必不可少的农活。我很小的时候就学会了拾粪，而寒暑假更是拾粪的好时机。

同样是粪便，肥力却不同。鸡、猪、狗等家养动物吃粮和肉，粪便肥力大，更受农民青睐；而牛、马、驴等食草动物的粪便里都是草屑，肥力有限，人们捡拾的劲头就不大。受生产条件限制，农民种地都精打细算，所谓“肥水不流外人田”。人的粪尿很金贵，村里人都尽可能地把它留在自家里，而鸡、猪、狗也都圈起来养，所以这些粪便在野地里不易拾到，拾粪还是以马、牛等大牲畜的粪便为主。

那时，不仅各家各户要拾粪，学校也号召学生拾粪。如此，一些比较娇气的女生也要背起粪筐，拿起粪叉。少时的我拾粪主要有三种途径：

一是到野地里漫无边际地寻找，见到什么就拾什么。如果运气好，不但能拾到人粪、狗粪，有时还能拾到狼粪。不过，这样拾粪，收获往往难以保证，有时走了很远还拾不满一筐。

二是跟着牛群拾粪。生产队里养了上百头牛，却只在逢年过节时杀一两头分给各家各户，其余的牛年复一年地养着，目的就是积肥。牛圈里的牛粪是集体农田的主要肥源，谁也不能动，但野外放牧时的牛粪，谁都可以拾。几个半大小子跟着牛群，不错眼珠地盯着牛屁股，看到哪头牛撅起了尾巴，就立刻飞奔而去，谁先到就算谁的，晚到几秒钟就只能眼巴巴地干看着了。一泡牛粪，像一个硕大的花卷，拾到六七个就能装满一筐，然后心满意足地回家了。

第三种则是跟在马车后面拾粪。村北不远处有一座石山，天还未亮，方圆百里来拉石头的马车就会一辆接一辆地穿村而过。这些刚刚吃饱喝足的马，上路不久就开始排泄，所以村里跟着马车拾粪的人特别多。我每天摸黑起床，上学之前先到马路上拾粪，待拾满一筐再去学校——有时拾得顺手，还能拾满两筐。记得那时，我右肩背着粪筐，左手拿着粪叉，无需回头就能将拾到的马粪熟练地投到筐里。严冬季节，刚刚排出的马粪尚松软，一落地就被车轱辘压成了薄饼，很快冻成硬盖紧紧地粘在路面上，如果不细看还发现不了拾不上。此时，只需把粪叉对准地上的马粪，用左脚对着粪叉轻轻一踢，就能将粪饼撬起来拾入筐中。有时，我背着大半筐马粪跟在马车后，趁车老板不注意，悄悄地把粪筐放在马车后面“借把力”，甚至连人带筐都坐上去休息一会儿。赶上坐在前面的车老板是个好心人，虽然感觉马车多了重量，却也不声不响，任你坐下去。

儿时拾粪虽累，但那份拾粪的热情却一直不减。想来，那是农民对土地这一珍贵生产资源的格外珍惜吧，所以才会精心侍弄，卖力积攒、使用农家肥，以此寄托对生产与丰收的美好憧憬。

如今，离开东北农村已有四五十年了，不知那里是否还有人像我当年那样拾粪，那样重视农家肥？有时，真想再背起粪筐，跟着牛群拾一次粪，重温那份儿时的记忆。

耕猪 / 刘贤春

天刚放亮，挑起竹子编就的粪筐进入“耕猪”岗位，是儿时每天重复的一项农事。

与耕种、耕田有相同之意，“耕猪”即“跟猪”，将猪放入岗野，随其后看着不让乱跑，免得吃了队里的瓜果麦菜或损害庄稼；“耕猪”是“放养”，让猪吃上大自然生长的丰盛饲草，尽情地沐浴阳光，呼吸清新空气，即当下所说的“生态饲养”；“耕猪”也是“运动长膘”，让猪奔跑肆耍，增加食欲，并及时拾起排泄的粪便，既避免环境污染又积得庄稼肥料。因此，“耕猪”大有学问。

早早醒来的猪，经一夜的力量积蓄，浑身散发着兴奋，两眼放光，又蹦又跳，嗷嗷叫着，急不可耐地等待主人开圈放笼。

大人是要下田干活挣工分的，“耕猪”便成了孩子的专利。孩子对“耕猪”活计十分娴熟，开栏放猪，提筐拾粪，随猪而行，时至入圈。

一天当中，“耕猪”被分配在早晨、中午、傍晚三个时段。早晨“耕”于猪饿肚，中午、傍晚则“耕”于猪喂饱之后。

饱饿之“耕”很有讲究：早晨“耕”于饿，是让猪充分呼吸新鲜空气，把一夜酣睡的脏气排泻掉，并吃进含露的新鲜食草以增强营养；中午、傍晚“耕”于饱，是不让猪吃饱就酣睡，通过野外活动将吃就的米糠等粗饲料充分消化，促进长膘。

“耕猪”难在晨。打开猪栏，猪箭一般蹿向远方，一眨眼就不见了踪影。紧随其后的小主人一边穷追不舍，一边满嘴“啊唠唠，啊唠唠”地唤着，斜挂在肩头的粪筐不时跸着脚下的行动，待追上猪时已累得气喘嘘嘘。

饱猪好“耕”。猪温顺地随着小主人或前或后，迈着悠闲的步伐，尽听召唤，摇头晃脑，不时用拱嘴讨好地舔舔小主人的衣角。

没有规模化养猪场以前，猪都是农户散养，饲养期较长，一般一年一户最多养出一头猪来。相处时间长了，猪与人感情渐深，猪时常围着主人转，人则无猪不乐。

猪很懂人性，有时即便跑得不见踪影，只要主人“啊唠唠”一声召唤，便立即跑到主人面前。

主人们盼着猪长肥，却又害怕猪过快地肥壮。最纠结的是到了春节，按照习俗要杀猪宰羊进行庆祝。

看着日日相伴的猪就要成为盘中餐，实在于心不忍；而猪也似乎感觉命运的不妙，泪眼汪汪，直勾勾而又无奈地望着主人。

杀猪那天，主人不亲自动手，而是请人捉刀。动刀前，主人会在香炉里栽上一炷香，嘴里念念有词：“猪儿猪儿你不怪，你是东家一口菜，今年早早去，明年早早来”，然后躲到了一边。

“耕猪”的小主人更是不愿直面，早早就伤心地躲远，只待听到几声“嗷嗷”的惨叫，才怀着五味杂陈的实落心情回来……

伴随着现代生活的铿锵脚步，“耕猪”一词早已淡出人们的“字典”，永远定格在渐行渐远的乡村记忆里。

捉泥鳅 / 李剑坤

水是生命之源，土是生命之根，泥鳅是这水土根源的精灵。

水田里的泥鳅有老成持重的胡须、小小的眼睛，却拥有格外玲珑润滑的身子，行踪隐秘，生性胆小。

它在水田里挤、钻、拱，像蚯蚓一样，拱松了稻田，也拱出了自己生活的家园，它在自己的巢穴边拱出一些黑黑的肥土堆，在水里变成淤泥。经过优胜劣汰的进化，它也懂得注意细节，总是尽量把排泄物和拱出的泥巴搬远一些，但还是躲不过捉泥鳅人的法眼。

农闲的时候需要等待水稻静静生长，而这时恰好可以捉泥鳅。于是，人们头上戴一个斗笠，腰间别一个竹篓，草鞋脱在田坎上，赤脚踩进水田里，开始寻觅泥鳅的踪迹。

过去乡下人说一个人不实在，就说他滑得跟泥鳅一样，可见捉泥鳅是一件技术含量很高的活儿。但是对于中国农民千百年的智慧来说，这算不得一个难题。

记得小孩子满周岁的时候，大人会准备一把米给他玩。小朋友用手一抓，会发现这其实是在“用大炮打蚊子”，根本抓不起来，于是慢慢学会用食指和拇指去捏。

经过如此技巧训练的小孩子长大后，捉泥鳅也一定厉害。发现一个泥鳅的藏身之地后，他们用中指沿着泥鳅洞慢慢地掏摸，把泥鳅堵在里面。

当一只手快要伸没到肘关节时，必然到了泥鳅的洞府，甚至可以感觉到泥鳅在里面跳；另一只手悄悄从泥巴中摸进去，连同泥巴一起把泥鳅捧

出来，而且不会惊吓到它。剩下的，就是顺着竹篓边，让这个圆滑的家伙自己溜进篓子里去。

技术差一些的也可以在秋季挖泥鳅。收割之后的稻田留下一些齐整的草茬，尽管表面没有水了，但在富含水分的泥巴里面，挖个一尺深的洞依然会渗出水来。

泥鳅在这柔软潮湿的环境里，早已经打好洞储好粮准备过冬了。他们的洞府必然有一个出口，连接到某个角落的枯草，以便可以时不时地出来透透气。找到这样的洞口，用锄头一直挖下去，就可以挖到肥肥的泥鳅。

在泥鳅的生命进行曲中，还会遭遇一场悲壮的“洗劫”，那发生在来年初春，当耕牛拉着铁犁把稻田深处的泥土翻起时。为了让翻开的土壤蓬松从而储存更多的空气，犁田的时候水田里不能有太多水，要过段时间再放水进去——如此一来，打洞不够深的泥鳅便纷纷暴露出来。

这时，很多鸟儿低空盘旋在铁犁的周边，一些大胆的白鹭干脆直接尾随铁犁翻起的泥土，与提着竹篓捡泥鳅的小孩子抢食，构成了一幅生动的乡村嬉戏图。

水田是中国农业文明的本源，泥鳅则是水稻田的常客，是千百年来独特的水稻文明孕育滋养的一种小生灵。

生于土，长于水，归于田。让我们在水田里再次觅到泥鳅的踪影，再跟它来一场捉迷藏的游戏。

摸鱼儿 / 刘琪瑞

故乡是鲁南粮仓，河渠多汪塘多，水资源极为丰富。河多塘多，野鱼小虾儿就多，什么鲫鱼、鲤鱼、花鲢、白鲢、胡子鲶，什么麦穗、窜条、沙趴、虱子皮，什么蜷虾、青虾、龙虾、大麻虾，多得数也数不过来。

俗话说“捞鱼摸虾，误了庄稼”，所以捕鱼捉虾大都是我们这些半大孩子来做。夏秋季节，鱼儿活跃，也是我们捉鱼的黄金期。

最简单的，是用小抬网抬鱼。这种网轻巧别致，四角用紫穗藤条穿成弓状，中心用铁丝扣死，系上一根长长的青竹竿，网中间放上小鱼小虾爱吃的饵料。

将小抬网没入清浅的小河小沟里，不大一会儿，轻轻抬起，让鱼网慢慢露出水面，就能看见里面活蹦乱跳的的小鱼小虾，引得孩子们忍不住地欢呼雀跃。

那时我们常做的，还有光着小脚丫，拿着一根车辐条弯成的鱼钩钓黄鳝。待田里绿意盎然的水稻长到齐腰深时，刁滑的黄鳝也长得肥嘟嘟的了。

黄鳝喜欢在水渠田垄间打洞，巢穴圆圆的漾着一汪碧水，用手一试温润可人，则十有八九是黄鳝的洞穴。如果洞口呈不规则状，水色浑黄且水温清冷，则多半是水蛇的洞穴，需要避而远之。

把铁钩子的尖儿穿上条长蚯蚓，边伸进洞穴边轻轻逗引，黄鳝嗅到了腥香味儿，先是试探性地伸出头来，见没有什么危险，于是飞快咬住了钩，这时要眼疾手快，猛地一拉，只听得“嗞啦”一声，滑腻腻闪着红褐色光泽的大黄鳝就被生生拽了出来。

最有趣的，还是摸鱼儿。摸鱼主要有两种方式：

一种是深水摸鱼，一般在桥洞或者崖畔下的水草、泥洞里，边摸边往前赶，碰到滑腻腻的泼喇喇一动，两手用力钳住，往岸上一甩，就成功了。

第二种是浑水摸鱼，这要费点时间，不过每每收获颇丰。先选择一处僻静的小河汊子，截流其中一段，用脸盆或水桶把沟渠里的水泼得半干，再一遍遍地趟水，待水质浑浊，有鱼儿浮出头来，就开始摸了，有乌青青的鲫鱼、黏滑滑的鲶鱼，还有咕咕叫的嘎鱼……

嘎鱼学名叫黄颡鱼，有两根毒刺，一不小心被扎了，龇牙咧嘴疼半天，要用童子尿呲一呲才能消肿止痛。最怕摸到水蛇，刚摸到滑滑的以为是黄鳝，感觉冰凉凉时，才知道大事不好，惊得咋呼一声，立马甩掉窜上岸来……

还可以到犁铧翻过的稻田里挖鱼捡鱼。深秋时节，收割后的稻田精光敞亮，庄户人家将湿润的稻田翻耕之后，那些养得粗短肥硕的黄泥鳅便显现出来。

我们背着小鱼篓，带着小铲子、小抄网，在新翻过的潮湿稻田寻寻觅觅，发现那些噼里啪啦乱跳的黑泥鳅黄泥鳅，用网一抄，向鱼篓里一丢，用不了多久就能捡拾满满一篓。

那时，庄户人家一般不吃泥鳅，多是喂了鸡鸭，生出圆亮的蛋，不论是炒菜还是腌制，蛋黄都是黄莹莹的，入口喷喷香。

记不得何时起，白马河、浪清河被污染了，变得污浊不堪，一度成了臭气熏天的黑水河，别说小鱼小虾没了踪影，就连夏日里孩子们也不敢跳进去畅游嬉戏了。

那些清凌凌、亮旺旺的池塘有的也干涸了，甚至成了垃圾塘，一池臭水令人掩鼻，最后被村人填埋垫平，成了菜园地。与河塘一起消失的，还有那有节奏的棒槌捶衣声和哗啦啦的洗菜淘米声。

令人欣慰的是，近年来，通过实施“碧水蓝天”综合整治工程，家乡的水污染状况得到了有效治理，原来像蓬头垢面的灰姑娘的白马河、浪清河，洗尽铅华后恢复了天生丽质的容颜。

结合农村生态文明建设，家乡的汪塘、河坝也得以清淤扩容、生态护坡、水质净化、绿化美化，相信用不了多久，家乡的小河小溪、池塘沟渠里又会有鱼虾鳖蟹游弋其间。

夏日瓜阴 / 黄渺新

农家庭院里，家家户户都喜欢栽一两棵丝瓜。若没有这生机勃勃的点缀，农家院落总好像缺点什么，少了值得回味的情致。

到了夏日，丝瓜藤蔓缠缠绕绕地爬上草绳，茎叶葳蕤，为小小庭院增添了盎然绿意和勃勃生机。烈日当空，地上瓜阴斑驳，浓淡间洒落片片凉意。

正午时分，直射的阳光灼热如火，炙烤着丝瓜叶子。院子里，微风轻轻地拂过，丝瓜尽情绽放着金色花朵，默默吐出丝丝缕缕的芬芳。

鸡们怕热，纷纷钻进瓜架下避暑，缠缠绕绕的瓜蔓和密密匝匝的瓜叶为它们遮出一片惬意的阴凉，何不张开翅膀趴在地上，闭起眼睛舒服地打个盹呢？

蜻蜓不但不怕热，反而很享受正午的阳光。红蜻蜓与绿蜻蜓在院子上空飞来飞去，那些漂移不定的影子与一动不动的瓜阴在地上重叠一起——它们正以不知疲倦的飞行，表达着对夏日正午阳光的依恋。

落日渐渐西坠，瓜阴斜斜地印在院子的泥地上，斑驳的影子被偏斜的日光越拉越长。起风了，瓜叶随风摇曳，瓜阴也随风漾动。待那轮红通通的夕阳落向苍茫的群山背后，地上的瓜阴也随之消失了，仿佛被晚风轻轻地拾起，收藏在四处弥漫的夜色里。

夏日的夜晚，一家老小晚饭后喜欢在院子里乘凉。大人们坐在竹椅上，低声地叙谈，轻轻地挥舞着蒲扇。

孩子们静静地依偎在大人的怀里，或者满怀憧憬地遥望着天上的星星和月亮，或者出神地盯着夜幕下飞舞的点点萤火。宁静的庭院，层层叠叠的瓜阴，暗影里虫声繁密如雨。

仿佛落了几点雨，凉凉的水滴落在脸上，清凉极了。可是看天，葳蕤的瓜叶上方，悬挂着一轮皎洁的圆月。

夜露落下来了。站起身，凑近去看，瓜叶的尖上静静地缀着亮闪闪的露滴，在月色的映衬下晶莹剔透。

屋里屋外，没有点灯。无灯无火的夜晚最是静谧动人。

夜渐渐深了，瓜阴凝然不动，犹如地上铺展开的水墨画。暗影里，虫声渐稀，万物进入梦乡。狗卧于屋角，蜷曲成一团毛物，睡着了。鸡栖于木架，时而低声梦呓，仿佛做了一个香甜的梦。

睡梦中，那层层叠叠的瓜蔓正在悄然生长，透着生机，带着希望……

大田瓜事 / 常书侦

炎炎盛夏，每逢用西瓜消暑，便不由得想起老家的瓜园和儿时看瓜的情景，于是，亲情、乡情打着滚儿地从心底咕嘟咕嘟往外冒。

爹是村子里种西瓜的老把式。种瓜时，娘刨坑，爹用辘轳从井里打水往坑里浇，俺跟在后面点瓜籽儿连带着填坑。

到了该看瓜的时候，就在地头或瓜田的井台旁边搭个瓜棚住人看守。搭建瓜棚时，先将地面平整好，然后按照要建瓜棚的大小在四个角挖坑，把四根碗口粗的木桩子斜着“栽”进去砸实，使之成为两个“人”字形，再在上面固定一道梁、搭上苇席，一座瓜棚就像模像样了。

白天一般是娘看瓜，晚上则换成爹。爹娘都没有工夫的时候，俺便替补一下。看瓜的同时也卖瓜，就是把长熟的西瓜摘下来放在地头，有小贩来贩瓜就卖给他们，省得再赶集上庙或串村子吆喝。

爹是个爽快人，有瓜贩子来了，从不和他们在秤头上论高低，结算时也是相当痛快，零零巴巴的钱就不要了。他常说：“日子是给天下人过的，咱过得稍微滋润时，就不和比咱条件差的人计较了。”

娘和爹的脾气不太一样，从来都是一是一、二是二，既不少给也不多给。但遇到过路人口渴时，她又会大方地切开一个西瓜让人家白吃。按娘的话说，“买卖是买卖，人情是人情。”

俺家的瓜棚搭建在井台旁。井台上长着一棵槐树，守着井水和槐荫，夏日里很凉快。娘常常一边看瓜，一边坐在槐荫下做针线活儿。娘还在瓜棚边养了几只毛茸茸的鸭子，于是，一片瓜地、一架辘轳、一座瓜棚、一群四处乱跑的小鸭子，再加上男人浇园、女人侍弄瓜秧的身影，所有这一切组成一幅田园诗般的画面，深深印刻在俺的童年记忆里。

记得一个黄昏，爹因身体不适安排俺去看瓜。早早吃过晚饭后，俺便拿着两本小人书奔去了瓜园。起初还能努力地瞪着眼睛看小人书，等夜幕越来越重、看不清书上的字了，俺干脆就坐在瓜棚口抬头望着天上银钉子一般闪烁的星星和那道灿烂的银河。

月亮上来了，天地间一片朦胧，只听见脚下虫鸣唧唧，池塘边蛙声呱呱，还有不远处河堤上的杨树叶在夜风中哗啦啦地响……多么美丽的夜色啊！突然，不远处的瓜秧下传来窸窸窣窣的响动，悄悄摸过去后才发现，原来是一只小刺猬正在偷瓜吃。弯下腰正要逮住它时，娘抱着一条薄被子来了，她怕夜深露重俺会受风着凉。“可不敢糟害它，就让它吃吧。既然住到瓜园里，就是咱家的客。”娘叮嘱道。

日子过得飞快，一眨眼几十年过去了，但不论何时忆起老家的大田瓜事，心头都会涌上一阵暖意，正是“一座瓜棚月伴星，田园处处好风景。种瓜得瓜农家乐，不负热土万担情。”

儿时雁阵 / 刘琪瑞

我又梦见了雁阵，壮美的雁阵。

天好蓝好高，一队队大雁从广袤的麦野上空掠过，“嘎——嘎——嘎——”清脆悦耳的雁鸣久久回响在耳畔。

在它们有力的翅膀的扇动之下，天空和大地仿佛都在旋转着，升腾着。童年的我和小伙伴们站在故乡青青的麦野上，欢呼着，跳跃着，一首首熟稔的童谣从记忆深处清晰地响起：“大雁大雁向南飞 / 排成行、列成阵 / 过了高山过大河 / 不离群儿不掉队……”

小时候，在深秋或是初冬，大雁排空长鸣的景象很寻常。在白马河滩上，在平展展的麦田中，在柳树林里，经常看到一队队大雁在高远的天空自由地飞翔。有时去野外捡雁粪，那一颗颗长圆形的雁粪，像蚕宝宝，像长卵石，轻滑干净，捡回来当柴烧火，既易燃又耐烧。在麦田里、在芦苇荡深处，还能捡到美丽的雁翎，闪着五彩的光影，用它做笔、扎毽子，可漂亮了。

天气好的时候，常常看见三三两两的大雁在田埂上、小河边觅食或小憩，长长的脖子、红红的脚蹼，羽毛呈现出淡淡的紫红色，走起路来大摇大摆、从容不迫。在我和小伙伴们恶作剧般的惊吓、赶撵下，它们并不立即飞走，而是“嘎、嘎、嘎”地同我们亲切地打几声招呼，然后才振翅高飞，仿佛在说：“孩子们，快来呀，和我们一起飞吧！”望着渐渐远去的雁阵，我羡慕不已：“如果能做一只美丽的大雁该有多好啊！那样就可以自由自在地飞翔了！”

最有趣的，当属站在故乡那面土坡上，仰望雁阵排空的景象了。一队队的大雁鸣叫着从头顶飞过，乡下孩子们欢呼雀跃着指指点点数数儿，然后齐伙儿喊：“三只雁、五只雁，排出个‘一’字给俺看！”果然，那些雁儿就排出了个“一”字来。

大家又齐伙儿喊：“六只雁、八只雁，排出个‘人’字给俺看！”那些雁儿好像听懂了我们的话，真的排出了个“人”字形。我们高兴地扎煞着小手，接着喊：“雁儿、雁儿，冷不冷、暖不暖？飞、飞、飞，你的家远不远？”那些雁儿“嘎——嘎——”地鸣叫着，仿佛在应答哩。

有时，我们发现有孤雁踽踽独飞，觉得心下不安，也会喊上几句：“雁儿、雁儿，掉了队、失了伴，害怕不害怕、孤单不孤单？”那只孤雁回应的叫声凄清而哀婉——在这寥廓的霜天和寂苦的旅程，何处是它的落脚点和温暖的家园呢？在我们悲悯而关切的注视下，那只孤雁渐飞渐远，最终幻化为天边的一个小黑点儿……

而今，即使在乡下，也很难觅到大雁的踪影，更不用说壮美的雁阵了。还记得小学语文课文里写道：“天气凉了，树叶黄了……一群大雁往南飞，一会儿排成个人字，一会儿排成个一字……”我那从未见过大雁的孙儿，无论如何也想象不出雁阵排空的景象，任凭我一遍又一遍地描绘。

如今，在梦中，一队队活泼灵秀的大雁飞越故乡的山岗、河湾以及那一望无垠的麦野，飞越童年澄澈高远的天空，一声声清脆悦耳的雁鸣又响起，一首首清亮亮、脆生生的童谣还在传唱：“雁儿、雁儿／给你根针、给你条线／穿出个人字俺看看……”

醒来时，却发现自己早已泪眼迷蒙。

蝉声悠远 / 石广田

麦子开镰的时候，地头的泡桐树上，断断续续地传出一阵羞怯的蝉鸣，仿佛大型音乐会开始前小提琴手在调试音准，叽叽吱吱后很快又平静下来。

夜里一场雨过后，第二天上午太阳刚刚喷发出热气，村里村外的树上就热闹起来，蝉声似急雨般铺天盖地涌来，让人无法适应，心头不免一阵惊慌。

小孩子们聚在一起，嘁嘁喳喳地述说着共同的遗憾：昨晚睡得太早，错过了捉“罗锅”的大好机会，这个晚上可不能再错过了。“罗锅”是人们对幼蝉的一个称呼，除了这个称呼，还有“爬叉”“树猴”等。

太阳落山还要很久，这煎熬实在难以忍受，小伙伴们就商量着如何去捉树上的鸣蝉。弓箭、马尾、面筋、塑料袋……各式各样的“武器”被安装在长长的竹竿上，屏声静气走到树下，仰起头在枝叶间寻找各自的目标。

“意欲捕鸣蝉，忽然闭口立。”小伙伴们捉蝉的情景，与袁枚诗中的描述似乎一模一样。受了惊扰的蝉“吱”地高叫一声，从枝叶间飞逃出去，寻找新的落脚点。

人一累，蝉声就又恢复到原来的嘈杂。太阳缓缓地落到西天的地平线下，趁着余晖，我们选定一棵蝉声最响的大树，抱来一大堆新碾的麦秸放到树下。

匆忙吃过晚饭，我们就迫不及待地跑出家门，去路边的树下寻找“罗锅”。出窝的“罗锅”有的才刚爬上树，有的早已爬得老高。不过，对于擅长爬树的我们，要捉住它们并非难事。

捉完“罗锅”，小伙伴们开始聚集到放麦秸的大树下，分头行动：有人点火，有人爬到树上摇晃，更多的人则围住火堆，等待树上的蝉飞下来捡拾。

除了火堆的亮光，四周都黑黢黢的，从枝头鸣叫着飞起的蝉找不到方向，只好像飞蛾一样纷纷投向火堆……此刻，蝉鸣声、惊呼声、欢笑声交织在一起，许久不曾散去。

所有的捕蝉方式玩过一遍后，即使它叫得再响亮，也激不起我们的一点儿兴趣。天气越来越热的夜晚，我们喜欢铺块草席睡在大树下。月亮升起来了，蝉声也跟着响起来，只是没有白天那么热烈。

此时，在寂静的深夜里，蝉声又变成催眠的曲子，哄着我们安然进入梦乡。有人说，辛弃疾的“明月别枝惊鹊，清风半夜鸣蝉”写的不对，蝉在夜晚是不鸣叫的。打小的经历告诉我，那个人对蝉的认知还是浅薄了些。

立秋以后，天气转凉，蝉声也一天天稀疏下来。寂寥的秋蝉声听起来苍白无力，年少的我们并不喜欢。后来读到一些古诗词，如“居高声自远，非是藉秋风”“世间最有蝉堪恨，送尽行人更送秋”“寒蝉凄切，对长亭晚，骤雨初歇”……只是在那时的我们看来，蝉声远没有描写的那么悲凉。

岁月荏苒，离开乡村搬到城市多年，如今已人到中年。夏日的白天和黑夜里，极少听到蝉鸣了。那悠远的蝉声啊，如今变成了一曲思乡的歌……

一声柳笛十分春 / 梁永刚

阳春三四月，柳枝刚长出嫩叶时，是制作柳笛的最佳时间。

太早了，柳枝皮不离骨，用再大的劲儿也拧不下来；太晚了，柳枝上布满柳芽，皮也逐渐失去韧性，拧下来后长有柳芽的地方会出现小洞，做出来的柳笛漏气吹不响。

把柳枝里面的白条抽出来，留下管状的柳皮，是制作柳笛的关键步骤。

轻轻折下几枝柳条，选一段铅笔粗细、柔嫩光滑的部位，用小刀刻一道圆形的印痕，将其两端对齐截断后，两手分别捏住枝条两头，朝相反的方向轻轻拧动，记住要耐住性子，均匀用力、反复揉捏。

童年的记忆中，三五成群的玩伴们聚在一起拧柳笛，一边拧还一边扯着嗓子唱："柳笛柳笛你快响，给你金银一百两……"

不多时，滑动的柳皮就会慢慢与柳骨分离，用牙咬住柳条一端，轻轻拽动，缓缓抽出光滑的木芯，一截完整的绿管便留在了手中。

接下来，将柳皮管两头切齐，截成数段。一头用手捏扁成鸭嘴状，把外皮轻轻削薄或用指甲掐去外皮，只留绿莹莹的内层软皮，一支支长短不一的柳笛就做成了。

粗柳笛浑厚低沉，细柳笛清脆响亮，孩童们每次都要做上一大把，这样可以吹出不同的调调。

我出生于 20 世纪 70 年代末，在那个经济拮据的年代，农村孩子买不起玩具，更多的是就地取材自己动手做。一到春天，玩得最多的就是柳笛，毕竟柳树遍地都是，不花一分钱。

每一个柳笛都令我们爱不释手，拿一个含在嘴里，还没吹，柳树特有的清香便弥散开来。

田埂上、坑塘边、街巷里，一个个灰头土脸的农家娃口衔柳笛，鼓着腮帮子憋足了劲儿吹；有的别出心裁，把几个长短不齐的柳笛并排放在嘴里吹，不约而同地奏响了一曲柳笛“交响乐”。

那一声声清脆、悠远的柳笛，踏着春雨的节拍，合着燕子的呢喃，带着泥土的芳香，此起彼伏，相互交织，不绝于耳。

柳笛声在村庄上空回荡，在广袤原野里跳跃，唤醒了多姿多彩的春天，点亮了质朴纯净的春色，吹开了无忧无虑的童趣，勾勒出一幅清新欢快的乡村孩童戏春图。

上中学后，我对柳笛逐渐失去了兴趣。再后来，参加了工作，整日为公事私事奔忙，小小柳笛和欢乐童年更是成了记忆深处的梦。

直到有一天，偶然听到程琳的那首《柳笛》，再次勾起了我内心的深切思念：“柳枝长啊柳枝密，春风晾得柳树绿，不知你忘记没忘记，你曾为我做柳笛……”

如今，春风吹绿了枝头，柳笛声又在耳畔响起。多想回到故乡，折一枝柔软的细柳，做一支心爱的柳笛，再像儿时那样无忧无虑地吹响，让这笛声响彻小村……

三月风筝飞 / 孙培用

记事起，每年三月，哥哥都会带我去放风筝。

在东北，制作一只大风筝费时又费力，好在母亲心灵手巧。做风筝前，母亲要先把找来的竹子削成长条，宽窄、薄厚都要适中；然后烧上一大锅开水，将竹条浸泡在开水里，让竹条变软；再用最快的速度把软化的竹条做成大小合意的五星形状，以细铁丝紧紧固定住。

扎就的风筝雏形要放在阳光下将竹条中的水分晒干，这样使用起来才会更加结实。

趁着晾晒的空当，母亲开始准备中意颜色的布料了。这次，她要做一只“金鱼”，布料有黄、黑、白三种，黄色做底，黑色做眼睛，白色做鱼鳞。

先把黄色布料紧紧包裹在“金鱼”身上，结合部位用丝线缝或铁丝绑。为了不影响美观，一些关键部位用白色的小布块掩盖住——这还不够，眼圈、鱼鳞结合处等部位，还要用黑墨汁和红油漆精心描上那么几笔。

至于“金鱼”的尾巴，母亲更是别出心裁，把平时攒的七八种颜色布条缝上去。至此，一只五彩斑斓的金鱼风筝就做成了。

这只两米半长的大金鱼风筝，足足花费了母亲好几天的工夫，但在村里，它绝对是最大、最美、最时髦的。

放风筝的丝线必须是三股的尼龙绳，又细又耐用——麻绳太粗，其他线绳则不够结实。父亲从镇上买来足有 150 米长的尼龙绳，缠绕在一个可以旋转的线轴上。

找一个明媚的天儿，四五级左右的风最好不过。我们抬出金鱼风筝，大哥把线绳打成“猪蹄扣”系在风筝上。听母亲说，这样打结的“扣儿”只会越来越紧，不会因为风大而散开。

风筝飞起来时，差不多整个生产队的孩子都会跟在我们身后围观。每年放飞的风筝都不同，从庞然大物到小巧玲珑，从五颜六色到简洁素朴，从人物动物到花草物件……看着左邻右舍、街前巷后的孩子们满眼的艳羡，我和哥哥既得意又兴奋。

记得母亲还做过老鹰和蝴蝶的风筝，淘汰下来的风筝被隔壁的三哥要了去，在家中再认真地摆放上好几年。

时光一去四十年。如今，我们每天在城市的世俗里脚步匆匆，许多旧时的记忆、乡村的游戏、心底的乡俗被遗忘、抛弃在快节奏的生活中。

前几天，走在大街上，看见有人推车叫卖风筝，吸引了不少孩子扎堆挑选。那五颜六色、风格迥异的风筝挂满车子，风一吹，犹如群蝶起舞，令人心花怒放。只是，那些风筝多了艳丽、款式和花哨，却没有母亲制作的那样轻巧、精致、亲切。

面前，一个小男孩扯着妈妈的衣襟央求道：“妈妈，给我买只风筝吧！”那天真而充满渴望的眼神，分明就是我儿时的样子，我忍不住掏钱买了一只。

就让眼前的风筝和心中的风筝一起，自由自在地飞翔吧！

清明打秋千 / 段春娟

在老家，清明节有个习俗是“打秋千”。

节日临近，秋千就竖起来了。秋千有两种：一种是荡的，一种是转的。

荡的那种比较常见。两边树高杆，中间一横梁，呈门字状。绳子由横梁垂下，底部是秋千板。秋千板约二尺长，近尺宽，上有四孔，绳从孔中穿过，两端系在横梁上。这种秋千不需外人推动，手握紧绳子，腿脚配合，只需用巧劲儿，三两下就能荡起来。胆大者能荡得老高，几近与横梁齐平。

转秋千除了在老家见过，别处未曾见。深挖坑，竖一比人略高的粗木桩，上端垂直固定一根能绕木桩旋转的横木（与木桩呈 T 字形），两端各用绳子吊下一废弃轮胎，轮胎上各坐一人。

也有时是粗绳子，底部系秋千板。需两人同时坐下，第三人站在其中一人身后推，秋千便转起来，而且越转越快，推的人再抽准时机跑开。这种秋千不能荡，只能靠别人推——如果推的力气大，两边还能甩起来。坐这种秋千，得不怕发晕才行。

打秋千是集体仪式，村里男女老少都出动，将秋千围成里三圈外三圈。表演者男女皆有，多为青壮年，胆子大，力气也有，老人小孩多为围观。没几下，秋千上的人便成了空中飞人，上下荡着，很高了，秋千板、绳子、人、横梁几近同一平面。于是周围的人叫着、笑着、惊呼着、陶醉着……

那时没有电视、手机和汽车，也没有更多的娱乐方式，人们的世界似乎很小。到了节日，纯朴的乡人一定会因时随节地聚起来，释放、表达自己。正像木心所言：从前日色变得慢 / 车、马、邮件都慢 / 一生只够爱一个人……

那时时光很慢，人们都有闲心情。四五天过后，秋千便拆除了。即便如此，总有人会拿出时间和精力，结结实实地竖秋千，供节日那几天的狂欢任性。

除了为数不多的大秋千，家里有孩子的，父母多会找根长绳子，因陋就简地在两棵距离差不多的树间一系，一个简易的秋千就做好了。就尽着小孩子们玩吧，哪天玩够了，秋千兀自吊在树间，晃晃悠悠地打发那时的慢时光。

那时的生活简单而又美好，精致而又婉约。农村长大的孩子，谁的童年没在秋千上荡悠过？我是个有极度恐高症的人，却唯独不怕荡秋千，就是小时练就的本事。秋千荡起来，耳旁风声呼呼，真是过瘾！

一晃离开老家近三十个年头了。时过境迁，物是人非。清明节还在，可就是回不到从前了。村子里再没人热心去张罗秋千——即便竖起来，还有谁会去“打”呢？年轻人都去城里打工生活，各有各的忙，老人们也没有那个心情和气力了。

一个时代的离去，大概谁也没有办法。要留住传统，光靠外力恐怕不行，得先留住人心。

舌尖

吃春正当时 / 赵长春

春菜多多。

荠菜、枸杞芽、柳眉儿、花椒叶、香椿芽、榆钱儿、桐花……想吃的话，操个小心，跟着时令，下个小工夫，转眼就是一道美味儿。

柳眉儿，就是柳絮，不一定要到饭店里去吃。趁嫩，随手就是一把，再一把就足够——别多，不然就是暴敛春色。带着嫩黄的柳叶儿，淘洗干净后，控水，拌面、拌鸡蛋，放细盐、大料粉，搅拌均匀。

热锅，热油，将挂着面糊的柳眉儿旋转入锅，一圈儿又一圈儿，直至面糊发白、起细泡，即可翻转。将火调小，焙至发黄，再翻转一下，一两分钟后出锅、装盘。吃吧，那叫一个嫩香、清香、热香！趁热蘸一筷子浇了麻油的醋，那无敌的香气中就又透着一股酸爽！

枸杞芽，肥厚，嫩绿，一丛一丛的。别怕扎手，捡最嫩的头芽掐，下个细功夫，半小时就是一捧，足够做个小菜了。

吃法很简单，既可以摊枸杞鸡蛋饼，还可以焯了凉拌，经水后的枸杞更显春色的青。枸杞本补，其芽冒着春劲儿，吃了解春困，可谓“春眠可觉晓，处处闻啼鸟”，不误稍纵即逝的春光。

春日的花椒叶儿水嫩，炒菜入锅并不出味，而且往往黑不溜秋地煞了菜景。最好的吃法是炸丸子，与萝卜丝、碎粉条混拌——当然，拌肉更香。

我偏好的做法是纯色花椒叶芽儿拌面粉和鸡蛋，不用水，看起来青青黄黄、红红紫紫，很是养眼；加入细盐、姜丝儿（不是姜末）入味十几分钟后放进热锅热油，比炸丸子的火候要浅。

与炸丸子相比，煎炸出来的花椒叶儿丸子更好吃，因为花椒叶儿与姜丝儿依存共生出的焦香，那是真的香。

至于其他春菜，可凉拌，可蒸菜，可做汤，可入茶，可清炒，可摊成菜合子。春后的芫荽旺长，根粗长，记得别扔，洗净后炸丸子也好吃；或者整棵来烤，既有形有色，又有咬头、有嚼头、有吃头。

春菜好吃，甚至成为一种文化。各类本草的书中都有记载。记得有个词叫“青黄不接”，更有个词叫“荒春”，道出了吃春的大背景。那时候物资短缺，春尾夏初粮食还没有下来，人们不得不去地里找春菜，辅以各色吃法以救饥荒。

春菜好吃，我也喜欢吃。为什么呢？一是爱春天，二是爱家人，三是爱自己。晨起进厨房，二三十分钟鼓捣出一顿花花绿绿的春菜，挺有成就感。

择菜、淘洗、运刀，齐窗的树木在向你招手，好奇的小鸟也偏着头瞅你，如此便营造了开心一天的序幕。其实，幸福就这么简单，就在于每天的细节和色香中。不信你试试！

春光正好，踏春时，不妨顺手挖些春菜，呼吸一下新春的空气，舒缓一下疲惫的身心。如此，才不辜负我们这个美好的新时代。

草木野蔬香“春头”/宋殿儒

春天像个绿毯由南至北一溜儿铺陈过来，那些越冬的“春头”蠢蠢欲动，不仅闹得世界一派生机盎然，也让人们的味蕾滋生难以忍耐的食欲。

家乡人所说的“春头”，就是春天里那些鲜嫩的草木野蔬菜头，菜花、柳头等植被的嫩顶芽儿通称“春头”。这些草木嫩顶芽儿，一般都在春三月出世，四月到五月期间成菜可食，是春光里最受人们欢迎的美味佳肴。它们不仅清香鲜嫩，还有一定药效，堪称强身健体的春光菜。

春三月，首先进入人们味蕾的是柳头、杨尖、油菜花头和过了冬的白菜花头。接着，枸杞、香椿、丝瓜、南瓜、蕨菜等草木嫩头就会依次登上人们的餐桌。家乡人有句顺口溜“二月杨柳尖，三月菜花头，四月枸杞嫩，五月丝瓜鲜，挨到六月时，野菜香满村。”这其实就是家乡草木野蔬此起彼伏出世的真实描述。

小时候，每到春天，家家户户都会面临粮荒。为了活下来，乡亲们紧盯着春光翻卷的田野山岗。

当河边的杨柳刚刚拱出鹅黄时，人们纷纷将这些“春头”采回家，用开水焯了拌上玉米面、荞麦面和红薯面蒸馍做饭。儿时的记忆中，柳树的嫩叶儿做的稀饭格外清香，而杨树的嫩叶儿则柴涩难吃。

当田野里的野油菜及过冬白菜抽头开花时，家里的饭食就会散发出鲜美无比的香味儿。母亲劳动收工回家的路上，就会顺便撅一把油菜花头，先用开水焯了，再做成凉拌、烧炒等下饭的美味菜肴。母亲说，一切野味儿都要去掉野气才可以吃，而去野气的最好办法就是用开水焯。那时候，除了盐和醋，家里没有更多的调味品，可是母亲做出的各色“春头”菜却总是鲜美无比。

生活困难时期，奶奶有句话一直记在我的心底。她说：“人是从草木中来的，只要山水在春天活过来，人就饿不死。”奶奶没什么文化，我倒觉得，在人们依赖自然生态这一点上，奶奶的话很有道理。

听奶奶讲，当年村里很多乡亲都揭不开锅，那时候田野山岗一片枯黄萧条，没有丝毫绿气，只有小河岸上的杨柳发出了嫩黄的叶芽，人们试着去吃，不仅味道苦涩，还会造成大便干结。后来乡亲们在吃杨柳嫩叶前，先放在清水里浸泡，再用开水焯，不仅不再难以下咽，也没了毒素。看来，如果不是饥饿逼着乡亲们去采撷那些从来没吃过的草木野蔬，杨柳尖、枸杞头等也不会成为现在人们吃得津津有味的“春头”菜。

踏春一行去，只为一口鲜。如今，人们不再为填饱肚子而发愁，就把这些大自然的馈赠从《本草纲目》药典中搬了出来，一边赏春采春，一边美嘴美心，甚至还想着拿到街头赚几个小钱。

春光正当时，携家采春去。来吧，朝春天出发，来一场草木野蔬的人间酣畅体验！

香椿 / 叶剑秀

春分时节，下了一场透雨，也催生了万物的情愫。于是那些树呀花呀，把自己精心妆扮一番，纷纷出来闹春。

香椿的亮相有些独特，像极了出嫁的农家姑娘：先是把暗褐色的芽头包起来，微紫中透着绿、浅绿里泛着红，盈盈娇媚、含情窥望；而后便抑制不住激动的情绪，一把扯下矫情的盖头，再也没有了遮掩的忸怩和矜持，索性在枝头上与同伴喧嚷争宠、热烈绽放。

香椿有“树上青菜”的美誉。“门前一树椿，春菜不担心”，民间谚语把香椿的作用说得通透。

我生长在乡村，小时候家里有一棵水桶粗的香椿树，长在院子偏僻的角落，据说是祖爷种下的。每到春天香椿发芽时，整个院落便弥漫在一片芳香中。

至今仍清晰地记得当年采摘香椿的情形。先在腰间系根绳子，猴子似地攀爬到树上坐稳，而后由树下的母亲将一根竹竿和篮子递上来，开始摘起那诱人的香椿，不大一会儿工夫就能摘满一篮。

采摘下来的香椿，母亲会耐心地去掉芥蒂，用清水洗干净后放到温开水里焯烫——据说这样才能去掉其中的酸碱，吃起来鲜嫩脆香。

香椿炒鸡蛋，鱼肉都不换。母亲把香椿切碎，放入适量食盐，磕入两个鸡蛋一起搅拌，而后倒入微热的油锅中，只听得“哧啦”一声，蛋液在锅中迅速摊开、凝结，待两面煎至金黄盛入浅盘，一盘香椿鸡蛋便成功出锅了。

于是，一家人围坐在一起酣畅淋漓地享用这绝佳的时令美味，直吃得口舌生津、满口飘香。

那时的鸡蛋和油料极其紧缺，勤俭持家的母亲就会变着花样做吃食，至今记忆犹新的是香椿饼。母亲以香椿为馅，用粗面卷裹，放入笼中蒸熟。母亲做出的香椿饼，闻一闻香气扑鼻，看一眼碧绿金黄，吃一口回味无穷，在物质贫乏的年代带给了家人难得的味蕾享受。

十年前，因家中房舍改造，不得不把那棵苍郁的香椿树砍掉。伐树那天，父亲沉闷不语，母亲躲在屋里不愿出来，任凭儿孙们怎么安慰，也难以抚慰他们心中的失落。

在他们心里，祖辈留下的那棵香椿树一直与家人相依为命，福佑人丁兴旺、护荫合家幸福，是高尚神圣的精神财富。

远去的古老香椿树，就此成为对老家过往绵延不息的缅怀。

家乡人怀有一个传统的观念：在刨除香椿树的坑里栽上其他树木，依然会生长得茂盛茁壮、粗壮峻挺。这种认识大抵没有什么科学依据，或许只是乡人的精神寄托和心灵慰藉。不过令人不可思议的是，那些移栽到香椿树坑的树木，真的不容易生病虫灾害，奇怪得很。

生长在野外路旁的香椿树，看似貌不惊人，用途极为珍贵。这种椿木锯开后，呈现出鲜艳的紫红，散发着浓烈的醇香，常用来做婚床和洗澡浴盆。谁家女子到了出嫁的年龄，父母便想方设法买来野生香椿木打造嫁妆。

其寓意十分明显：女子成婚嫁人，欢喜之日，香气蔓延，其后必有满堂生香的好光景；而另一层含义则是提醒出嫁的女儿，莫忘故土养育之恩，常念父母教诲之情。

如今，又到了采摘香椿的季节。老宅的故园，有了香椿树的挺拔屹立，便是父母的翘首期盼。听，那微风瑟瑟作响，仿佛是亲人的深情召唤，让我魂牵梦绕……

春韭 / 石广田

“韭头儿～可嫩的韭头儿～谁买啊～”循着悠长的叫卖声，只见一位衣着朴素的大妈正骑着三轮车在人群中徐徐远去。

春韭？真的是春韭吗？抬头望望天空，春天好像才刚刚到来。老家院子里的韭菜，应该也发芽了吧？

那是母亲种下的，为了吃着方便。韭菜像野草一样，除了冬天，总是生生不息，一簇簇嫩嫩地绿着。割下一茬，很快就会再长出一茬，三五垄轮换着割，总有的吃。

韭头儿是春天的第一茬韭菜，也有人叫它“韭芽儿”。不管“头儿”还是“芽儿”，总有一种迫不及待的感觉——吃了一个冬天的白菜萝卜，或是价格很高的“大棚菜”，哪能不想快点儿吃上真正的应季菜呢？

人们之所以喜欢春韭，就在那个“嫩”字。韭头儿的每片叶子都是完整的，柔柔软软，颜色是自然的淡绿色，绝没有后面几茬略显干枯和老气的叶尖儿。不管炒鸡蛋还是包饺子，都会透出一股水劲儿。

杜甫在《赠卫八处士》中写道：“夜雨剪春韭，新炊间黄粱。”这种浪漫亲切的场景其实很写实：韭菜长起来的时节，贮存的白菜和越冬的菠菜都老了，是没法儿待客的，何况二十年不见的老友呢？

母亲剪春韭的时候很小心，用剪刀一根根地剪，唯恐伤了根。遇见太短的韭芽，觉得太小，剪了可惜，就会手下留情。剪下来的春韭码得整整齐齐，几乎不用择，用水淘两遍就干净了。

在院子里种几垄韭菜应急，这个习惯由来已久。突然来了客人，母亲就剪一把韭菜，打几个鸡蛋，放到锅里一炒，香味儿立刻飘满屋子。

麦子扬花的时候，就到了暮春。故乡的端午节，不像南方人吃粽子、喝雄黄酒，而是架起油锅炸菜角、糖糕、麻叶、麻花等。自家院子里有韭菜，如果再去买菜贩的韭菜，显然太奢侈，不符合节俭的理念。

母亲会提前把韭菜留下好几垄，专门等到端午节时“出锅”炸菜角用。总有那么几日，油炸食物的香味儿在村子里飘荡，氤氤氲氲中最诱人的就是菜角。

抽薹、开花后，韭菜跨入夏天，越长越硬朗，辣味儿也越来越浓烈。炒韭薹、腌韭花、拌辣椒韭菜……普普通通的韭菜会被翻着花样儿来吃。

季节改变着韭菜，就像岁月改变着人生。只是，春韭恰如童年的梦想，季节过去，余味悠长却再也捕捉不住。

“离恨恰如春草，更行更远还生。”念叨着李煜的这句词，真想改一个字——“韭”不也是一种“草”吗？只是它的根在心里扎的太深，一茬一茬地难以剪断。

乡愁也好，追忆也罢，那些融入血液、长到骨肉里的春韭，怕是用刀子也剜不去……

芽上椿 / 秦延安

草长莺飞的时节，椿树长犄角似地开始冒芽，一叶叶绛红色仿佛窜动的火苗，让整个春天都亮丽起来。

同为椿树，长着相同的羽状复叶，却有香椿、臭椿之分。形态上的相像让不明细里的人们经常将它们混淆。

记的小时候，有一次去放牛，看到坡上的椿树爬满了椿芽，以为被人漏摘了，便三下五除二地爬上树，折回大捧椿芽向母亲报喜。

母亲却笑道："这是臭椿，吃不成！"看着我不解的眼神，母亲说："不信你闻闻。"我凑近了鼻子，一股刺鼻的异臭直冲脑勺。自此，我记下了这两个"孪生兄弟"的区别。

当春风携着细雨浇湿了大地，椿芽似一朵朵嫩蕊初张、浓香流溢的小花，清冽芳醇。初生的椿芽叶梗粗短，红芽子色泽淡红，香气扑鼻，鲜嫩无骨；青芽子碧绿如玉，叶片厚实，清香淡雅。

"门前一株椿，春菜常不断"，香椿被乡人称为"树上蔬菜"。民谚曰："三月八，吃椿芽""雨前椿芽嫩如丝"……作为报春树，香椿走在了所有菜蔬的前列，让寂寞一冬的牙齿终于领略到春的气息。

这种醉于舌尖、早于春日的香气早已被古人享用，并被当作贡品向朝廷献上，足可见其受青睐之广。

诗人们更是将自己受用的感触吟诵出来。

清代李渔在《闲情偶寄》中赞道："菜能芬人齿颊者，香椿头是也。""溪童相对采椿芽，指似阳坡说种瓜。"金代元好问在《溪童》中生动地写出春暖花开时节，儿童在山中溪水边采摘椿芽的欢愉情景。

清朝康有为在吃了香椿之后也是赞不绝口，挥笔写下《咏香椿》：“山珍梗肥身无花，叶娇枝嫩多杈芽。长春不老汉王愿，食之竟月香齿颊。”椿芽的香气不仅让康有为齿舌沉醉，就连脸颊也绽放起来。

美好的食材，就连烹食也是那么简单。明代《救荒本草》说：“采嫩芽炸熟，水浸淘净，油盐调食。”清代《素食说略》则说：“香椿以开水焯过，用香油、盐拌食之甚佳。与豆腐同拌，亦佳，清香而馥。”而香椿煎蛋、香椿拌豆腐、香椿炒腊肉、香椿头花生米等精巧搭配，更是让这一简单食蔬温暖、芳香着众多味蕾。

有人还不尽兴，将其制成调味之料。清代《养小录》中记载：“香椿切细，烈日晒干，磨粉，煎腐入一撮。不见椿而香。”此外，香椿还有清热解毒、健胃理气、润肤明目的功效，对疮疡、脱发、肺热咳嗽等病症很有疗效。

由于香椿树高笔直，椿芽大多位于树冠或枝头，采摘起来并不轻松，只能用绑着镰刀的竹竿去打。在乡下，我见过很多村人携着竹竿镰刀，一山一山地走，一树一树地打，赶在谷雨前追赶着椿芽萌发的脚步，只为享受那鲜香的美味。

一缕春风，一夜春雨，泛着油光的椿芽携着清明的气韵一尘不染。咬一口椿芽，你便品尝到了春天的味道。

蚕豌豆花香 / 夏丹

春风徐徐吹来，春光暖暖普照。在万顷田畴、千条阡陌的水乡腹地，除了无边的青麦、金黄的菜花，便是田、圩堤上的蚕豌豆了。

蚕豌豆是苏北水乡主打的农副植物之一，碧绿的青蚕豆和翠色的青豌豆鲜嫩可口，老蚕豆和老豌豆香脆有味，可油炸、水煮，当做蘸酒的可口小菜，也可碾粉制粉丝，作为上好的火锅佐料，。

除了带给人们难得的口福，蚕豌豆还能给绿野戴上多彩的花饰。

暮春初夏，田垄间尽是爬满枝蔓的豆花，静立在豆叶间，乳白青黛中夹着粉红，粉红间杂有散斑，摇曳着、微笑着，于是原野也充满诱人的味道。

豆花开放，彩蝶迷恋不去，蜜蜂痴醉忘返，俏丽的村姑也会摘取一朵插在发夹上。

这不由得让人想起六十年前的那个老电影《九九艳阳天》：一汪汪水田闪着金光，一条条阡陌横陈水上，一部部风车挺立河堤，黑白影像，斑驳水波，犹如木刻水印一般令人陶醉。水田的后面是无边的麦田和成垄的豆花。

虽看不出麦苗的青色和豆花的斑斓，但动人的歌声给了最好的诠释：“东风吹得风车转，蚕豆花儿香呀麦苗儿鲜。”

作为电影诞生地的水乡人，看这迷人的景致，听这动人的歌声，常常勾起思乡的情丝，回想蚕豌豆的口惠，回望那个纯真的年代，留恋那个开满豆花的田地。

记忆中的老家，河堤田总是点满蚕豌豆。蚕豆茎粗叶肥，可高及人腰；

豌豆藤蔓略长，可达一米以上。

蚕豆傲然挺立，如伟岸男子；豌豆绵软妙曼，如邻家姐妹。蚕豌豆结伴开花，如同情侣唱和，装点春天的原野，扮靓水乡的天地。

早期的豆叶鲜嫩可口，既可充饥裹腹，又可佐餐美味。每到春风沉醉之时，村姑会挎上竹篮撷取蚕豌豆的鲜嫩叶尖，一掐就是一篮。回家用开水焯去青涩气味，炒煮为蔌为汤皆相宜。就是现在，豆叶嫩蔌依然是农家餐桌上的家常菜。

蚕豌豆从仲秋点种到次年五月份成熟，大半年时间在数九寒冬里度过，只待春风吹度、春光普照，才能一路豪放、恣情生长。

正是这般漫长的跨年岁月、这般酷烈的生长过程，才使迎春的茎叶更显挺拔，怒放的蝶花更显娇美，成熟的豆粒更为坚硬。

阅读蚕豌豆的经历，一如阅读乡村少年的人生，很自然地忆起远去的童真年代。

我们曾在风雨飘摇的岁月里摸爬，也曾在春暖花开的丽日里徜徉。

我们的人生虽无豆花般绚烂，但我们在任何时候、任何情况下，内心都是坚定的，笑容都是灿烂的。这种如蚕豌豆般的人生阅历，是一生中宝贵的精神财富，更是战胜一切艰难困苦的精神支柱。

蚕豌豆花香……

槐香 / 冯兆龙

走进四月，就走进了槐花飘香的季节。

我居住的地方离环城公园不远，每天上下班都会从公园里穿过，清新的空气、扑鼻的花香令人心旷神怡。众多花香中，有一种味道最为熟悉和亲切，那就是槐香。

闻到槐香，自然就想到故乡，想到儿时对槐花的钟爱。

小时候，我只知道槐花是一种能食用的花朵，就像桑树结的桑葚、榆树结的榆钱一样，根本就没观察过它的美。

那时候，每到这个季节，我和小伙伴们就会爬上村头那几棵老槐树，肆意地摘取槐花，然后迫不及待地塞进口中。槐花在嘴里透着淡淡的香甜，留下久久的回味。

吃饱之后，再将捋下的槐花放在笼中带回家，让母亲做成槐花疙瘩吃。先将槐花洗干净、控干，倒适量的面粉拌匀，到锅里蒸熟后，拌上蒜汁和醋，一碗有滋有味的槐花疙瘩就做成了。

在饥饿的那几年，盼槐花、吃槐花就成了春天里一件令人感到幸福的事情。

后来到了城里，工作忙碌了，生活改善了，我似乎忘记了乡下的槐花，也忘记了槐花疙瘩的香味。

偶尔春游，也多是去欣赏桃花、杏花和油菜花。每次回故乡，总是错过槐花盛开的季节。于是，槐花似乎从我的记忆中慢慢淡去，故乡也似乎离我越来越远。

不知从何时起，环城公园的护城河北岸突然出现了许多槐树，它们因护城河丰盈水量的滋润而根深叶茂、绿荫葱葱。

每年四月下旬，在绿叶的掩映中，银铃般的槐花连成一幕洁白，枝干延伸处，花蕊紧相随。春风拂过，花枝轻舞；阳光照耀，熠熠闪光。那袭人的香味，直沁入心脾，再次勾起我内心深处那份乡愁，也让我第一次以欣赏的眼光望着这一树树洁白的槐花，陶醉在它们素洁、淡雅、含蓄的气质中。

无论在旷野、山崖、河畔还是村落，无论土地肥沃还是贫瘠，无论有人欣赏还是无人知晓，它们都在那里静静绽放，清纯而不妖艳，美丽而不张扬，宛如一位位书香美女向着春天微笑。

闻着这飘散的槐香，我再也舍不得去采摘这诱人的槐花，只想静静地看着它们，欣赏着它们的美，呼吸着它们的香。

离开故乡三十多年了。如今，生活在这熙来攘往的都市里，虽然想吃什么就有什么，可充盈的物质背后总觉得缺少点什么。美丽的槐花再次勾起我对故乡的向往。

槐花飘香，在树上，在故乡，在母亲的手掌上，也在我的记忆里。只要槐花的情结在，那份内心深处的温暖就会在心底永不凋谢。

清明茶 / 方洪羽

“春立云烟腾上下，清明茶韵醉乾坤。”在清明、谷雨时节采摘而制成的茶，被称为清明茶。清明茶色泽翠绿、细嫩清香，是一年中茶之佳品。

年前，趁着冬闲的日子，勤劳的乡亲就已经将茶园打理好。除草、施肥、修枝、剪叶……一样都不能少。牛圈里那些浸透牛粪的稻草已完全腐熟、发酵，被一担一担地挑进茶园，填埋在茶树根部。

经历过漫长冬天的休养生息，此时的茶树被修剪得像一朵朵大蘑菇，整整齐齐地排列着。第一声春雷响起，春雨悄无声息地洒落下来，整个茶园被烟云雨雾笼罩着。一簇簇茶树开始冒出清明前的“一叶一芽”，嫩嫩的芽叶泛着光，仿佛涂了一层油脂，绿中带着一点淡黄。

这些最先冒出来的茶叶被称为“头道茶”，也叫“明前茶”。明前茶芽细娇嫩、滋味清纯，便有了“从来佳茗似佳人”之叹。又因清明前气温普遍较低，芽叶生长速度缓慢，产量极其稀少，故又有“明前茶贵如金”之说。

高山云雾出好茶，这是家乡贵州的特色。清明过后，随着谷雨的到来，茶叶生长速度加快，茶园里很快就满目翠绿、芳香四溢。在那云雾缭绕、气候宜人的环境里，茶树显得愈发生机勃勃。

儿时，这个时节的清晨，天刚蒙蒙亮，我们就被母亲唤起，一边揉着惺忪的双眼，一边背上小背篓、挎着小竹篮，朝茶园走去。

采茶是个精细活。母亲一边采摘一边示范：老叶不要，枯枝更不行，必须看准嫩芽的位置，用拇指和食指轻轻一掐，将“一芽一叶”准确无误地掐入手掌心……如此鸡啄米一样不停地掐，又快又准，不一会儿就能掐一把。即便如此，一整天下来，也采不了多少茶青，待做成茶叶，也就几两的样子。

母亲说，清明茶是刚刚露出的新芽儿，没有虫害，叶子柔软，炒制出来的茶味道最好——特别是清明节前还沾着露珠儿的茶，是最好的茶。

炒制新茶更是讲究。到了晚上，母亲烧起柴火，把采摘回来的茶青一股脑儿倒进锅里，双手把茶叶迅速抓起再迅速抖散开来，如此重复不停地翻动。很快，一股清香便扑鼻而来，飘渺的茶香味在厨房弥漫开去。此时，铁锅很烫，必须十分小心，不然手会烫伤，茶叶也会炒焦。母亲的双手一边感应着锅里的温度，一边不停地炒、揉、捻、搓，一样也不含糊。

我坐在灶膛口的小板凳上，听着母亲的指令添柴拨火。炒茶时火候的大小十分关键——大了会炒焦，小了杀青不到位。当灶堂里的“大火”降为“中火”再变成“小火”时，原本还带着娇气的一大锅茶青，颜色便渐渐由翠绿变成墨绿，最后只剩下可怜的一小堆，只是那香气变得更加沁人心脾、清幽怡人。

两个多小时后，采摘的新叶终于变成清瘦干脆、纤毫毕现的新茶，静静在躺在竹筛里。

“清茶素琴诗自成，品茶听雨乐平生。”在茶叶飘香的日子，拈一撮茶叶到杯中，再缓缓冲入开水，任茶叶在杯中沉浮、舒展……静听春雨催生百谷、润泽大地，淡看云雾飘渺茶烟聚散，细品心中那份宁静致远。

云雾茶 / 段伟

人间有仙品，茶为草木珍。

和大部分农户一样，我家采摘的茶叶挑片去梗，制成规格统一的精制茶卖给茶商，剩下的叶片、茶梗与最后一茬茶鲜叶做成的粗茶混合在一起，留待自家饮用。

儿时喝茶没有现在讲究，一碗滚烫的米汤加上一撮粗茶片，或者将一个黑黝黝的铁壶架在火炉上，舀几碗水再抓一把茶叶丢进去，待到茶汤烧好、茶水稍凉，咕咚咕咚一口气喝下去，那叫一个爽！

家乡种茶历史悠久，分田到户之初并没有“英山云雾茶”这名称，茶树停留在“刀耕火种”“天生天养”的原始状态。山民淳朴知足地守着祖辈传下来的茶园、菜地和荒山，即便广种薄收，也没有急功近利的奢求。湾子里的生活节奏缓慢甚至闲散，那是一种“甘其食，美其服，安其居，乐其俗”的生活状态。

家乡的云雾茶，大多出产于悬崖峭壁、云缭雾绕中。成林成片的茶树依着陡峭山势不规则地分布，掩映于逶迤崇山，与周边各种树木、竹林和花草共生，物竞天择地用年轮记录着岁月的味道。

英山云雾是何人创制，并无权威考证。较为认同的说法是：远在唐代，英山的“团黄”“圻门”就与安徽的“黄芽”并称“淮南三茗”；明清时期，“英山有茶，纤细匀直，白毫披身，芽尖峰芒，产高山绝顶，烟云荡漾，雾露滋培，气息恬雅，芳香扑鼻，绝无俗味”，一度为皇帝御用贡茶，享有“鄂土茶称圣，英茗味独珍”之誉。

每年清明谷雨，茶农便开始选摘肥壮的嫩芽。极品英山云雾产于高山，生长期长、出芽率低，明前茶更是“一芽一叶”或“一芽二叶”细嫩初展。为了保质保鲜，要求上午采、下午制或下午采、当夜制。

采回来的鲜叶经摊放后高温杀青、理条炒制。加工后的成茶外形细秀卷曲，绿中泛黄、白毫显露。

冲泡英山云雾亦别具一格。沏茶时，先倒半杯开水不加杯盖，茶叶刹时舒展如剪、翠似新叶。须臾，再加二遍水，在清亮黄绿的茶液中，似有簇簇茶花茵茵攒动。品之，滋味醇厚，清香爽神，沁人心脾。每次续水，都不要喝干再续，如此，虽多次冲泡，仍醇香绵绵，所谓“盛来有佳色，咽罢余芳香。”

在家乡，青年男女相亲要喝云雾茶。男方到女方家相亲，姑娘就亲自沏茶、端茶给前来相亲的人。相亲的人趁机细心观察姑娘的品貌、动作、谈吐，直观感受姑娘的品性、教养、学识等如何。

茶要香，茶色浓淡适中，茶具干净；端茶人要礼貌周到，举止自然大方，语音细柔可人……这些都能体现姑娘日后持家的能力，所以家乡的女孩子一般从小就学沏茶。

好茶下肚，胃肠熨帖、神清气爽，如若男女双方当事人愿意、双方家长同意，那么终身大事就在这添茶续水中定下了。

都说茶味人生。云雾茶，饮与品有很大差别。人如茶，苦涩留心，散发清香；茶如人，初品识面，深品铭心。品茗禅思，定心入慧，茶的滋味、禅的境界，越喝越懂。

家乡的云雾茶，是一杯独特的香茗，也是一杯风土，等待你的探求。

砖茶 / 王宏刚

小时候，记得爷爷手不离旱烟袋，嘴不离浓砖茶。

爷爷喜欢喝茶。他从镇上买回来一种砖茶，特别坚硬，需要用劈柴的斧子在槽形的木板上剁碎装在罐头瓶里。

每当烧茶时，爷爷将茶叶放进水壶里，支起铁架子，点着柴火。这是一种很老旧的火盆，里面要垫上土再搭上木柴。

在乡下，多数人家都会使用这样简易的火盆，除了烧水、煮饭、煎药外，最重要的便是熬茶。

爷爷的茶每次都熬得浓浓的，远远地可以闻见茶香。他说，喝茶就得喝浓茶，最好多熬一阵，浓茶劲儿大、顶事，喝完了干活也不觉得累。

遇到下地干活忙碌的时候，爷爷总是提前熬好茶，下地时带着茶壶。

累了，就坐在架子车辕上，点着一杆旱烟吧嗒几口，再倒上熬好的浓茶水，一饮而尽。然后，用搭在脖子上的毛巾擦擦额头的汗，再倒上一杯，仰起头，在喉结几起几落间又把一杯茶水喝了下去……

几杯茶水下肚，爷爷的精气神仿佛一下子都上来了。他直起腰，拎起农具又一次回到田里。恢复了精力的爷爷，看起来有使不完的劲儿，竟然一边干活一边哼起了秦腔戏。

平日里，家里来了亲朋好友，招呼客人也会以砖茶代酒，这在庄户人家也算是好东西了。用碗喝茶最能体现庄稼人的憨厚朴实，茶喝得越多，主人家越觉得体面，客人也会心里高兴。

除了平常喝茶外，逢年过节、红白喜事，更是离不开茶。人多了，茶壶忙不过来，就找来一口大铁锅，多加几块砖茶，用大火烧开。随着锅里的开水翻滚着热浪，茶叶的清香便在灶房里弥漫开来，萦绕在空气中。

熬好的茶，加几颗红枣、一把冰糖，用壶泡上一小会儿，续上一些茶叶，再回一下味道，这叫“回锅茶”。这种茶味道不苦涩，但后劲儿可真大，尤其是在宴席上喝多酒的人、肥肉吃得油腻的人，喝上几口立马感到头脑清醒、肠胃舒畅。

农村人，喝茶喝得粗糙，总是大口大口地。这是乡下人的烟火日子，虽然风风火火却不失素朴、厚道，倒也将日子过得云淡风轻。

如今，每当喝茶时，我就特别怀念爷爷亲手熬的砖茶，以及那些记忆里有关茶的日子。

食艾 / 沈俊峰

很小就认识艾。端午节，家家户户都折几枝插在门头上，驱邪避瘟。进了城，做过几次艾灸，觉得药用也不错。这个冬春居家抗疫，燃了不少艾条。而第一次食艾，则对艾多了一层完全包容的奇妙体验。

按友人的说法，这天的艾要赶在太阳出来之前，以阳面山坡的为佳。我忍不住心里嘀咕：“有那么邪乎吗？”

为了采到嫩艾，我做了多个准备。那天也是巧，从凌晨两三点开始，闪电、滚雷就持续不断。惊醒后，不睁眼也能感受到窗外天空猛然间的烁亮。烁亮停顿两三秒，才传来轰轰隆隆的雷声。于是，雷和闪电乐此不疲，热火朝天，像一个顽皮的小男孩在楼上不厌其烦地滚铁球，旁边的小女孩兴高采烈地擦亮火柴助兴。等了许久，终于听见“哗”地一声，暴雨从天而降，像有人将巨大的一盆天水突然倾砸在了地上。紧接着，世界被雨严密无缝地淹没了。

头天下午，陈同学带我去看了一片艾地，只等凌晨去采。但是，下这么大的雨，且雷电交加，怎么去采艾呢？

荒郊野地生长的野蒿，外形和气味都有点像艾，细辨之下，却有着不小的区别。蒿子性寒凉，也有祛病毒、驱蚊虫的功效。传说有百姓被鬼邪附体，命丧黄泉，后来经观音菩萨点化，吃蒿子粑粑能驱鬼，保一方平安。自从吃了蒿子粑粑，老百姓真的“巴住”了魂，就此安居乐业了。

蒿子粑粑是大别山霍山一带独有的风味小吃，以蒿子为主，配上米面、腊肉、蒜、姜、盐。将野蒿洗净、捣碎，用清水漂洗，除去涩汁异味，挤干水分，搓成团；再将腊肉煮熟切成丁，以文火炒出油；然后将蒿子、米面及姜、蒜末等佐料放在一起，加水拌匀，做成粑粑状，或入锅蒸，或油煎。我喜欢油煎的蒿子粑粑，油晃晃、焦黄黄、香喷喷，味鲜色美。

或许，艾草不像野蒿那么多好采，所以在大别山生活二十多年，至今也没有尝过艾草的滋味。

天还蒙蒙亮，我便开车出发了。雨像是知道我的心事，弱了许多，落在脸上也不那么凉。车停路边，淋着小雨走过去，穿过一片泥地，就到了河边那一片开阔的艾草地。一簇一簇的艾草紧密地抱着团，簇与簇之间又离着生长的距离。再过些时日，艾草便会蓬勃生发，将这些空地填满。

艾草的青香扑面而来。难怪要采这一天的嫩艾呢，果然是阳气盈盈。艾草多是细茎，从每簇中挑选几根壮实的掐了，不大一会，就掐了大半纸袋。不知不觉间，雨停了，天色敞亮起来。山间晨雾缭绕，河水哗哗地流淌。

回程时，太阳悄然出来，满眼皆是清新翠绿。门前的院子、碎石小径已经干干爽爽。这天真好，说下就下，说晴就晴。

本想包馄饨的，可菜市场里只能买到饺子皮，便包了饺子，连汤带水地吃了。还是第一次吃艾草馅的饺子。这是一个奇妙的享受，从口腔到胃，再到心底，都弥漫着艾香。

住乡下，终于清楚季节的本真了。之前生活在城里，沦陷于反季节食物中，总是将春夏秋冬过得稀里糊涂。离大自然越来越远了，对祖先积累下来的生存智慧便知之甚少，感受更少，甚至不知道哪个季节该收获哪些东西。总觉得顺应自然才会健康，而所谓的运气，也应该是从运用天地之气才开始向好的。

初次食艾，算是亲近自然、走近传统的开始吧。之后几天，将友人送来的几十棵艾都栽在了院子里。来年，艾便会蓬勃生发起来，那时，只在院子里采就是。

夏日酱豆香 / 梁永刚

从古至今，河南地区的民间祖祖辈辈用传统工艺制作酱豆，以上等的黄豆为主料，经拣、煮、拌、焐、晒等多道工序，除满足自家一年四季佐餐食用，还当作礼品馈赠亲朋好友，传递着浓浓的亲情和乡情。

旧时乡间，家家缺盐少油，门前屋后种的那点儿时令蔬菜往往接不上季节，更多时候需要一日三餐就着咸菜下饭，一碟鲜香适口的酱豆便是餐桌上的尤物。家庭主妇们把晒酱豆视为生活的一件大事，哪怕日子过得再清苦，只要守着几盆酱豆，心里就有了底气。

制作酱豆的过程俗称为“晒酱豆”，一个“晒”字道出了制作酱豆的秘笈。农人们把能不能晒制出一盆好酱豆，作为评价巧妇的一个重要标准。

制作酱豆是不折不扣的技术活儿，需要经验，更需要耐心。黄豆是主料，选好料才能做出好酱。记忆中，母亲总是把选好的黄豆在筛子里细细筛上几遍，然后倒入簸箕簸了又簸，簸出来的浮土在空气中久久不散，琐碎的豆叶和凌乱的草梗滑落在地，引来咯咯乱叫的母鸡争相啄食。

簸完了，母亲顺手拉过来一个木墩儿坐下，将盛满黄豆的簸箕置于腿上，弯着腰，低下头，抓起一把黄豆挑拣，那些霉烂、有虫口、残缺不全的瘪豆被母亲丢到了筛子里，而那些大小匀称、浑圆饱满的豆子则被留作晒制酱豆的原料。

第二天一大早，母亲去井上挑了两桶水，一桶清洗头天拾掇干净的黄豆，另一桶则用来浸泡黄豆。半天工夫豆子就泡胀了，吃过晌午饭，母亲伸手从水桶里捞出一把豆，放在手心里仔细查看，黄豆经过浸润，体态一下子丰腴了许多，宛如肥嘟嘟、白生生的胖娃娃。

母亲从墙上取下竹笊篱，把沉入桶底的黄豆捞到另外一只空桶内，然后开始往锅中注入清水，生火烧锅。“凉水煮米，滚水煮豆”，等锅里的水完全沸腾了，母亲才将黄豆丢入锅中慢煮。母亲说，煮豆一定要把握好火候，待豆子一发面就停火——煮得太烂，豆就不囫囵了，不好看不说，关键是一捏就碎，晒不出好酱豆；也不能煮得半生不熟，太生了晒成酱豆后吃起来口感不好。

夜渐渐深了，母亲把煮熟的黄豆捞到筛子里，端到院里的石板上沥水，只需经过一晚上的晾控，黄豆的干湿度基本上就行了。母亲将控干凉透的熟黄豆倒入陶盆里“拌面”，即在黄豆上裹一层麦面，使其互不粘连。紧接着开始“焐豆”，找一间密封严光线暗的屋子，临时支起一个木板，铺上厚厚一层麻叶，将拌好面的黄豆均匀摊在上面，再盖上一层麻叶。

焐豆这几天，屋里的木板不能随意挪动，门窗都要关严实，就连盖在豆子上的麻叶也不能掀开。焐上两三天，发酵后的黄豆开始变乌……再过两天，豆子上起了霉点，长出白毛……等个几天，又变成长长的绿毛。

母亲把长满绿毛的黄豆倒进筛子里，端到院里的太阳地暴晒，晒干晒透之后，捧起一把豆子，两手使劲对搓，直至把绿毛揉搓下来。脱去绿毛后，便可以添加“料水”了。所谓“料水”，其实就是用花椒、八角、干辣椒等调料放锅内煮成的汁水，完全放凉后加入适量食盐，倒入黄豆中搅拌均匀。

在太阳下暴晒是制作酱豆的关键环节，决定着酱豆的成色和味道。三伏天最适合晒酱豆，这是农人们祖祖辈辈总结出来的经验，天越热晒出的酱豆越出味。

寻一个连一丝云彩都没有的大晴天，母亲将经过料水浸润的黄豆分装在一个个酱红色的陶盆里，摆放在屋檐下的青石板上，任由毒辣的阳光暴晒。

酱豆浓烈的气味很招苍蝇，母亲就用白纱布封住盆口，既不影响日晒通风，又可防止苍蝇虫子落入。晒制中的酱豆最怕淋雨，一遇水很快就会腐烂坏掉，白忙活一场不说，还糟蹋了好端端的黄豆。

夏天的天像小孩儿的脸，说变就变。晒酱豆的那些天，母亲每天早上都要抬头看天，根据云彩多寡判断天气好赖，思忖着该不该把酱豆盆儿端出去。

搅拌酱豆必须在早上，那时候还没起热。等到晌午头就不能再搅了，日头毒、气温高，酱豆很容易发酸变质。搅拌酱豆也有技巧，不能乱搅一气，必须顺着一个方向，这样酱豆才能晒得更透发酵更均匀。

只要天好，连续晒上十天半月，盆里的酱豆便由土黄色变成深红色。轻轻揭开白纱布，一股浓郁的酱香直扑鼻孔，用指头蘸上一点稠乎乎的酱豆放到嘴里，辛香、醇厚的滋味立即传遍唇齿，此时，酱豆就算晒成了。

母亲用勺子把晒好的酱豆从陶盆里挖出来，储存到坛坛罐罐中，置放于阴凉之地，只要密封严不进水，吃上一年都不会坏。

乡下人淳朴厚道，一家晒成了酱豆，打开了酱豆盆，吃饭时左邻右舍便会端着碗跑来，你剜一筷头，我挖一勺子，尝尝味道咋样，比比哪家的香，在这嘻嘻哈哈的说笑和尝鲜中，浓浓的邻里之情也随之升温发酵。

“富人一本帐，穷人一盆酱”，在昔日生活拮据的乡间，一盆色香味俱佳的酱豆是农家餐桌上的主要菜肴，也是一道深受乡下人喜爱的下饭咸菜。

酱豆的吃法很多，蘸馍就饭，炒菜掺拌，下酒佐餐，可谓五花八门。因酱豆保持了黄豆弥久纯正的本质清香，又具有清香馥郁的酱香口味，农人们还将它与时令菜蔬放在一起炒、焖、烧、烩，加工成一道道独具特色的菜肴，调配着农家的一日三餐。

美味的酱豆亦是极好的下酒小菜。乡间不乏好饮之人，囊中羞涩买不起好酒好菜，却一点也不影响喝酒的兴致——一碟寻常的酱豆，几盅廉价的大曲，也能喝出庄稼人的闲适自在。

茶油飘香 / 廖辉军

油茶，亦称茶子树、茶油树，四季常绿小乔木，因其种子可榨油供食用而得名。一直以来，用乡下油茶制成的茶油浓郁飘香、色泽纯正，加之营养丰富、存放时间长，因此被视作生活食用油中的上品，更成为馈赠亲友的生态绿色食品。

家乡自古便为油茶产地，每到冬春寒峭时分，漫山遍野都开满白色的茶花，远眺万绿丛中那点点粉黄的花蕊，煞是养眼。

儿时记忆里，摘山茶是一年中最值得期待的重要农事之一。在乡下农人眼中，日子过得好不好，就看碗里茶油香不香。摘油茶的最佳时机，从深秋开始，一直延长到整个冬季。经过寒冷的考验，油茶果榨出来的油汁量分外足，且味道纯正，品质上乘。

摘下的油茶果，一担担挑回家，先要经过太阳下的翻晒。人们在禾场上铺开一张张竹垫子，将红里泛黑浑身透着明亮光泽的油茶果赤裸裸地展现在天地间，尽情接受阳光的洗礼。过不了几天，经过暴晒的油茶果便如同一个个咧嘴欢笑的小娃娃，露出饱满的粒粒黑牙，极其惹人喜爱。

隆冬时节，外面天寒地冻，大雪纷飞，乡下农人三三两两围坐在火塘旁。主人见势端来装满油茶果的簸箕，大家一边天南海北地调侃着，一边顺手抓起茶果剥去外壳，随手丢进火塘里，随着一阵阵噼噼啪啪的爆响，瞬间腾起的火苗温暖了整个老屋，也映红了一张张饱经风霜的笑脸。

拣完茶籽，剩下便是见油的好日子。过去，乡下榨油是手工活、体力活，最原始的方式莫过于借助建在山谷溪流边的水磨盘，将油茶籽碾碎后盛进木榨筒，人站在杠杆的一端，用力踩下翘动另一端的木桩不断撞击榨筒。在“嘿哟嘿哟——咚——”的响声中，金黄色的茶油汩汩而出，空气中便弥漫着一股醇酽的香气。

当然，最常用的还是古法茶油压榨技艺。从选料开始，榨油师傅就以尺量度茶籽厚度，选择厚度适宜的茶籽，以免碾坏不均。然后倒入大锅中烘炒，待其自然冷却后反复碾压，踩压成粉饼。最后便是关键的木榨环节，五六位师傅喊着口号，在屋内有节奏地来回奔走，推动撞锤榨油。此法虽工序繁复、出油率低，但生态环保，榨出来的茶油味正地道、香醇清亮，可保六七年不坏，深受百姓青睐。

事过多年，农村的榨油方式发生了翻天覆地的变化，人工操作被自动化机械所替代，但一些偏远的山区仍保留着古法榨油传统，继续以木锤的声声撞击述说着农人与油茶的古老渊源。

最近几年，听说家乡建起了油茶绿色基地，原来的荒山野岭种满油茶树，一年四季茶油飘香。家乡人依靠油茶产业不仅妆绿了大地，也富裕了生活。

如今，即便孑身在外，闲时也要取些许来自家乡的茶油，炒一盘青菜，炸几颗花生，温一壶老酒，醉意朦胧中，满眼尽是碧绿的油茶，满屋弥漫着乡愁的味道……

豆钱儿 / 刘琪瑞

在鲁东南一带农家有种极寻常的吃食叫“豆钱儿”

豆钱儿，扁平平、金灿灿，是黄豆温水泡胀之后用石碾子来回滚压而成。碾压后的黄豆变得扁薄轻俏，圆亮亮如一枚枚铜钱，故而得名。庄户人家把刚碾出的豆钱儿放在簸箕里晾晒干爽，贮存在麦草囤子里，随吃随取，方便快捷。

小时候喜欢听村里的老人讲古，由此知道了“豆钱儿”的来历。相传南宋时，岳飞北伐大败金兵，敌军丢盔弃甲、落荒而逃，那些牲口草料中的黄豆被雨水浸泡发胀后洒落一路，马踩车碾后成了一个个扁扁的小豆饼。南宋的军需官正为军粮紧缺发愁，安营扎寨后亟待打火做炊，忽见一路洒下的小豆饼，于是计上心来，急忙吩咐士兵沿途清扫收拢……

且说岳飞捧起大海碗，吃起特为他熬制的“杂粥”，狼吞虎咽一气儿竟然吃了几大碗，只觉得香醇滑爽、耐饥解渴，忙问是何物所做。军需官支支吾吾不敢直说，只好呈上用来做“杂粥”的原料。

岳飞知情后非但没有怪罪，反而夸军需官有计谋，还给这些碾压过的黄豆取名为“豆钱儿”，称这美味的“杂粥”为“豆钱儿饭”。

传说归传说。早年间，青黄不接的早春，正是农家囤空缸浅的缺粮时节，豆钱儿可是庄户人家的度荒饭、救命饭。用它和米糠、秕谷、地瓜干同煮，或者与萝卜缨、白菜帮、野菜一块炖，半糠半菜借以充饥。

而今日子富足了，豆钱儿饭则成了粗粮细作的风味饭、保健饭。用豆钱儿熬制杂粮粥再好不过了。先把泡好的大麦、高粱、糙米、地瓜干儿等杂粮磨成汁儿备用，再用几把豆钱儿煎锅，慢火熬煮成白亮亮的汤汁儿，然后依次添入杂粮碴子和磨好的杂粮汁儿，煮沸后加入少许盐巴即成。

乡下人多在冬春的晚饭上吃豆钱儿粥。“黑儿喝碗豆钱儿汤，不劳医生开药方”，热热乎乎吃上两碗后，顿觉浑身上下舒贴贴、滋润润的。乡下人吃豆钱儿粥，其实还有一层讨吉利的意思，故而有童谣云：“豆钱儿黄，豆钱儿香，吃了豆钱儿，家家都有钱儿……”

豆钱儿的另一种吃法，就是加了“青头儿”品那种特别的鲜香味。青头儿，专指早春时节野地里刚探绿的野菜。大鱼大肉地过完年后，家家户户都要做上一顿豆钱儿野菜粥品食，这种习俗相延已久。听老辈人讲，吃了加青头儿的豆钱儿粥，能消化掉一年的郁结和烦忧，轻轻松松地迎接春天。

早春的风吹在脸上还有股子寒意，老奶奶就牵着娃娃的手来野地里挖野菜了。寻了才绽放几分绿的七七芽、顶着冰碴子的荠菜和青青白白的小蒜儿，拿回来择洗干净用温水浸上。那些在冻土残雪中僵巴巴的野菜，吸饱温润的水气后立马精神起来，鲜灵灵而亮汪汪。

将豆钱儿煮烂成粥后，再撒入成棵的野菜，一缕缕清鲜之气便在灶房里氤氲开来。那白莹莹的汤汁配上绿油油的青头儿，光看这色泽都让人觉得舒心。

待咗咗溜溜几碗下肚后，过年时积淤的油腥气一扫而光，浑身更是一个透爽、熨帖。

在故乡温馨的年节里，在早春二月的杨柳风中，你听，那清亮亮、脆生生的童谣又响了起来：“豆钱儿粥，豆钱儿粥，消了积，化了忧，红红火火奔前程……”

椿花落地吃“碾转”/樊进举

俗话说：“椿花落地吃‘碾转’，枣花落地吃白面。”每逢麦熟时节，必然想起家乡的那种特别风味小吃——“碾转”，那回味无穷的口感是其他任何食物都难以比拟的。

二十世纪五、六十年代，全国上下闹饥荒。在青黄不接的年月，庄稼人总会想着法儿让自家人度过难关，于是“碾转”便出现在各家的饭桌上。

“碾转”是把地里刚刚饱满或者半生的麦粒麦仁煮熟后，用石磨碾压后做成的一种爽口风味小吃。每年这个季节，待到麦仁稍硬一点，母亲便操起镰刀，在自家麦田割下几捆麦子背回家。

先是在簸箕里用手一把一把地搓，然后把麦壳麦芒簸干净，将麦仁倒在锅里煮熟，捞出晾干后放到石磨上。父亲推磨，母亲则用手熟练地把麦仁推进磨眼里。

麦仁随着磨扇不停地转动，一条条又细又长的“碾转”便打着滚儿落到磨盘上，母亲将它们收起来放到瓷盆里。

父亲、母亲一人推磨，一人配合收拾着，往往累得满头是汗。经过大半晌忙碌，一盆看起来又鲜又嫩的“碾转”就碾出来了。

“碾转”的吃法很多，加上青蒜、辣椒、小白菜、香菜与菜油拌食，是最常见的做法，入口清香味美、饶有风味。

那可是咱农家人苦熬一年才能品尝到的美馔佳肴——在荒年，这叫“青黄相接”，在丰年则叫“尝新”。

这个时候，总能见村姑农妇们提着清香鲜美的“碾转”串亲访友，于是村前屋后洋溢在一片“麦熟前餐共尝新”的喜悦中。

“碾转”吃多了不易消化，勤劳聪慧的主妇们将剩余的“碾转”晒干保存，待到秋冬想吃时，再用蒸笼蒸热，味道依然清香如故。也可将干“碾转”泡软后和着碎肉等炒成臊子，待亲送友别具风味。

“节物食新忆故乡，春来时未接青黄，昨年友愧今犹在，蒸蒸依然发清香。”可见，一盘家乡“碾转”，能激起多么幽深的思乡之情。

人生岁月多磨难。小时候的日子虽苦，由于每年都能吃到这种美食，倒也留下了幸福甜蜜的滋味。时过境迁，如今生活水平节节攀高，鸡鸭鱼虾已显得餍肥腻口，而故乡的石磨也早在20世纪80年代就光荣“下岗”了。

多想再吃上一口馥香喷口的“碾转”啊！

腌小瓜干 / 汪树明

小瓜，是乡下人对越瓜的俗称。小瓜有青、白两色，长约两揸左右，皮薄肉厚，口感爽脆。

小时候，家家户户的菜园子都少不了种上一两分地小瓜，一是生食清热止渴，二是生腌凉拌佐餐，三是腌渍晒成瓜干，收藏备用。

“谷雨前后种瓜点豆”，长辈们适时种下小瓜，待到农历五月前后，头茬瓜就可采摘了。小孩子总是等不及小瓜长大，一天看几遍，结果连“小嫩妞”都被偷摘尝鲜了。

早晚饭前，母亲到菜园摘来一条小瓜，洗净、辟开、去瓤、切片，放进小盆略加腌渍。我们在一旁剥上几瓣大蒜，递给母亲用菜刀拍碎，撒入腌渍的小瓜片内用筷子搅匀，再拌上自家做的豆酱、甜面酱，就是最美味的佐餐小菜。

吃饭时，全家人围坐在门前树荫下的饭桌，有了脆生生、咸津津、鲜沉沉的小瓜菜佐餐，就连山芋干粥一顿也能吃上几大碗。

过了酷暑七月，小瓜秧被炎热的夏季耗去了青春的力量，从盛产期进入尾声，瓜叶枯萎、叶老面黄、瓜藤枯死，难见新鲜劲儿。这时，小瓜就要拉秧了，砍掉瓜藤扔进猪圈让猪儿啃食。

摘下的瓜，挑选一些嫩的以备生食和凉拌，其余大肚子、歪尾巴、大瓜背着小瓜的瓜老儿，则全部用作腌渍小瓜干。

腌小瓜干，程序极其简单，大致步骤为洗瓜、剖瓜、去瓤、腌渍、晾晒、收藏。

晾晒的工具五花八门，少量的就放在菜篮、柳筐等日常用具内；量大的用板凳、树棍、柴帘搭制成晒台；还有的则直接放到低矮的草堆、屋顶上，但都要选择阳光充足的地方。

从洗瓜到瓜干晒成，时间可长可短——晴天好日，一周半月；若遇阴雨天气，那就没个数了。

洗瓜大多是孩子的事。父母挑好了要晒的小瓜，我们用菜篮或草篓挎到水塘边，哗啦一下将瓜倒进水里。小瓜漂浮在水面上，我们也随即跳进塘内，边洗边玩。只等到大人呼喊，才捞起小瓜，装进篮（篓）内挎回家去。

洗净的瓜抽干水气后，母亲一刀下去，将整条瓜一剖两半。我们便找来五分钱硬币，蹲在地上把小瓜瓤刮下。

去籽去瓤后的瓜片，白天稍加晾晒，晚上就可以一层一层地码到小坛里。

瓜片凹槽朝上，就像辟开的竹片，码一层撒一层盐，以便盐分浸入瓜肉。经过一夜的腌渍，盐珠大都变成盐水，脆生生的瓜片也变得塌软。

早上捞起，拧干盐水，放到屋前的芦柴帘上暴晒，晚上收回再放回盐水中……如此反复几次，直晒到瓜片薄薄的、硬硬的，表面渗出一层白色的盐硝，再用细绳穿起挂在墙上，随吃随取。

父亲切小瓜干丝最拿手，把两三片小瓜干叠加在一起，急速的手起刀落后，一大把瓜丝就在刀下堆起来。

将瓜丝用开水焯一下，加上青椒丝，拌上酱油或滴几滴香油，就是一道难得的风味小菜。来了亲戚，母亲加上葱、姜、油爆炒，不失为极好的待客下酒菜。

前几日，因事回趟老家。嫂子问我吃什么，我脱口而出：“夏芋干粥，再切点小瓜干就行。”嫂子歉意地一笑：“这个真吃不到。”

看来，曾经的美食只能留在回忆中了。

石磨豆腐 / 孙庆丰

小时候，村里几乎每家都有一口青石磨，农闲的时候就嗡嗡地转起来。石磨除了磨玉米摊煎饼，就是磨豆子做豆腐。那石磨豆腐的味道，在我离开老家多年后，至今依然清晰地留存在嗅觉的记忆里。

做石磨豆腐用的豆子，都是农家自己种的。和玉米高粱相比，黄豆产量低、侍弄难：春天播下种要防鸽子刨，长出苗要防兔子啃；为了从“山贼”嘴里夺下豆子，庄稼人一年要多操很多心。但每家每户都还是要留下一块地种黄豆，为的是年节能吃上一锅热豆腐。

每逢年节，常常是大人带着孩子，把黄豆一粒儿一粒儿地挑选出来，剔除泥块和豆梗，用簸箕带到村头“破豆碴子”。黄豆一放上光滑的碾盘，立刻就要四散奔逃，大人用扫帚护住，小孩子在后面推了碾子慢慢滚过去。只一圈，黄豆就开了两瓣儿，三五圈下来就压成了豆碴。收回家倒在瓦盆里泡上半天，就可以端上青石磨，准备磨豆糊儿了。

石磨不比石碾，两块磨盘严丝合缝地咬合着，推起来特别费劲，所以村里人就把毛驴牵出来，套上夹板蒙上眼套，一往无前地转起来。豆碴和着水从上面的磨眼儿填下去，白色的糊儿便从磨口汩汩地流下来。二斤的豆子，能磨出来满满两大盆的豆糊儿。

石磨豆腐的关键操作在厨房。村里的老屋大都一个模样，一进门就是厨房，左右放着两口大铁锅。磨出来的豆糊儿就放在灶台上，先把半盆豆糊儿倒进铁锅用温火烧开，剩下的一瓢一瓢扬在沸腾的豆浆上。

这时候灶膛里的火很关键——硬了不行，会糊锅；猛了也不行，那样会把一锅豆浆全扑到外面去。母亲站在灶台边扬着豆浆，我坐在灶膛口的小板凳上，听着母亲的指令添柴拨火。热豆浆烧开滚起来，母亲一瓢凉的浇上去，锅里顿时安静下来。火烧大了，豆浆猛扑到锅边，母亲就吆喝我赶紧把锅底的柴火拨开，锅里的豆浆霎时如潮退一般解了燃眉之急。

豆浆烧好后，父亲在另一个灶台上面挂上纱包，把豆浆一盆一盆地用纱包滤到空锅里。小孩子忍不住诱惑，就从柜橱里拿着大碗伸到纱包底，让滚烫的豆浆带着香气填满碗口，然后把大碗捧在鼻子底下，眼睛盯着豆浆，一小步一小步地挪回里屋，掀开柜门加上满满的一匙白砂糖，再晃着头吹着气咕噜咕噜喝完。

如果动作慢了，就赶不上在父亲清水冲渣前再接一碗——之后的豆浆加水稀释了，不再是浓醇的原汁原味。豆浆在过滤后有了区分：锅里的豆浆即将成为饭桌上的美味，纱包里剩下的豆渣则成了猪槽里的拌料。

接下来，是做豆腐的关键一步——卤水点豆腐。老家人不会用石膏，而是用老祖宗传下来的卤水方法。父亲说，用卤水要适度，不能多也不能少；点卤水的温度要把握好火候，不能高也不能低；搅动豆浆的动作也要拿捏稳，不能快也不能慢，只有这样才能做出又香又嫩的豆腐。

撒了卤水后没多久，豆浆就开始结块，慢慢变成了豆腐脑儿。把刚刚烧豆浆的灶台收拾出来，在锅沿儿放上草筛子，里面铺上纱包，然后把豆腐脑儿倒在筛子里，用纱包包好压实。半个小时后，豆腐就可以出锅了。

又白又嫩的豆腐端上桌子，颤巍巍地冒着热气。切点葱花、蘸点蒜汁，夹一块放入口中，那种滑嫩、香甜，在舌尖上留下的绝对是最美的触觉和味觉享受。

在城里生活了近 20 年，从没有吃到过和老家一样味道的石磨豆腐。近几年，村里的石碾拆掉了，整修院子时也把石磨挪到了墙角。遗憾的是，我没有从父亲的手中接下祖上传承的石磨豆腐手艺，只能让那甜美的味道永远留在记忆中。

摊豆折 / 徐晟

豆折是湖北的一道特色小吃，也是农村过年必备的年货。

摊豆折一般在冬月进行。选个晴好的日子，将一定比例的大米、绿豆分别装进挑水用的木桶里浸泡。隔天之后，大米、绿豆泡涨了，用筲箕在清水中滤出绿豆皮，将淘洗干净的大米、绿豆拌匀磨成浆，就可以摊豆折了。

摊豆折耗时费力，需要五六个人分工合作，往往要请左邻右舍或垮里的亲戚来帮忙。摊豆折靠手上功夫，我家由母亲在灶台上操作。

农村的土灶，里外两口锅，母亲手握一只硕大的干净蚌壳，挑一勺米浆迅速撒进滚烫的铁锅，再用蚌壳背面"唰唰"几下，将米浆在锅里糊匀，烙成薄薄的软饼。一口锅里下浆，另一口锅里软饼就烙好了。如此反复，轮流起锅，让人眼花缭乱。

这时候需要往灶里添柴的人默契配合，控制好火候——泼浆时火要大，起锅时火要小，不然灶台上就会乱套。

外婆是母亲的最佳搭档，每到摊豆折的时候，母亲就会让我把外婆接来。

刚起锅的豆折又烫又软，容易粘在一起，需要先摊在筲箕背面冷却，再端到外面的簸箕上切丝。一般要等筲箕上盖四五张豆皮才往外端，我和姐姐为图表现，总是抢着端筲箕。

父亲在天井架好门板，搁上切豆丝的簸箕，就去给母亲打下手，帮忙添米浆。母亲腰酸难受时，父亲就替换一会。父亲摊的豆折厚薄不匀，有的还会弄煳，所以很快又被母亲换下灶台。

冷却的豆皮黄中泛青。过来帮忙的婶子们一个比一个手脚麻利，她们坐在长板凳上，一边闲聊一边熟练地卷起豆皮。“咚咚咚咚……”只听到刀落到砧板上的响声，豆折从她们指尖落下立马变成了整齐的豆丝。

摊完豆折往往到了深夜，来帮忙的人少不了要招待宵夜。新鲜的豆丝放几根大蒜一炒，洒点油盐，又香又糯；没有切丝的豆皮包点咸菜，油锅里一煎，香脆酸爽，让人回味无穷。

一个冬月，今天这家摊豆折，明天那家摊豆折，邻里乡亲互相请来送去。原本没打算摊豆折的人家，此刻也改了主意支起家伙什儿，毕竟礼尚往来，脸面上的事，接了不能不还。整个冬月，几乎家家户户都能吃到新鲜的豆折。

切好的豆丝要摊在门板上，晒几天日头，待颜色变灰，晒干变硬才能长久存放。将晒干的豆丝放到砂锅里炒，冷却后又焦又香，是我们小时候的零食。从冬到春，上学路上，我们的口袋里总装着香香脆脆的豆折。

住进城里后，再也吃不到乡下的土灶摊豆折了。嘴馋时到市场上买点，却怎么也吃不出儿时的味道。如今，北风呼啸，又到了摊豆折的时候。儿时摊豆折的情景一幕幕再次萦绕在脑海，成了挥之不去的一缕乡愁。

醪糟香 / 周其运

又到了做醪糟的时节。虽然身在距故乡万里之遥的西北边陲，但醪糟那芬芳的气息依然萦绕在记忆深处，经久不息……

每当入冬，做醪糟的农家就会把大米或糯米洗净泡软，倒入铁锅加水蒸煮。水要适度，太多会将米煮得太烂形同熬粥；太少米会太硬而影响醪糟的品质。

在缭绕的烟雾中，米粒开始膨胀，变得晶莹剔透。将半熟的米粒铺在案板上，冷却后加入甜酒曲搅拌均匀，然后放入一个大瓦盆内。

瓦盆正中留一个深深的圆孔，向里面注入适量凉开水，让米粒保持湿度，再将剩下的少量酒曲顺着圆孔全部倒进瓦盆。

用干净的白布将瓦盆盖严实，外面包裹上棉絮放到灶台上一口闲置的大铁锅中，四周再覆盖一层厚厚的稻壳或糠麸。

在锅灶下方的柴禾灰中浅浅地埋上几根木炭，并通过及时添加木炭保持长久的高温促进发酵。记得要时常转圈移动瓦盆，以便让盆内的糯米受热均匀。

数日后，当一股带着淡淡酒香味的气息涌出瓦盆，弥漫到整个室内时，醪糟就可以出锅了。揭开盖子，你会看到充分发酵的饱满米粒躺在乳汁般的液体中。

有人用勺子小心翼翼地挖出一点儿来放在舌尖细细品尝，任凭那带着酒香的甘甜将味蕾浸润得妙趣横生，将带着成就感的喜悦毫无保留地洋溢于脸庞。

此时，调皮的孩子早已按捺不住了，急吼吼地踩上板凳揭开锅盖，一勺接着一勺地品味着醪糟传递的无上美味，把点缀在嘴唇的芬芳拾掇起来，一并化作沁入心脾的幸福感怀。

故乡人不仅心灵手巧，能做一手上好的醪糟，而且淳朴善良，总会及时地将好的醪糟与左邻右舍、亲朋好友分享。

醪糟的吃法很多，通常人们会取一两勺直接兑上清水煮沸，或加水烧开后加入荷包蛋、汤圆或糍粑煮熟，最后依据个人口味加入适量白糖。

故乡的醪糟，无论从气息、味觉到口味、质感，都透着香甜醇美，成为充盈漫长枯寂寒冬的幸福元素。

那阵阵醉人的醇香，不仅融化了严寒的冰冻，也让人的心里暖意融融。

多少次梦回情系魂牵的故乡，再次品尝那芬芳馥郁的醪糟……唯愿我的心灵能长久沉浸在那质朴乡风和岁月静好中。

土糖寮 / 雅妮

立冬过后，田里的稻谷都已归仓，又到了收获甘蔗的季节。

南流江沿岸平原山丘的沙质土壤很适合甘蔗生长。二十世纪七八十年代，廉州平原上各家各户几乎都会种上几亩甘蔗。成片的甘蔗长得郁郁葱葱，密不透风。

收获甘蔗的日子，乡亲们都来帮忙，男女老少齐上阵，帮完一家再帮另一家。十来岁的少年，满身的力气，干活只懂拼蛮力，适合把甘蔗砍倒；有力气又有经验的大人，拿着弯月一样的蔗刀，三下五下削掉甘蔗身上蓑衣一样的老叶子，再削下茂盛的绿梢头；上了年纪的老人，带着竹篾藤条，把去掉“蔗衣”的甘蔗几十斤捆成一捆；年纪更小的小娃，则把绿蔗梢拢成堆——那可是牛儿过冬的好饲料。

甘蔗砍下后，一般都是用牛车拉到附近的土糖寮去榨糖。糖寮前宽阔的空地中央，巨大的石磨盘上摆着好几百斤重的石碌。榨糖时，得用大水牛来拉转石碌，将甘蔗从石碌中间的缝隙这头挤进去，就会从另一头变成细渣出来。

如此经过四五次绞榨，蔗渣干得可以当柴烧。绞榨出来的甘蔗汁顺着磨盘中间的凹槽，经过一根长长的竹管再流入一旁熬糖的大锅。

并排一溜过的几口大锅下，灶火烧得旺旺的，糖寮里糖香氤氲。煮沸的甘蔗水依次从一口锅舀到另一口锅……到最后一口锅的时候，糖浆基本熬熟，马上就要出糖了。

这时候的糖浆，又叫“嫩糖”，早已守候多时的娃娃们就是冲着这个来的。

趁着制糖师傅不注意，娃娃们迅速伸出早就准备好的甘蔗在糖锅里搅几下，糖浆就一圈圈、一层层地黏在甘蔗上——这可是小时候只有冬天才能一饱口福的“糖棍”。

冷却后的“糖棍”，透着琥珀样的光泽，掰下一块放进嘴巴里嚼着，满嘴都是带着蔗香的清甜，比代销店里一毛钱四个的水果糖好吃多了。

有时候，奶奶会用陶瓮盛些“嫩糖”回来，往里撒上炒熟的花生碎，趁着糖还没完全凝固结块，揪起一团用力往外扯。反复拉扯几次后，“嫩糖”的颜色慢慢地变淡变白。掰下一截来吃，蔗糖的清甜裹着花生的喷香，真是越嚼越有味道。

制糖师傅用大勺子把熬熟的糖浆舀出来，倒在一旁的模槽里，制成一块块菜花色的红糖片，盛装在用干稻草垫底的大瓦缸里。

生活在廉州平原一带的人口味偏甜，红糖一年四季都不可或缺，过年时更是少不了。打腊月二十起，红糖片就被陆续运到周边的圩场上出售，赶在春节前卖完。有红糖出卖的人家，日子都过得很宽裕。

儿时的土糖寮曾给乡亲们带来富足的生活，也甜蜜了我们这一代人对于冬天的回忆。可惜，现代化的糖厂建起来后，土糖寮便逐渐淡出了人们的生活。

如今，在寒冷的冬夜捧着一碗热腾腾的姜糖水，怀想着那些有土糖寮相伴的快乐时光，心里便觉暖暖的。

乡间烧酒 / 廖辉军

稻谷入仓，秋菊见霜。冬至过后，乡下又到了烧酒的好时节。纵使距离故乡千里之遥，乡间烧酒那浓郁的醇香仍萦绕在我的记忆深处，挥之不去……

每至隆冬临近年关时，家家户户就会在村头巷尾搭个简易炉灶，用柴火蒸煮一大铁桶酒糟。酒糟一般需要提前个把月备好：将谷米用锅蒸熟摊凉，加入适量酒曲，搅拌均匀后倒入密封的大酒缸内发酵，就可以上灶烧制了。其中，含谷的就叫谷烧，有米的就叫米烧。

说起这烧酒，还真是乡间一绝。酿酒的师傅一般都是上了年纪的长者，据说只有对烧酒颇有研究且怀有深厚感情的人才能烧制出自然纯正、醇厚香溢的酒味来。

烧制过程中，对火候的把握颇有讲究——火太猛了，烧出的酒会有糊味，苦涩得难以入口；火势跟不上，又失去了烧酒独有的烈味，淡得如水般没有醇劲。除此之外，还要保证一定的出酒量，毕竟用来烧酒的粮食浪费不得。

当一线温热而冒着热气的酒液顺着长长的管子流入容器时，整个村庄便弥漫在一阵阵醉人的醇香中，冬日的阳光此时也显得更加温暖。

除了会烧酒，烧酒师傅还要懂得品酒。每次酿出的头酒，都会有人用一个特制的漏斗小心翼翼地接起来，先对着灶堂敬上一敬，作为孝敬灶神祖师的见面礼，再倒进炉灶中的熊熊火焰中——那窜腾起的火苗足以说明烧酒的劲度。

紧接着，烧酒师傅接上一碗新酒，趁着温热端在唇边先用舌头轻轻地舔上一舔，再喝上一小口含在嘴边反复品咂，直到额上的汗珠沿着脸上的皱纹舒展开来，流入碗中。这时，主人便会意地用簸箕端来炒熟的花生，邀请街坊乡邻且饮且酌，权当庆祝这难得的好酒诞生。

每每听乡亲们说起“买饭不饱，打酒不醉”，似乎只有自家酿的酒才能敞开肚皮喝。用谷米制作的烧酒，虽不像城里售卖的瓶装白酒那样登得上大雅之堂，但在乡间用来招待亲朋好友却是最好不过——除去味道自然醇厚、清冽甘甜外，更重要的是它寓示着丰衣足食、五谷丰登的幸福日子与祥瑞年运。

经受岁月熏陶的烧酒，年代越陈久反而越醇香。也只有在品味陈年烧酒时，才能尝出那珍贵的品质、精致的韵味和幽深的意境。

多少次梦里回到恬静如画的故乡，我抛弃世间的喧嚣与繁华，抖尽身上的尘埃与疲惫，在这烧酒一般难得的质朴乡风中不醉不归。

酒是陈年香，酒是故乡醇。

黄酒 / 张忠文

我的家乡在鄂西北大山深处的房县，是全国有名的黄酒之乡。据史料记载，这里酿造黄酒的历史可追溯到西周，几千年来代代相传，几乎家家户户都会酿黄酒。

在我的记忆中，母亲就是酿黄酒的高手，从做曲到酿出全部自己动手。

“九月九”做香酒。每到野菊花盛开之际，是家乡人酿酒的最佳时节。母亲拿出糯米，择去杂物，用山泉水淘洗干净，再上甑蒸熟，倒入筐箩摊开降温。

我们早就等在筐箩旁，看着热气腾腾的熟糯米直咽口水。这时母亲会为我们捏上一小坨沾白糖吃。在那个艰苦的年代，这对我们来说就如同吃肉，心中快乐无比。

当熟糯米晾至与体温差不多时，母亲便撒入适量酒曲粉，拌匀后装入洗净的瓦盆，边装边用手压实、抹平，并在瓦盆中央留下一个圆窝窝（洑窝），再加入一碗温开水，然后将瓦盆放入稻草窝中保温发酵。

一般一天一夜后，便能闻到酒香，瓦盆中间窝窝里的水已变成清醇甘甜的酒洑汁，糯米也变成了甜糟，满屋的香甜味最是诱人。

刚下洑的甜糟，酒劲小，妇女、儿童都喜欢吃。我最喜欢悄悄地用小匙子刮着洑汁窝边的甜糟吃，那甜甜的幸福至今仍记忆犹新。

直接吃甜糟，太侈靡浪费了。母亲把甜糟装进小口坛子密封，放至腊月，让甜糟变成甜中带苦的酒糟子，酿成黄酒，待春节时饮用。

“莫笑农家腊酒浑，丰年留客足鸡豚。”酿黄酒，家乡人叫熬糖酒，是准备过年的重要事项之一。一般在腊月上中旬，母亲便挑选优质饱满的小麦用水泡胀，放入豆芽缸或有洞的瓷盆中覆盖湿毛巾放在灶台上，每天早晚各淋一次温水让其发芽。经过十天半月，小麦长出嫩黄色的麦芽。

这时，母亲用石磨将麦芽磨成浆，兑水煮沸，用纱布滤去粗渣倒入大木缸中，再加入适量凉开水和早在秋季做好的酒糟子，保温发酵三天左右。

发酵的过程中能听到嗞嗞啪啪的声响，如同无数螃蟹在塑料布上爬动，又好似千万只蛐蛐在轻声吟唱。发酵完成后，木缸中的酒糟便浮在上层，汁液呈浅黄色。

母亲在酒缸中插入一个竹篾酒抽子，滤去酒糟，从中舀出汁液，这便是真正的黄酒了。黄酒起缸后被贮存到大酒坛中，待到有客人来或春节时饮用。

在物质匮乏的年代，糯米酿十分珍稀，用糯米酿的酒只有春节或有客人时才舍得喝。平常主要用普通大米和玉米酿黄酒，无论出酒率还是味道都不及糯米——特别是玉米酿的黄酒，又苦又涩。当然，在夏季麦收后，母亲也会用麦粒脱皮后，做甜糟为我们解馋，但它不耐贮存，在常温下不到一周就变酸了。

如今，红酒、啤酒和白酒几乎已经取代了黄酒的地位，但是家乡人酿黄酒、喝黄酒的习俗还一直保留着。

黄酒就如同小家碧玉，也许不够风雅、时尚，上不了大台面，但它温润甜柔，清而不俗。热了，喝一碗，爽心润肺；冷了，温一碗，暖身暖心，总是如此体贴入微。

每年春节，千里房县处处黄酒飘香。我们这些归来的游子围着火炉，温一碗母亲酿的黄酒，更能切实感受到家的味道。再次挥别故土，满满的行囊里自然少不了家酿的黄酒

那温热香醇，一如家的味道，令人回味无穷……

山里果 / 李朝俊

故乡桐柏的山里果，又叫八月炸，也称山里红、红果。

长在山坡上、陡山崖、河沟边，是山里果的特性。红的似火，外红里红沙甜，爽口到心底；白的如絮，里白外白干面，香醇溢满口；紫的如蓝，紫蓝浑为一体，甜汁粘舌尖；藏青暗绿相间者，最好莫去尝它，酸倒牙不说，咬一口咽下，有种难言的热劲，直冲鼻腔脑门，而后深入五脏六腑。

山里好东西，自有主人守。山里果的主人，有毒蜂筑巢相守，有山兔伏地警惕，有花蛇绕树瞭望，有怪石苔藓暗哨……形形色色不一而足。

山坡朝阳茅草丛中的这棵，隐秘不透风，果红大如李。别急着摘，让牛去趟一趟，惊走草蛇山蟒，叫醒毒蜂虫蝎。美果美食人类喜爱，山中动物更愿守护。夺人之美，打个招呼，也算是礼数。

陡山崖上的那棵，果白香飘，光彩照人。看清脚下的道，莫不管不顾贪嘴，小心摔下山沟里。最好用放牛的竹竿棍在草窝周边捣几下，看土石上的青苔藓湿不湿滑不滑，有没有蝎子毒虫。

背山缓坡那几棵成伙长的，尽管放心去摘，放开肚皮去吃。好摘好吃的山里果树下，还有好看好玩的，就看你有没有胆量，有没有好运气。

山里有规矩，摘果要留情。再甜再好的山里果，不管是谁都会采到八成，留下两成敬山敬神敬鸟。谁要是下狠手，想独吞，将果子一次摘光，肯定会招毒蜂蜇蜈蚣咬。

规矩必畏，老话须听，野果共享，这是约定俗成。山里人心里明镜似的，那漫坡遍崖的山里果，除了先人留的，大都是鸟儿的功德。鸟食美味，果入腹内，籽入粪土……天然种植，来年春天，芽出苗成，年复一年，果树满山。

腿长手长，心眼实诚，是山里娃的共性。腿长，长在远山近峰爬遍；手长，长在逮鱼摘果全能；心实，实在遵规守矩都中。穷人的孩子有穷招，饿了渴了山中全有，办法简单实用，动手就地取材。夏天喝天然山泉，秋天食美味山果。

吃饱吃足吃好，再脱下长袖布衫，将袖口打结弄紧，为山里果找个“吃不了兜着走”的好地方。而后骑着水牛，背着山里果，提着摘果子时意外收获的山鸡和野兔，俨然夕阳下凯旋的大英雄。

“少小离家老大回，乡音无改鬓毛衰。”再次回到村里，却惊喜地发现人们的环保意识已是今非昔比，大人孩子都很自觉，再没人随意逮鸟撵兔摘山果了。山里人之所以又能与大山和谐相处，恐怕还是打心眼里认为金山银山不如绿水青山吧。看来，钻山林、摘山果、捉野鸡、撵野兔，只能成为幼时山中放牛的往事，留存在记忆深处了。

桑葚熟了 / 吕映珍

又到了桑葚甜桑葚酸的季节。

桑葚，又名桑果，桑树结的果子。初熟的桑葚，点点的酸，清清的甜；熟透的桑葚，甜甜软软，轻轻一抿，满满的汁水就流满口腔。那种香甜的味道、软糯的感觉，霎时浸满全身，惬意极了。

“一口，就一口嘛。”我对着奶奶撒娇。“小时绿，长大红，换了紫袍引馋虫。”我让奶奶一面学唱着歌谣，一面将馋虫（舌头）伸得长长的，迎接我手上那油亮亮、紫盈盈的桑果。然后呢，奶奶的脸笑成了一朵花，没牙齿的瘪嘴吧唧吧唧，“甜，蜜一样甜！”

这美丽香甜、充满童年记忆的果实啊……我仿佛回到了童年，回到那无忧无虑的时光。

老家的后山是一片桑树林。桑叶长得很茂盛，绿油油、水灵灵，一簇簇、一团团的。印象中好像没见过桑树有一场盛大的花事——或许它只记得长叶忘了开花，又或者它的花儿开得淡而细碎，不像玉兰、海棠那样轰轰烈烈，压根儿引不起别人注意。

刚长出来的小桑葚，绿头绿脑，那么小的绿果儿羞涩地躲在密叶间，像藏在闺中的少女，只有青梅竹马的伙伴才见过她们的真容。然后，小桑葚由浅绿变白变大，再成紫红色。待麦子快熟时，桑葚也就熟透了。

桑葚成熟期并不算长，最多十天半个月。在生长后期，往往前一天还是满枝头的青色，经过一夜月光的浸染，风一吹，熟透的桑葚便“噼里啪啦”落了一地。

采摘桑葚要当时。半青半浅红的酸，最好吃的是由红刚转紫变乌，还没有白雾似的霜色时。扔一颗到嘴里，那个甜呀，直到心坎里心尖上。

大人挑着筐去采桑，孩子自告奋勇来爬树。桑树不高，节多、枝杈多，手攀脚踩很容易就上去了。采桑的同时，孩子当然不忘顺手摘几粒桑果放进嘴里，吃得满嘴发乌。

林地边上有一棵白桑葚树，果实甜得像槐花蜜一样。每次采摘回来，我都用小手托着一捧给坐在门口的奶奶送去，让老人家尝一尝白桑葚的味道。

在中国传统文学里，桑葚是富有诗意的。《诗经》写到："桑之未落，其叶沃若。吁嗟鸠兮！无食桑葚。"《世说新语》也有"桑葚甘香，鸱鸮革响，淳酪养性，人无嫉心"的佳句。

桑葚也是富有故事的。至今爷爷讲过的"桑葚异器"仍令我印象深刻。故事说的是东汉末年，蔡顺家贫但事母极孝，桑葚下来时，他把熟透的紫色桑葚放在一个篮子里给母亲吃，不熟的放在另外的篮子里自己吃。后来才知道这是二十四孝里的故事——没想到桑葚居然成为孝道的一个载体、一个符号、一个民族文化的意象。

读《三国演义》，记得第一回有一段描述："玄德幼孤……其家之东南，有一大桑树，高五丈余，遥望之，童童如车盖。相者云：'此家必出贵人。'"遥望自家四周，哪来桑树踪影？看来贵人是出不了了，还是多吃几个桑葚，留住这故园和童年的味道吧！

老树龙眼 / 雅妮

龙眼，外形圆滚，皮青褐色。去皮则剔透晶莹偏浆白，隐约可见肉里红黑色果核，极似眼珠，故得名“龙眼”。因龙眼成熟于桂花飘香时节，又称桂圆。

合浦地处亚热带，三面临海，雨水充沛，适合龙眼树生长。早在一千多年前，合浦龙眼就因苏东坡的一首《廉州龙眼质味殊绝可敌荔枝》而名扬天下。

二十世纪七八十年代，乡人种下龙眼树，一般都疏于打理。那时候吃的龙眼，都是原生老树龙眼，核大肉薄，肉核相连甚紧。剥开龙眼皮，果肉晶莹，薄薄的一层裹在暗红色的果核上。

塞进嘴里，须用上下唇噙住整个龙眼，牙齿咬入龙眼肉中，然后用舌头慢慢推动龙眼，绕转一圈，才能将龙眼肉与果核剥离。合浦当地人不说“吃”龙眼，而说“lěn”龙眼。一个“lěn”，很形象地描述了吃龙眼这一动作过程，只可惜在汉语里找不到对应的词。

每年七八月间，正是廉州龙眼成熟的时节，满树累垂成串的龙眼甚是诱人。不过，这些老树的树龄大都已数十年甚至上百年，高大婆娑到有三四层楼那么高，要将龙眼从树上摘下来并非易事。

果树为祖上所传，为几家叔爷伯公共有，一般都是几家人约好时间，老少齐出动聚在树下摘龙眼，场面可谓壮观。再看使用的装备，有长竹梯、绳索、特制竹竿、大小箩筐……应有尽有。

即使是长竹竿工具，也各不相同。比如，一种是在长竹竿的顶部装把钩刀。摘龙眼时，高举长长的竹竿钩住龙眼枝往回拉，再用力往下一拽，直接干脆利落地将枝钩断。

能使用这种工具的，都是有力气和经验的人。带着整串龙眼的枝梢掉下来时，下面要有人用手或箩筐接住，以防龙眼摔满地。递筐接龙眼，要有默契和眼色，也是一门技术活。

还有一种简便实用的工具，将竹子顶端剖开两三寸，用木片或小段树枝把剖面撑开呈“V”字形。摘龙眼时将开口处叉住龙眼枝，旋转将枝扭断，整枝龙眼便夹在“V”字的尖叉中，不至于掉下来。

摘老树龙眼真不是一件轻松的活儿，难怪老人们都说“落龙眼”呢。

“落龙眼”是大人的事，小孩子更喜欢的是爬到树上，倚在粗壮一些的树枝上，一手扯着枝梢，一手摘下龙眼往嘴里塞，然后将果皮果核噗噗地往下吐，很是神气。

在大人的眼皮底下光明正大地爬树，而不用担心招来训斥，估计这样的机会一年也就这么一次，所以孩子们都敞开了疯玩。

如今乡下种的都是嫁接的良种龙眼，树形不高，伸手就可摘到。良种龙眼果大肉厚核小，去掉皮后轻轻一咬，龙眼肉便与果核分离开了，根本不须劳烦舌头。

每次回乡下，老屋前那棵曾经带来许多美好回忆的老龙眼树依旧枝繁叶茂，满树龙眼，却无人问津。父亲说，现在的人都嫌麻烦，没人爱“l ê n”老龙眼了。

南瓜红了 / 夏丹

南瓜像接地的晚霞，红了。

秋日的阳光洒在水乡的原野，催熟了五谷，也晒红了南瓜。南瓜像接地的晚霞，红了；带着迷人的粉红色，熟了。

家前屋后、河堤边，满是冗长而繁茂的瓜藤，牵着红红的南瓜，圆的扁的、长的弯的，一个个沐浴在秋阳下，赤条条地躺在热土上。

瓜藤是值得骄傲的。从三月窝苗到四五月移栽、六月开花结纽，瓜藤像母亲哺乳新生儿一样，让一个个小如拇指的瓜纽紧紧依偎在怀中，充分吸吮着由根系输送来的大地养分，一天天长大、变嫩直至成熟。

一切都是那么自然、协调、幸福。随着日月星辰的流转，瓜纽与瓜藤互相生长、彼此守望，谁也离不开谁，就像老歌所唱的那样："瓜儿连着藤，藤儿连着根。根儿越深藤越壮，藤儿越壮瓜越大……"

每每看到瓜纽与瓜藤相依相伴的情景，我总是想到母亲。那时候的母亲，每天要服侍我们兄妹五个的衣食住行，还要喂养嗷嗷蹭食的小猪仔，然后又急匆匆地去队里干活儿。

母亲总把厚粥好饭盛给孩子们，自己则随便吃些剩下的稀饭薄粥。其实，天下的母亲和儿女，不都像瓜藤和瓜纽，是抚育和吸吮的关系吗？正因为此，包括人类社会在内的世间万物才能世代繁衍、生生不息。

七月流火的夏日，是瓜纽成器的季节，一个个栉风沐雨长成南瓜，皮或青或黑，体态或胖或瘦、或长或圆，掩隐在茂密的瓜叶中。

待八月稻花飘香时，南瓜们则从瓜叶中显露出笑脸，迎着初升的太阳慢慢由青黑变橙红，然后在九月的初霜里悄然敷上白色的粉黛。

此时的瓜藤、瓜叶开始一点点枯萎发黄，像是年迈的母亲，完成了一生的使命后，腰弯背驼、满目沧桑。

成熟变红的南瓜，可谓南瓜园里的幸运儿，因为许多尚未来得及变红的青瓜，早已成为我们的盘中餐。炎热的夏季，不少青菜还未长出来，青嫩的南瓜就担当起餐桌上的主角。

青南瓜虽然不甜也不粉，但鲜嫩可口，烧菜熬汤皆相宜。

乡村人懂得取舍，一般会放青南瓜一马，任其成熟后再一饱口福：一来红南瓜更香甜可口，做出来的南瓜汤甜而不腻，即使再粗硬的麦糁子饭，有了南瓜汤的浸润也可顺顺当当地下肚；二来红南瓜有成熟饱满的南瓜籽，这可是乡村人家的好东西，逢年过节炒上一盘，吃起来唇齿留香、欲罢不能。

进入十月，南瓜终于变红、成熟了。乡亲们将其一一摘下，堆放到堂屋的角落里，远远望去就像个红红的小土堆，构成了一道独特的风景——既体现出庄户人家的勤俭持家，也可看出主人的勤劳善谋。

离开老家几十年了，每当在超市或农贸市场看到红红的粉南瓜，就会情不自禁地挑选一个中意的大南瓜，带回家连瓜带汤吃个精光。

吃到了南瓜，方知南瓜红了，由此忆起那些早已远去的乡村岁月，还有我的父老乡亲。

毛栗熟了 / 方洪羽

这个时节，走在大街小巷上，总能闻到一股甜甜的炒毛栗香。循味瞧去，只见那些褐红色的小家伙俏皮地躺在箩筛里，吸引着路人停下匆匆的脚步品尝、购买，我的思绪也随着飘香的毛栗回到了儿时的故乡……

“桂花飘香板栗黄，曹坊山上九重阳。书海奋鳍凭纵跃，天高振翼任翱翔。”一场秋雨过后，漫山遍野的毛栗渐渐熟透了，仿佛一夜之间，毛栗球就由绿变黄，绽开笑脸展露在枝头。

秋风吹过，枝叶随风摆动，有的毛栗球干脆“吧嗒”“吧嗒”掉落下来。平时很少见到的松鼠开始频频现身，这是它们一年中最忙的时候。

那机敏的身影或是在树上的枝条找寻裂开嘴儿的毛栗球，或是在树下茂密的草丛中翻找更加饱满的果实，然后偷偷掩藏在树洞或泥土里，以便过一个安逸、富足的冬天。

成熟的毛栗球大都会在树上自动裂开，露出挤在一起的三四颗栗子来。

这些小东西着实惹人喜爱，一旦成熟就想着从刺球中伺机逃离。饱满的栗子似一颗颗红玛瑙，散落在树根下、草丛里、水沟边……我们经常一大清早顾不上洗脸，就拿个盆去捡拾毛栗。

当然，也有部分顽固的毛栗躲在青黄带刺的刺球中，赖在树上不肯下来。于是中秋前后，大人就会带着孩子，戴上斗笠、背上背篓，拿上竹竿和火钳去打毛栗。

先派人爬到树上，用长竿对准壮实的毛栗球狠狠“扫荡”，那些刺球便连同毛栗纷纷从树上掉落下来。

于是，树下的人不顾一切地冲进“枪林弹雨”中，尽管“全副武装”，还是难免被毛栗球砸中，或被尖刺儿刺得生疼。不过，人们仍然哼着欢快的小曲，秋风扫落叶一般将胜利的果实全部装进背篓。

夜幕降临了，满天星辉。月光下，一家老小围着一堆堆毛栗球摘栗子。

快成熟的毛栗球表面有条明显的裂缝，只要沿缝用脚一踩，毛栗子就轻而易举地出来了；未完全成熟的青球，只能放在地上用柴刀背或石头来砸——砸的力度必须得当，轻了砸不开，重了就砸碎了。

在“解决”掉那一堆毛栗球的过程中，总要被扎出血或有尖刺儿断在手指或掌心肉里，又痛又痒。

因此，摘完毛栗后，在昏黄的灯光下，还得继续忍受大人用绣花针在皮肉里反复鼓捣的“悲惨命运”。好在那时我们并不娇气，很快就忘了疼痛，第二天又高高兴兴地继续“战斗”。

“堆盘栗子炒深黄，客到长谈索酒尝。寒火三更灯半灺，门前高喊‘灌香糖’。”

家乡的毛栗肉质细密，糖分十足。生吃口感爽脆甘甜，只需几颗便解馋、消渴、去饥；炒熟后刚出锅的毛栗香味诱人，吃到嘴里香甜软糯，满口余香。不管是炒还是煮，都无需加料加糖。

煮的毛栗不好去壳，不及炒的毛栗香、酥、糯。如是炒，只需在栗子背上切一刀，再放到大铁锅里用微火炒至焦黄。炒熟后的毛栗“中实充满，壳极柔脆，手微剥之，壳肉易离而皮膜不粘”。

熟透的毛栗壳上有条裂缝，用拇指与食指捏住栗子，只需略微用力，壳便轻易剥离开来，呈现出诱人的金黄色果仁。

你还没来得及深呼吸，那果仁的清香与柴火的醇香就掺杂在一起，肆无忌惮地从它温热的体内逸出，叫人垂涎三尺。

毛栗熟了，我的心里充满了又香又甜的味道。

柿子熟了 / 王纪良

“七月核桃八月梨，九月柿子乱赶集。”

秋风起了，家乡的柿子熟了，

红彤彤的果实在阳光下闪烁着明亮的光泽，

诱惑着人们驻足流连。这是家乡特有的秋韵，柿树装扮着山前坡后、院落周围，

在风中摇曳，充盈着南沂蒙人家的满足。

清明过后，柿树生长出柔软的淡绿叶片，随着时光的推移渐渐变成绿色、深绿色。

待小麦扬花时，柿树就开放出淡黄色的花来，藏在绿叶深处。几场风雨过后，戒指般大小的柿子花落满了一地，小柿子却在悄悄生长。

我们喜欢用针线把柿子花穿起来挂在脖子上，就像一串金色的项链。柿子花的味道有点苦涩，放在清水里浸一晚上，再挂上面糊放油锅里一炸，吃起来格外香酥脆嫩。

村西的山坡上生长着许多高大的柿树，听爷爷说，那是爷爷的爷爷栽的。每棵树枝桠纵横、苍劲有力，有的要两个人手拉手才能抱住，因此成了玩耍的好地方。

我们在玩耍中度着光阴，在光阴里盼着柿子快熟，总是忍不住捡个最大的来尝，却被苦涩的味道弄得哇哇大吐，于是更加盼望秋天快来，柿子快熟。

包产到户后，我家承包的山地里就有几棵老柿树，树冠高大如盖。

深秋下过霜后，柿子熟了，我们便爬上树，专捡红得发亮透明的软柿子，先咬个小孔，再瘪起腮帮子一吸，甜蜜、清凉的汁液便流进嘴里，那种满足的感觉至今记忆犹新。

柿子树的收入不如蜜桃、苹果，就算熟了，还要加工脱涩才能赶集上市，不少人家都把柿子树砍掉另栽上别的树种。

因为是爷爷的爷爷栽的，我家对那几棵柿树特别有感情，即使收入减少也不愿砍掉。每到秋天，我会把小伙伴领到自家果园里采摘柿子并大快朵颐，那成了我的一大骄傲。

世间事总是变化莫测。沂河边园艺厂的老板看中了我家的柿树，开价每棵从一千元涨到三千元，我们没有卖，就让老柿树这么独领风骚地站在高坡上，诱惑着人们的眼睛。

家乡开展城镇化建设，一条新建的乡村公路从山间穿过，老柿树正在其中。园艺厂的老板又来了，“卖了吧！我给找了个好人家，园林局看中了……”

如果不卖，老柿树该何去何从？对于它们来说，这也许是最好的归宿。

最终，每棵柿树以六千元的价格卖了出去。起树时，我没有去看，听说动用了挖掘机、汽车吊、托盘车，三十多口人用了两天才弄走。

手里攥着厚厚的钞票，家人却怎么也高兴不起来。我想以后，孩子的孩子再不能骄傲地告诉别人：“这几棵柿树是俺爷爷的爷爷栽的。”

西风起了，秋意浓厚；秋霜降临，层林尽染。如今的家乡，火红的柿子又挂满枝头。有谁知道，柿树要经过一冬的等待、一春的孕育、一夏的风雨和一秋的霜染，才能把一身的苦涩幻化成香甜的果实？

走过家乡的柿树，摘一个熟透的柿子吃在嘴里，我却总是在甜蜜中回味到一缕苦涩，然后酸酸地酝酿在心头……

老月饼 / 张万武

爷爷离开我们已经10年了，那长长的寿眉和刀刻似的皱纹再也看不到了，可他制作的老月饼却总是在我眼前晃动，时间越长越清晰，似乎一伸手就能抓住尝一口。

爷爷是农民，却丁点儿农活都不会，只会厨艺，做老月饼更是拿手。爷爷自幼拜师学厨艺，手艺精湛，但凡与吃喝有关的烹饪菜肴、制作面点和酿制饮品无不精通，酿酒、调醋、做酱油无所不能。

1949年解放前，他在城里给学校、粮行做了30余年的饭，还带过不少徒弟。解放后，不会使唤农具的爷爷只能在村里看场护院。1958年“吃大食堂”时，爷爷有了用武之地，天天择菜、洗菜、做饭、打饭，即便挥汗如雨也不知疲倦。到了中秋节，他就给社员们制作老月饼。左邻右舍也请他做月饼，他是来者不拒、分文不取。

爷爷做的月饼个大馅多，房前屋后成熟的红枣、山楂、苹果、梨子就是月饼现成的馅料，甜料也不用外面买的白糖，而是自家产的玉米、红薯、大麦制作的糖稀或蜂蜜。

爷爷做的月饼香甜爽口，吃起来“小饼如嚼月，中有酥和饴”，比市场上买的还好吃。

爷爷制作糖稀的方法很简单。先把红薯切片，用菜刀剁成粒状，然后把红薯粒放到石磨上磨成薯浆。将一块四角系上绳子的细白布吊在十字架上，用来过滤薯浆。

听爷爷讲，小时候爸爸在剁红薯粒时，伸手去薯槽里捡拾杂物，结果被一同剁薯粒的叔叔不小心剁着了大拇指，直到现在左手还留着伤疤。

薯液沉淀后，就成了红薯淀粉，经过糊化，再加入大麦芽汁糖化为糖稀。

爷爷说，秋天红薯一刨下来就要抓紧做糖稀，不能等红薯堆放出了“汗”再做，那时红薯已经糖化，做出来的糖稀熬制的饴糖色重不好看。

用饴糖制作的月饼，表皮糯软有嚼劲，颜色好看，香气诱人。月饼做出来后，爷爷让会木工的二爷做些木盒装起来，外面用红纸或其他彩纸装饰包扎，好看极了。

伯父说，小时候家里亲戚多，爷爷做完月饼就到城里打工去了，小脚奶奶走不了许多路，就由十二三岁的他负责走亲戚送月饼。刚开始还很新鲜，走过几天就累得受不了，有的亲戚住在十几里外，当天往返很辛苦。

有一年，他去老乐山附近的姨姥家送过节的月饼，走到半路时又累又困，不知不觉靠在路边的土坡睡着了，一觉醒来时太阳已经偏西。没法走这趟亲戚了，饥肠辘辘的伯父就壮着胆子把月饼吃了。吃过月饼后口渴难耐，就从小溪掬几捧清甜的山泉水喝，然后像没事儿人一样回到家。

爷爷奶奶终究得知了中秋节没人去姨姥家走亲戚，伯父才这才说了实话。伯父心想，这回非要挨打不可，可爷爷却笑着摸了摸他的脑袋：“男子汉不兴说谎，累了歇一天再去也不晚。”穷人的孩子早当家，爷爷不责罚伯父，是心疼、体谅这个早早帮忙担起家务活计的孩子。

物资匮乏的年代，爷爷的月饼简单了许多，面皮掺着玉米面，馅料也少了冰糖和红绿糯米线。不过，正如老话所讲：“身在福中不知福，身在苦中不觉苦”，那时仍觉得爷爷的月饼是天下一等的美味，每每吃得肚皮溜圆也不满足。

如今商品极大丰富，市场上各色月饼玲琅满目、应有尽有，可我反而浅尝辄止，因为再也吃不出当年的味道——那是爷爷的心意、怀旧的情愫。

怀念爷爷的老月饼……

桂花蜜 / 余慧

老家院子里有两棵树：一棵是桂花树，另一棵也是桂花树；一棵开花，一棵不开花。奶奶说，开花的是“母树”，不开花的是“公树”。两棵桂花树伴随我一起成长，后来竟长得比我高出许多。尤其是那棵“母树”，愈发地枝繁叶茂，每到秋天开满了金黄色的桂花，馥郁的芬芳染香了整个小院。

奶奶说，人无千日好，花无百日红，花开终有花谢时。桂花虽好，总要凋谢。保存桂花最好的方法，就是酿制桂花蜜了。

待一个晴朗的秋日早晨，风吹干了露水，准备好竹匾放在树下用来收集桂花。用一根长长的竹竿轻轻敲打树干，高处米粒般的桂花便簌簌落下来；再用手轻轻摇几下低处的枝条，不一会儿竹匾里便铺上了一层金黄。秋日的阳光照进小院儿，落在金灿灿的桂花上，也落在奶奶的背上。

做桂花蜜时，桂花是不能沾水的，因为沾水的桂花容易变质，色泽发黑，香味也淡了许多。把竹匾放在通风处，将桂花均匀地摊成薄薄的一层，细心地捡去树叶等杂质，让桂花自然晾干。

洗净晾干的玻璃瓶子、细白糖、一把小勺子，准备妥当后，就可以动手制作桂花蜜了。一层白糖、一层桂花，再一层白糖、一层桂花……用勺子一层一层地压紧压实，尽量减少桂花接触空气的氧化程度。最后，拧上盖子，就算大功告成了。

三五天后，桂花里的水分被糖逼出来，糖也融化成水。虽然最上面的一层桂花有些发黑，但下面的桂花基本保留了原来的色泽和形状，保存得好的话，一年都不会变质。到过年的时候，做糖馒头、银耳汤、酒酿圆子，放一点儿桂花蜜，一朵朵米粒般大小的桂花绽放开来，香甜四溢，唇齿留香。

后来，奶奶和父亲相继离我们而去，老家拆迁，院子没了，桂花树也没了。桂花盛开的季节，再也没人给我做桂花蜜了。

如今，我生活在一座小城。时值仲秋，不经意间总会有桂花的香气袭来，空气里飘散着恬淡香甜的味道，一呼一吸间，沁人心脾。

郁达夫在《迟桂花》中提到，杭州郊外的满觉陇是观赏桂花的最佳地，想来那里的桂花雨一定非常美妙。朋友多次约我去满觉陇观赏桂花，无奈不能脱身，一再爽约。

天气渐渐凉了，桂花季也快结束了。既然不能去看桂花雨，不能坐在桂花树下喝茶，那就自己动手做一罐桂花蜜吧，也算不辜负这一季的桂花。

雨后初霁的中午，经过雨水的冲洗和太阳的照射，一树桂花洁净干爽，此时采集桂花来做桂花蜜，再好不过了。

于是，我找来两个玻璃罐子，一个放白糖，一个放蜂蜜，凭着记忆，学着奶奶的样子，自己动手做起了桂花蜜。

生活五味杂陈，有苦有甜，但我们完全可以自己动手，酿一罐甜蜜芬芳。

白露起，红薯生 / 刘忠焕

谚语云："八月节，阴气渐重，露凝而白也。"古人以四时配五行，秋属金，金色白，故以白形容秋露。白露至，则秋雨见凉，阴气渐重，晨昏凉气起，草木叶变色。

莫以为白露起，便万物萧条，在我们乡村，还有一茬秋红薯恰恰遇上好时节。

记得小时候，处暑过后，生产队就张罗着莳弄坡地种秋红薯。那时候地少人多，稻田的产出只够半年的口粮，经常饔飧不继，有小半年的粮食要靠种杂粮来补充，因此，坡地上的作物也小觑不得。

春夏季节，坡地上要抢种花生、黄豆、黄粟、饭豆等经济作物；夏收后待秋风起，便是种秋红薯了。这季秋红薯，只要两个多月的生长，便又是满担满箩的收成。

有诗云："旧年果腹不愿谈，今日倒成席上餐。人情颠倒他不颠，自有真情在心间。羞为王侯桌上宴，乐充粗粮济民难。若是身价早些贵，今生不怨埋沙碱。"我觉得，这是特指我们栽种的秋红薯。

红薯耐旱、生命力强、结实多，随便种下都会有收成。红薯的嫩叶可以当蔬菜，薯块是粮食，薯藤用作猪饲料，地垄下的老藤还可以喂牛——总之，在庄稼人眼里，红薯全身都是宝。

尽管红薯比不上大米可口，吃多了会"烧胃"，但为了适应口味，人们会变着花样地做来吃，蒸、煮、炸、烤，还有晒干、制淀粉、酿烧酒……靠着它，不知养活了多少人！

如今秋风再起，估计村上的老人又该叨念起那句老话了——“白露起，红薯生”。

那时候，七八岁的小孩也要在大人的指导下参加劳动。种秋红薯很简单：先犁地开垄，垄上开沟，沟内下一把草皮灰肥；然后栽薯苗，薯苗有四节，两节埋沟内，留两节发芽；最后手拢回泥，一尺栽一株，如此一垄垄栽下去，很快便成亩连片了。

二十天左右，该给红薯“偿土”了，这时用板筢将垄底的浮土收归薯垄以护苗，一来可以保墒，二来可以翻秧，阻止次生根生长，为垄内的薯块集中养分。

地面上的薯苗，垄过垄地攀爬，很快蔓延成绿色一片。垄下的薯块也在不断长大，甚至会把薯垄撑裂。这时，就到了我们大展身手的时候。几个小伙伴分头行动，捡土块、拾柴火、挖红薯，找个背风的地方垒窑烤红薯。待小土窑烧红了，扒出火炭，将红薯焖烧在滚烫的窑泥下。估摸着差不多烤熟了，就争抢着敲开烤熟的红薯，迫不及待地放进嘴里，一个个被烫得咝咝吸气，还是抵挡不住那香甜的美味诱惑……

很快，生产队开始收红薯了。一垄垄地开挖后，红薯被集中成一大堆，按家庭人口称重、分配，被兴高采烈的人们一担担地用畚箕或箩筐挑回家。

初收的红薯，淀粉含量高，吃起来比较“粉”；待存放一段时间后，淀粉转化为糖分，就变得软熟而甜，这时候煮出来最好吃。剥开皮，咬一口漾着蜜汁一样的黄薯肉，满嘴都是甜糯与芳香，令人回味无穷……

不知不觉间，又到了一年一度的白露节气。随着年龄的增长，我愈发喜欢回忆，回忆小时候的这个节点——当然，还有那像蜜酿一样的秋红薯。

“白露起，红薯生。”

腊八粥 / 黄健

“腊八祭灶，新年来到。”腊八仿佛是新年的一个序幕，喝完一锅热腾腾的腊八粥，年味就愈来愈浓了。

时光刚刚迈进腊月的门槛，母亲就开始准备煮腊八粥的食材。我们兄妹几个则掰着手指数日子，盼望着腊八早点到来。

母亲翻出家里的坛坛坛罐罐、麻包布袋，再把平时积攒下的花生、红豆、糯米、红枣、绿豆、豌豆……一一倒出，摊放在温暖的阳光下晾晒。

那时家里穷，买不起核桃、杏仁、桂圆、栗子等干果，母亲煮腊八粥所用的食材绝大多数只是些农家土特产，再加上青菜、茨菰、芋艿、茶干等，凑成八样。

虽然都是“土货”，且只是零星点缀，但铺在一起，花花绿绿，甚是惊艳。直到现在我都无法想象，这些平时难得一见的食材，母亲是如何一点儿一点儿积攒起来的。

腊月初七的晚上，母亲开始忙碌起来。她把食材铺在桌子上，有的精拣，有的剥皮，有的去核，有的清洗，有的切碎，有的浸泡……待忙完一道道工序，夜已经深了，母亲这才回屋睡觉。

终于到了腊八这一天。我们还在梦乡酣睡时，母亲已经早早地起来煮粥了。煮腊八粥既费时又费力，一样一样地很讲究次序，看准火候很重要。

母亲先把最耐火的几样干果下了锅，用大火煨煮；等干果咧嘴笑了，加入糯米、红枣等，改用文火细炖；待粥沸腾后，再加入青菜等其他食材，改用小火不急不躁地熬。

煮粥时，除了要适时适量添柴掌握火候，还要不停地用铁勺搅动，防止粘锅底，有糊味的粥就不好喝了。

“腊七腊八，冻掉下巴”，这时正是呵气成霜、滴水成冰的季节，从温暖的被窝里爬起来别提有多痛苦了。但当房间里弥散的缕缕粥香撩拨着味蕾时，我们总是按捺不住向往的心情，一骨碌爬起来，乖乖地守候在灶台旁。

灶门口，跳动的火焰欢快地舔舐着锅底，火光映红了母亲的脸庞，宛如开着一朵艳丽的桃花；灶台上，锅子在“咕嘟咕嘟”地欢快歌唱，不时升腾起团团热气，腊八粥的香味愈来愈浓；灶台边，我们兄妹几个不时踮起脚尖，焦急地朝锅里张望，盼着能早点儿喝上香甜可口的腊八粥。看着我们迫不及待、垂涎三尺的样子，母亲在一旁偷偷地笑了。

粥终于熬好了。母亲揭开锅盖，只见红的枣、绿的豆、青的菜……五颜六色地嵌在黏稠的米粥里，缀满春天的气息。那些平时粒粒分散的豆果、米粒，则在母亲的精心调教下，紧紧依偎、糅合在一起，成为香甜可口的美食。

母亲给每人盛上一碗。端起饭碗，我们迫不及待地喝上一口，瞬间，那股熟悉的甜香即滑过舌尖、溢满味蕾、流向喉咙，然后沁入心底、温暖全身。

看着我们那副贪吃享受的模样，母亲总会嗔怪：“喝慢点，小心烫着！”狼吞虎咽地吃完一碗，母亲又会给我们添上一碗，叮嘱道：“多吃点儿，多吃点儿，喝了腊八粥，百病都没有。”

原来，这小小的一碗粥里，寄托着母亲对家人如此美好的心愿呵！喝着美味的腊八粥，亲情氤氲在每个人的心房，枯瘦的光阴也霎时有了直击心灵的温暖和幸福。

物换星移，冬去春来，当年为我们煮腊八粥的母亲日渐苍老。每年腊八，我们兄妹几人也无法回到母亲身边，共同品尝母亲亲手煮的腊八粥了。但儿时腊八粥带来的美好记忆却一直镌刻在心底，任凭岁月雨打风吹，依旧那样暖、那样香，一如从前。

腊月枣花香又甜 / 石广田

童谣

二十三，祭灶官；

二十四，扫房子；

二十五，拐豆腐；

二十六，蒸馒头；

二十七，杀公鸡；

二十八，蒸枣花！

在这首过年的童谣里，我最想念又甜又香的枣花——它不是枣树在春天开的花，而是用白面和红枣做的花馍。

小时候，每年的腊月二十七下午，母亲就开始准备做枣花的材料——发面，挑选、清洗饱满的红枣。

二十八上午，面发好以后，就开始做枣花了。母亲先把面团擀成一块块圆形的面饼作为底座，再把条形的面片盘成大小不一的“如意结”安放到底座上，然后在每个“如意结”的结环正中嵌入一粒红枣，最后上笼蒸制。为了好吃，母亲常常往面里加些白糖。

年龄尚小的我是蒸枣花的“火头军”。按照母亲的吩咐，我先用大火把蒸笼烧到冒气，再改成中火慢烧。氤氲的水汽在厨房里越聚越浓，枣花的甜味和香味四处弥漫，勾得我不停地咽口水。

大约半个小时，枣花就蒸熟了。当母亲揭开笼盖的那一刻，香甜的味道一下子爆发出来，熏得我无法呼吸，睁不开眼睛。等水汽淡去，朦朦胧胧中枣花的真容显露出来：白面晶莹剔透，红枣闪闪放光，仿佛一件件精美的玉石雕塑。

香甜的枣花好吃，但得等上好几天才能吃到嘴里。

大年初一五更天，父亲在堂屋正中摆设香案，把最大的那块枣花立在桌子中间，用来祭奠祖先。按照村里的老传统，祖先的灵牌、遗像一般供奉在排行老大的弟兄家里，枣花更是必不可少的祭祖供品。因为父亲排行第二，我们家族的灵位都供奉在伯父家里，可父亲仍然要在我们家里祭拜，让我觉得惊奇。

大年初二，照例要去姥姥家走亲戚。除了烟酒、点心，还有一块大枣花。中午吃饭，姥姥把枣花放到笼屉里蒸热，掰成小块分给我们这些外孙、外孙女。

“初三，扳倒山。”大年初三上午，供奉祖先的大枣花才能从香案上拿走——那块枣花叫做“山子”。

我特别爱吃枣花上的红枣，有时候还跟哥哥、姐姐们争抢，他们也都让着我。这也不过瘾，记得有一回我还偷偷跑到厨房，把枣花上的红枣抠下来好几粒，姥姥知道后又气又笑。

家乡人为什么那么热爱枣花呢？其实，枣花和年糕一样，都是按名字谐音取个好兆头——年糕寓意“年年高升”，枣花则寓意“早早发家”。因为这个吉利的名字，不管谁家出嫁女儿，也都把枣花装到嫁妆里。来贺喜的人们争抢枣花，那场景也非常热闹。

如今，母亲那一代人已经老去，我们这一代人中，会做枣花的寥寥无几。

让人欣慰的是，用枣花祭祖、陪嫁的传统还在，只不过那些枣花大多要到馒头店里去买。不管枣花的商业化是好是坏，但总算把传统保留了下来。

是啊，枣花只是春节的一个符号，但只要这个符号还在，我们的乡愁就不会留下太多遗憾。

乡

俗

柳色新 / 刘琪瑞

家乡在鲁南郯城，乡人喜植柳，坡岭、田畦都植有形态各异、婀娜多姿的柳树。

每至初春时节，一望无垠的杞柳耐不住性儿，经了风的吹拂、雨的滋润，一股脑儿焕发出勃勃生机。那秋里收割后的短枝上爆满簇簇新芽，过不了几日，颗颗晶莹莹、鲜亮亮的柳芽儿变戏法一般，抽出条条嫩枝，绽发片片新叶。

春分过后，雨水越发充沛，株株杞柳铆劲儿贪长，那丛丛绿色新鲜、亮丽，把原先灰蒙蒙的田野层层叠叠地涂满——好一片蓊蓊郁郁的风景！

家乡有谚：“金条、银条，不如柳条。”待柳树枝繁叶茂之时，乡人用特制的快镰收割下一丛丛柳枝，剥去青翠欲滴的绿皮，现出光洁、柔软的白柳条儿。

甭小看这些不起眼的杞柳条子，它质地柔耐、光洁明亮，是制作柳编工艺品、出口创汇的绝好材料。

春光明媚的农家小院，伶俐的妹子、能干的大嫂聚在一起，用曼妙的纤手轻折巧编，你编个“鸳鸯扣”，我勒个“龙戏水”，编出个农家红火火的好光景。

乡人爱柳，爱到无以复加的程度，就连柳树木的下脚料树枝、树杈、木桩都利用起来，通过旋床“旋”、刀具凿刻、毛笔汇彩等工艺，制作成富有浓郁地方特色的木旋玩具。

木旋玩具又称“旋货”“耍货”，多取材于神话、民间、历史故事，具有造型精巧、形象逼真、色彩艳丽、夸张传神等特点。“家家旋车响，户户彩绘忙。”心灵手巧、视野开阔的家乡人通过制作木旋玩具发展了文化产业，也弘扬了民间文化。2014 年 11 月，郯城木旋玩具被列入第四批国家级非物质文化遗产名录。

乡人不光喜植柳、爱编柳编、爱制木旋玩具，还爱唱柳子戏。柳子戏又称“柳琴戏”，是鲁南一带的地方小戏，因多用一张形似柳叶的琴伴奏而得名。早年间，柳琴戏是不折不扣的苦戏，乡人出外逃荒，常常上门唱上一曲凄凉悲婉的柳琴曲讨饭糊口。

而今，光景变了，柳琴调儿成了乡亲们即兴吟唱、自娱自乐的一种喜庆方式。农闲时节，小夫妻俩或兄妹二人怀抱一面小巧玲珑的柳叶琴，随了闹社火的杂耍队走村串户，唱家乡旧俗、邻里新事，唱过去的贫穷、而今的兴旺，那琴弦声声入扣、唱腔婉转悠扬，着实把老少爷们庆丰收、闹红火的心劲儿唱高了……

除了木旋玩具，无忧无虑的乡娃子还有好玩的把戏儿，那就是吹柳笛。早春二月，柳条青青，柳芽吐秀，娃娃们折一段细柳，轻轻拧几下，抽出白亮的短棍，一支小巧的柳笛便做成了。

“呜——呜——呜——”那清亮亮、脆生生的笛音，在空旷的原野上、在崎岖的乡路上、在袅袅的炊烟里响了起来，远远近近、高高低低，溢满了乡村的角角落落，带来了久违的春天消息。一时间，灰蒙蒙的田野呼拉拉地亮起来，人们的心头为之一热，高亢地唱起春耕的吆牛调，任由姹紫嫣红的三月从这管拙朴的柳笛中潺潺地流出来……

古人植柳咏柳，多是闲情逸致使然，而我那淳朴善良的父老乡亲，虽不谙格律、不懂诗情、不趋风雅，却偏偏植得家家垂柳、户户含烟，既美化了乡居环境，又陶冶了乡民情趣——更重要的是，他们用灵秀的巧手编制绝美的工艺品，描绘多姿多彩的生活；用抑扬顿挫、缠绵多情的柳琴戏和柳笛儿，热情讴歌新时代、新生活。归根结底，家乡人才真正是植柳、赏柳的高手哩。

眼下，家乡的柳树新枝复发，柳絮又飞。看那一行行、一丛丛新柳，虽平凡柔弱、朴实无华，但当春催发、生机无限，给人们带来春色一片，遮挡风雨一方，奉献情怀一分——这不恰恰是父老乡亲们真实秉性的写照吗？

吃清明 / 刘文清

在家乡，人们把清明节扫墓称为“吃清明”，令人费解。

一齐去祭祀先人、前辈，然后聚在一起吃喝，本无可厚非，但是为何叫“吃清明”呢？翻阅了一些资料后，我暗自揣摩：除了有古时寒食节食俗之遗风外，大抵是因为当时物资匮乏、温饱不足，就期待清明节这天，借为先祖扫墓饱餐一顿吧。

事实证明，自己对家乡人“吃清明”的动机揣摩着实狭隘。

“吃清明”，一般是以不出“五伏（服）”的宗亲家族为单位进行。大家各司其职，有专人负责食物采购，女性负责煮饭、炒菜和洗碗，其他男子则去扫墓。人数多者达几百人，开饭时满满地坐上十多桌，一餐要吃掉一头大肥猪，可谓热闹非凡、蔚为壮观观。

“吃清明”安排在扫墓之后。扫墓必须赶在清明节当日前完成，时间可以提前，但绝不能拖后。在这延续近半月的日子里，人们以“吃清明”为载体，伴以踏青出游，从而增进友情、交流感情、承续亲情。

“年欢未尽又清明，雨燕声咽柳失魂。寂静青山人陡涌，冥钱纸烛祭先陵。”（左河水《清明日》）祭扫的人们将墓地打扫干净，除去杂草、培添新土，并在坟头插上用红、黄、白纸剪成的清明花。

除草和培土是体力活，一般由青壮年男子在老人的指导下完成——其中还大有讲究，必须选择带茂盛青草的一抔土，挖成漏斗状平置于坟头。

接下来就是祭祀了，人们携带供品、酒水、冥纸、香烛、财帛等物品到墓地，将煮熟的食物供祭在先人墓前，再将财帛焚化、燃放鞭炮，然后叩头行礼祭拜……如此，扫墓才算大功告成。

清明时节，能跟大人去扫墓，孩子们最开心了。漫山遍野，可采食的野果、野菜可多了：扯一把翠绿的蒿子杆掺些糯米粉做成蒿子粑粑，清香且能充饥；野生蒜头炒豆腐渣，香椿和着家鸡生的蛋做成香椿煎蛋，想想都让人流口水；还有豌豆、蚕豆、蕨菜、春笋、香菌……都是赶着时令的鲜香美味。

不过对孩子们来说，最具诱惑力的还是那种生长在油茶树上的茶泡、茶耳以及藤草丛中的野草莓——田间地头的那些“美味”必须要经过加工才能成为美食，而茶泡、茶耳和野草莓却可现摘现吃，能过足嘴瘾。

“吃清明”不仅是祭奠祖先、缅怀先辈，也是家族认祖归宗的纽带，有时比过年更隆重、更有仪式感。每到此时，集镇圩场、大街小巷，都充盈着节日的气氛。

不管工作、生活的地方有多远，也不管是做老板的、在外求学的、当干部的还是打工的，都不远千里、不辞辛劳地返回埋葬先祖的故土，为先人烧一把纸钱香烛，给寂寞了许久的墓冢培上一抔新土，以告慰故祖的在天之灵。

“燕子来时新社，梨花落后清明。”（宋代晏殊《破阵子·春景》）又是一年清明至，我的情思早已飞回故里，其中既有祭扫生出的悲酸泪，又有“吃清明”踏青带来的欢笑颜……

“小满会”/樊进举

过了立夏，便是二十四节气中的“小满”了。所谓“小满”，顾名思义，就是小麦籽粒已经饱满，转眼到了成熟收获的季节。这时，庄稼人应该积极筹备农具了，比如造场、打场用的杈、耙、扫帚，割麦用的镰刀，拉麦用的绳子之类。

买这些物品，人们习惯于等到过“小满会”这一天。“小满会”不是一个固定的日子，而是根据季节变化：有时早些，在农历的四月初或中旬；有时晚些，推迟到四月末。

我家住在豫冀两省交界处的安阳县崔家桥镇，崔家桥人把“小满”这个节气定为购买农用产品的大型庙会由来已久。这天，方圆几十里地的农民从四面八方涌来，由南向北，从东到西，把崔家桥的每条街道堵得水泄不通。

庙会上人头攒动、比肩接踵，钉镰刀、木锨的，卖杈、耙、扫帚、麻绳的，卖草帽、荷叶扇子、竹帘子等夏日用品的，一字儿排开、应有尽有，几乎不留一点儿空隙，只听见卖东西的吆喝声、钉木锨镰刀的敲击声还有喧嚣的人声交织在一起，甚是嘈杂热闹。

那些专一钉木锨和镰刀的商户，从一大早就忙个不停，生意兴隆得很，中午连吃饭的空闲都没有。太阳快要落山了，还有人络绎不绝地涌到这儿，看来一时半晌收不了摊。

翌日，人们便会带着这些购买来的工具到自家的责任田劳作。先用镰刀割下一片麦子，把麦茬拔掉弄干净，将一方地的坷垃打碎平整后，再拉着石磙压几遍。

往往忙得不亦乐乎，累得腰酸背痛，直到把地轧得平、光、硬为止——这样，麦场就算造成了。俗话说："有了场，心不慌，就等麦子进粮仓。"

时过境迁。随着农村机械化程度的提高，人们用不着再去造场、打场、扬场、晒麦子，减少了许多劳作之苦。麦子成熟后，只要将收割机开到田间，不用动一刀一镰，金灿灿的麦粒便"哗啦啦"地流进粮袋。于是，那些犁耧锄耙、打场机之类的农具也就闲置在家中，后来有的竟然被当作废铁卖掉了。

如今，"小满会"上那种踊跃购买农具、工具的景象已经很难见到，取而代之的是时尚漂亮的服饰，清爽可口的饮料、鲜果，风味独特的地方小吃，生动有趣的小玩意儿……人们赶会纯粹是为了看热闹、尝新鲜、买时髦。

今年的"小满会"又要到了，庙会上会有什么意外的惊喜等着我呢?

柚香中秋 / 雅妮

中秋节前后，故乡的柚子熟了。房前屋后，田间地头，翠绿苍郁的柚树上，色泽金黄的柚子垂挂枝头，硕大芳香，给故乡的秋天和乡亲们的生活增添了不少色彩。

在乡下，人们称柚子为“凸朴”，也称“蜜柚”。前一种叫法，取的是柚果的形——柚子顶部凸出如壶盖，迎合了乡亲们期望丰收有“凸”的愿景；后一种叫法，取的则是柚子的味道。没成熟的柚子苦中带涩，难以入口；成熟后的柚子则果肉脆爽，汁多味甜，清香可口。

两广地区，人们大都爱吃柚子，除了喜欢柚子独特的味道，还因为柚子具有消食化痞、健脾理气的功效。

地处北部湾畔的北海，以前隶属广东管辖，至今仍保留很多广东的风俗习惯。比如，北海人过中秋也有拜月光的习俗。拜月光，柚子不能缺席。“柚”在白话方言中与“有”同音，因此拜月光供桌上除了要摆芋头（芋与“余”谐音），还要摆柚子，就祈个“年年有余”的好意头。月饼是中秋的主角，必须得拜完月光才可以吃。

月饼吃多了容易上火，大人就会叮嘱孩子多吃些柚子肉清热化痰。就这样，柚子和月饼在故乡的中秋节里成了绝配。

千百年来，人们对于柚子的吃法和用法几乎达到了出神入化的地步。

吃过柚子剩下的柚子皮也不会扔掉。柚子皮经处理后，焖、蒸、炖、煮、炒、炸，咸甜随心，想怎么吃就怎么吃，成了寻常人家餐桌上的一道家常菜。用柚子皮制成的柚子糖耐存耐放，可以吃上好些天，也成了小孩子解馋的零嘴。

不过，对于孩子们来说，过中秋最大的乐趣，莫过于大人用柚子皮为他们制作的柚子灯。

柚子灯的制作流程很简单：挑一个剥得完好的柚子皮，在上面画出自己喜爱的图案；拿着刀子照着图案刻下去，将图案四周的柚子皮镂空；往柚子皮里安放半根蜡烛，再在上端两边系上绳子，柚子灯就做好了。

中秋佳节，夜幕降临，一轮明月高挂，清辉洒满人间。孩子们手提柚子灯，穿行在家乡的大街小巷。

从镂空的柚子皮里透出的烛光，柔柔的，暖暖的。淡黄的光晕揉在中秋夜的月色里，也铭刻在童年的记忆里。

小时候，爷爷为我们做柚子灯；长大后，我学会了自己做柚子灯；再后来，我有了孩子，便开始在柚子皮上刻孩子喜欢的动漫图案，为她做柚子灯……似乎在不经意间，孩子就长大了，如今她也学会了自己做柚子灯。

又是一年中秋夜。坐在院子里，看着孩子和她的伙伴提着柚子灯四处游走，一如当年我和我的同伴一样。天空中还是那轮圆月，只是月亮之下已经物是人非。为我做柚子灯的爷爷不在了，但柚子灯承载的那份暖暖的爱一直珍藏在我心里。相信此刻孩子们也会从柚子灯发出的祥和光芒中感受到一份暖暖的爱意。

海上生明月，天涯共此时。遥望远方，真想再回到童年，手提一盏柚子灯，行走在故乡的中秋月夜……

乡村鼓书 / 段伟

“平除四海藩王顺，无道辽东又猖狂。”

说书先生开门见山，抑扬顿挫、铿锵有力的语调瞬间点燃了庄稼人的情绪。倏地，他“啪”的一声，惊堂木响起，四下阒然。

“明君御驾亲征辽，一纪班师过海洋。”放慢节奏后，他抿了口茶，一曲江湖由此展开……

这是说书人的开场白，说的是《薛仁贵征东》。

三根细亮泛黄的竹子中间用铆钉铆住，成了交叉自如的鼓架子；一块惊堂木，一副檀木牙板，外加一柄折扇，就是一个走村串户说书人的家当。

初春的夜晚，乍暖还寒，闲着的庄稼人带上马扎凳子到湾子里阔绰的人家去听书。

“咚咚咚”的扁鼓声敲过三遍，预示着今晚的说书即将拉开帷幕；接着“鸳鸯板”快如暴雨敲窗，慢若蜻蜓点水，疾徐有致地响了起来。说书人合仄押韵、绘声绘色，时而闲庭信步，时而快步流星；时而眺望远方，时而俯首寻珠……

于是，前朝往事、刀光剑影，犹在眼前活生生地上演开。无论神话里的深明大义、战场上的金戈铁马，还是大宅院内的情仇爱恨、名利场上的暗斗明争，都在富于变化的鼓点中若流水时而喷薄，时而涓流。听着这谈古说今，品着那正典野史，台下的庄稼人如临其境，如痴如醉。

夏夜说书人，乡民们尊称为先生。住邻村，六十来岁，身材清癯瘦削，长脸骨棱分明，头发蓬松。听父辈们讲，他是一个“人尖子”，曾是旧社会国民政府的文书，经历了风雷激荡的历史，起草过影响时局的文献，因受排挤贬谪乡野，回乡后一直读书冶性，靠说书养家营生。

个人的禀赋和沉浮经历令他对世态百相、人间万状有很深的感悟。说书时，他能揣摩人心，尤善渲染气氛，将情节拿捏得恰到好处，扣人心弦而又引人入胜。你满以为前峰无路，可他巧舌如簧又柳暗花明；话到平淡处，他就用恰当的方言插科打诨，逗得笑声肆意；说至欢快处，他又眯眼如一弯新月，叙述似秋日长河、浪敛波平。

“说了个怕，给了个怕，见了个苍狼比驴大。说了个紧，给了个紧，碗粗的长虫瞪眼睛。”若主人公独自行于孤山旷野性命攸关时，只见他的眼睛越缩越小、越陷越深，颇具诡异的口技营造出险象环生之境，让人汗毛竖起、脊骨发凉。

他清楚村妇农汉涸裂的精神荒漠更需要文化滋润和知识给养，因此合理取舍原著，穿插“积德无需人见，行善自有天知”“野草闲花遍地愁，龙争虎斗几时休，抬头吴越楚，再看梁唐晋汉周”等规劝乡民积德行善、知足常乐的警句。

秋日是一年中最忙的季节，乡民无暇听书。一进入腊月的门儿，人闲地歇，县域内颇负盛名的说书艺人马先生便如约而至。他出口诙谐，满含机锋，尤其对《说岳全传》《三国演义》和《水浒传》等话本烂熟于心，到了“鼓板轻敲，便有风雷雨露；舌唇方动，已成史传春秋”的妙境。

讲鲁智深扔众泼皮进粪坑时，马先生且说且演，将众泼皮的丑态表演得惟妙惟肖。只见他全身蜷缩成弓，左手紧掩口鼻，右手在鼻前猛扇，不迭地说“好臭！好臭！臭杀洒家也”，引人捧腹。说至林冲与妻悲别离时，则声凄情切，如丧考妣，弄得几个妇人也跟着泫泣殒涕。

听书时常有花絮。乡民虽大多胸无点墨，但听书却仔细挑剔。有年腊八节听《白蛇传》，白娘、小青坐船上岸后，马先生走了心，忘了说“系住船缆”，有好事者立马发声“船飘走了”。众人以为这下马先生定会十分尴尬，不料他淡定自若，从容补了一刀“不碍事，小青作法把船吹回来哉”，博得心领神会的满堂彩。

“一块惊堂木，拍一拍春去东来；一柄折扇，挥一挥金戈铁马；一副好嗓子，表一表恩怨情仇。”那个年代，说书人为乡村寂寞的夜生活打开了一扇明亮欢快的窗口。

而今，世殊事异，曾经活泛在家乡的鼓书渐渐失传，但说书艺人口传心授的才子佳人出将入相的故事、先贤侠士睿智风骨的传奇，经过岁月的浸泡和时光的擦洗，仍然在情感深处滋长复活、鲜亮如初。

塍社 / 刘忠焕

“鹅湖山下稻粱肥，豚栅鸡栖半掩扉。桑拓影斜春社散，家家扶得醉人归。”在这首富有农趣的诗中，作者寥寥几笔，勾勒出山水景物、农村风物以及社散人归的场景，也让社日的欢乐场面跃然纸上。

在客家乡村，也有这样迎春祈福的社日，我们称之为“塍社”。一般来说，客家人的“塍社”，除了春社还有秋社。

春社，自立春日开始便可以做了，各个村庄根据农事的空隙来安排，有的安排在正月十六，有的安排在龙抬头的二月二；秋社则一般安排在八月初二。不管是春社还是秋社，内容都是祭祀土地神，以祈年景顺利、五谷丰登、家运祥和、人畜安康。

“社”在远古时指司土地之神。《说文解字》云：“社，地主也。”有农耕活动开始，人们便将土地人格化，诞生了“社神”。

为了获得丰收，人们祭祀社神，例如《荆楚岁时记》记载：“社日，四邻并结宗会社，宰牲牢，为屋于树下，先祭神，然后享其胙”。这个过程，跟吾乡的“塍社”基本相同。

“塍社”这一天，每家每户都要派人参加，必须杀猪宰鸡，请来吹奏班，打着锣钹、吹着唢呐，到村边的社王公（土地神）前举行隆重的祭祀仪式。

只见主持活动的礼生口中念念有词：“是故夏勺，秋尝，冬烝，春社，秋省，而遂在蜡，天子之祭也……”读完祭文，再带引大家行三献礼。如果筹集的经费充裕，有些地方还会请戏班过来唱酬神戏，以示隆重和热闹。

我们的村庄不大，总共三十几户人家，每次“塍社”都要宰杀一头猪，每家每户再捐一些米，用来煮“社粥”。从早上杀猪开始，一直忙碌到下午三四点钟，整个过程才结束。如果说祭祀仪式是大人做的活把戏，那么接下来的分“社肉”和“社粥”环节，才是小孩子喜欢的重头戏。

“社肉”，是社祭时用的肉，也称为“福肉”。祭神完毕后，“社肉”要分割给参加“滕社”的每户人家，“社粥”也要均匀分配带回家。陆游在《社肉》里写到：“醉归怀余肉，沾遗遍诸孙”，意思就是要把这些祭神用品带回家，让全家老少都能感受到神的恩惠。

在我们家，每次母亲去参加“滕社”，都会用钵子带回来“社粥”和“社肉”。其中，“社粥”是我们最爱吃的，肉汤做底，里面夹杂些猪红、泛着点点油光，再放些葱花。舀上一碗，低眉之间，美妙的肉汤与稻米交织的滋味扑鼻而来，由不得你不快点扒上一口，然后再细细品味——那柔软鲜香，美味至极。

围坐一桌，灯火可亲，门外是人世间的浮华。吃着母亲带回来的“社粥”，就着芹菜、蒜苗同炒的“社肉”，心头里又是满满的惬意。“滕社”仅仅是一种仪式，所有的美好生活还需通过努力去创造，但有了这样的愿望后，大家便看到了希望。

除此之外，“滕社”还有一项功能，就是指导农时。《齐民要术》记载：“葅菘，以社前二十日种之；葵，社前三十日种之。”《农政全书》里也有春社日宜种石榴、山药、黄瓜、甘蔗的记载。

而在吾乡，春社日前一个星期要浸谷种，让其爆芽；春社日之后，就要撒种秧田了。于是乎，“滕社”过后，原野又会是一片繁花似锦，而这才是春天最温柔的开始。

乡音 / 魏宝

随着春节脚步临近，许多在外工作的人陆续返乡，于是，普通话与地方话就有了“交锋”的机会。

前几日回乡探亲，一进门，就碰到了我的小爷爷，下面就是我们之间一段家乡话和普通话的交流：

小爷爷：“小宝子（家乡人都这么称呼我），回来了？这么远，使里晃（累）不？快屋里坐吧！”

我：“不累，不累，小爷爷，您身体怎么样啊？”

小爷爷：“还占（可以），一把老骨头了。”

我：“我小奶奶呢？”

小爷爷：“炕上歇着（休息）哩。”

我：“她怎么了呢？”

小爷爷：“没事儿，今个（今天）天冷，炕上暖和呗！”

我：“我叔叔呢？”

小爷爷：“你手受（叔叔）正忙着哩。这不，你们都来了，他要待且（亲戚）啊！”

……

我的家乡在冀中平原，是一个有着两千多居民的村庄，属于典型的北方话方言区，有着非常丰富的地方话词汇。

比如，名词类：果子——油条，长（cháng）果——花生，馍馍——馒头，日头儿——太阳，茅子——厕所，夜个儿——昨天。动词类：搁气——打架，上校（xiáo）——上学，抬起来——藏起来，结记——挂念，出溜——滑动，扑拉扑拉——拍打。形容词类：待见——喜欢，得劲儿——舒服，膈应——讨厌，掰活——能说，曲筹——不平。前边是我们当地的方言，后边是对应的普通话。

细分析起来，家乡话有的用词特别直观，具有可感知性。比如“蛇”，在家乡话中是“长虫”，意为长得很长的虫子。再如“膝盖”，家乡话是“可顶盖”。通过了解得知，在生产队时期，乡亲们忙完农活都喜欢双腿蹲在地上休息，这时膝盖就自然变成了两个“盖子”，顶住了胳膊。这些词语，是不是都很生动形象啊？

作为普通话的基础方言，家乡话和普通话很接近，许多词语都被文学名家采用，写进了作品里。比如，曹雪芹在《红楼梦》第八回写道：“至晌午，贾母便回来歇息”；在第二十八回写道：“黛玉啐道：大清早起‘死’呀‘活’的，也不忌讳！”又如，柳青《创业史》第一部第六章：“你在她家住上一宿，明儿后晌，早早回来。”这里面出现的“晌午、早起、后晌”，都是家乡话中表述一天中不同时间段的词语。这些词儿，无论是出现在日常交际中，还是出现在文学作品中，都集中反映了家乡人民的生活，是他们勤劳、善良和纯朴精神风貌的生动写照，读起来亲切感人。

无论在哪里工作、生活，只要一回到家乡，一听到家乡话，我就会感到一股暖流扑面而来，旅途的疲惫顿时荡然无存。近些年来，国家大力推广、普及普通话，年轻一代都改说普通话了；而随着村子里老人们的相继离世，那些会说家乡话的人也越来越少——作为家乡人世世代代的生活承载和情感交流工具，家乡话正在慢慢消失。想到这儿，我不禁陷入沉思：乡音，这一镌刻着乡村过往的文明形式，正在被悄悄地尘封进历史，我们这些传承者应该如何更好地把它们留住呢？

火塘冬夜 / 北雁

匆匆冬又至。一场阴雨使得四围山巅载雪、大风如灌，早晚冷如刀割。彻寒之中，让人不由得怀念起乡下农村的火塘。那时一入冬夜，家家户户就关好门窗燃起炭火，很快屋子里就变得暖意融融了。

老家位于洱海的源头，是一个以白族为主的多民族聚居地。由于千百年来各民族交融共生、休戚与共，于是日常起居与生活习惯便互相影响，逐渐趋于雷同。

不过，彝家的火塘和白家的并不一样：彝家火塘常烧在户外，大家一起围着火塘，辅以酒肉歌舞，热闹异常，以致彻夜狂欢而忘乎睡眠；白家人素来好静，喜欢一家人围着个木架的铜火盆，燃着炭火烤茶聊天。确切地说，白族“三道茶”中的“雷响茶”的诞生，应该与之不无关联。

记忆中那一个个漫长的童年冬夜，全家人围坐在火塘边看电视、聊天、讲故事、说典故，直到夜深亦不知困。

心细的母亲常把平日里收藏的大枣、干柿饼和白木瓜片放入一把小茶壶里，再兑上开水和红糖放在炭火边煨着，待夜半诸物入味，便沏到装有炒米的大碗里热滚滚地端给我们喝。那焦香之中掺杂着的酸涩与清甜，实在是一种难言的美妙滋味，令人回味无穷。

炭火边有时也会是一个土锅，里面炖着排骨或是腊肉猪脚，再加入芋头、山药、百合、荷包豆等山间出产，睡觉之前来上一碗，更是一份再营养美味不过的宵夜了。现在回想起来，一边品尝肉的鲜香，一边伴以啧啧的咀嚼和呼噜噜的畅饮声，与其说是在享受人间美味，还不如说是在品味深沉的母爱。

有吃有喝的日子毕竟难得，但冬夜里围坐在火塘边，暖意上来了，人就浑身自在。晚上睡觉前，再用烧好的一壶水烫上个热水脚，那叫一个熨帖，能让人一夜安稳舒服地睡到天明。

白族人素来好客，婚丧嫁娶、立碑竖柱、周年庆生……各种宴请礼俗繁多。宴会上，最不可或缺的依旧是大大小小的火塘。

入夜，各种火塘会按照人的性格躁静或是与主人的亲疏关系，依次从堂屋摆到后厨和场院。火塘里的炭火也会因为主人家境的殷实程度而有所不同，其中最好的要数黄栗炭，火力强而无烟灰，耐烧。记得当年大祖爷去世，大伯特别吩咐孙辈里的两个人冒着严寒和封山的大雪，用一天时间驮回两驮子上好的黄栗炭。

好在那时人们并不会计较炭的好坏，哪怕就是燃着几根木柴或是几块泡炭、碎炭甚至炭灰，只要热闹够了、情意尽了，也便心满意足、没有遗憾。也只有在这样的场合，许多想见而多年未见的亲朋好友才能聚在一块，围坐在火塘周围，推心置腹地互述衷肠。所以一个火塘，其实就是一份寄托、依恋和解脱。

百话无根，正是夜半，话未说完，肚中已然饥肠辘辘。于是主人端来宵夜，也许是汤圆饵丝或是面条水饺，众人围着火塘美美地来上一碗，那叫一个快意安适。

浸满乡愁的火塘冬夜，是白族人家弥足珍贵的团圆结、温馨结。如今，远离家乡后才明白：在城市漂泊的日子，让人最为期盼的，原来却是一个暖暖的火塘冬夜。

撵冰边 / 施立夫

冰冻三尺，非一日之寒。大江大河的封冻总是从两岸开始，随着天气越来越冷，一点一点地向中央集聚，终于在极寒之时“合龙”。

撵冰边是封冻之前进行的冬捕，此时江河的中央正在“跑冰排”。不断翻涌撞击的流冰让鱼儿都奔向了水流缓慢容易结冰的稳水区。因为靠近岸边的水流浅且平稳，所以结冰早、冰层厚、冰面平滑，自然成了捕鱼人的快乐天堂。

撵冰边首先要选好地点，这靠的是捕鱼人日积月累的实践经验，是他们对周边环境、冰层特征、水流深浅以及流速走向等因素综合考察后确定的。此举“运用之妙，存乎一心”，很难说尽其中的奥秘。

地点选好后，捕鱼人就在河道上用大斧子、冰镩子、铁锹等工具凿击、清理出一个大概 50 公分见方的冰窟窿，要彻底凿透，冒出水来。然后，按照之前设计好的下网线路，每隔四五米凿一个冰眼儿，也要凿透冒水。

下网，靠的就是捕鱼人的技术了。在一根长竿子的一头绑紧网绳，从凿开的第一个大冰窟窿把长竿子和网一点一点地下下去。这根长竿子称之为“串杆子”，起的是穿针引线的作用，通过这根竿子的带动，把柔软无骨的网按照之前凿好的冰眼儿依次在冰下的水中展开。负责让“串杆子”带动网在冰下听从指挥的是另外一根长竿子，这根竿子前端分叉，按东北方言的发音称之为“叉拨拉”。通过“叉拨拉”对“串杆子”的推送、拨拉，“串杆子”在冰下按照预先设定的路线牵引着渔网运动。渔网都下进去之后，网绳末端要绑在一根小木竿上，小木竿横担在冰窟窿上，以保证渔网不会掉进冰下的水里被冲走。

渔网布好之后，如果不着急捕鱼，就可以收拾工具回家了，过个一两天再来把二次封冻的冰窟窿凿开，拉动网绳收网就是了。

如果急着捕鱼，就要撵冰边了。这是个极其热闹的活儿，几个人在岸边冰面上向着渔网的方向跺脚、扔石头……总之就是要尽可能地弄出大动静来，把冰下的鱼吓得到处乱窜，都撵到渔网里去。鱼受惊时游速快，慌不择路，一头撞在网上，一旦挂在上面就脱不了身了。黑龙江的江河水质清澈无污染，所以结成的冰层也是明净透亮的，水下的一切几乎都可以透过冰层看得一清二楚。

等到渔网上挂的鱼数量差不多了，就可以收网了。拽动网绳，把渔网一点一点地拉出来，上面挂满了鱼，大的小的，肥的瘦的……渔网全部拉出后，再把鱼一条条地从渔网上摘下来，扔在冰面上。嘎嘎冷的天气，不大一会儿，鱼就冻硬了。这撵冰边捕上来的鱼回家一炖，吃起来口感极其鲜嫩，一点儿也不比开江的鱼差。

靠山吃山，靠水吃水。撵冰边是生活在黑龙江边的劳动人民依靠勤劳和智慧传承的传统技艺，极少有空手而归的情况。对于捕鱼人来说，捕上鱼来当然欢喜，偶尔空手而归也绝不懊恼。在他们看来，捕鱼本身就是一种乐趣，捕没捕着并不重要，关键是要享受这个过程，享受古往今来老祖宗留下的渔猎方式，享受在冰天雪地中“战天斗地”的生存法则和万般豪情。

织布 / 刘贤春

雪花飘，农家闲，好纺棉。

雪，给大地穿上了银装，把农家土坯草房“刷”得分外亮堂。

父亲端坐在织布机上，双脚踩动着踏板，两排纵纱绕过一个横梁垂直落下，插在固定地面的沙锥上。随着踏板的律动，一上一下交替“咬”成45度纱口。

父亲右手拽动着“溜子”（插纱的木制钻子），让它来回横穿于“纱口”；左手则前后有节奏地拉动着底部长同织出布宽的木梳子（俗称“创子”）……随着“咔嚓，咔嚓”的一曲曲“乐章”，一匹匹厚薄匀称、宽窄统一的漂亮手工制布就诞生了。

母亲端坐在纺车一角，一边纺着棉纱，一边不时抬头瞄一眼织布机，似乎在检查父亲织出的布有无瑕疵。父亲则全神贯注，嘴里哼着小曲而全然不知。母亲宛尔一笑，使劲摇动着纺车，捏着棉絮条的左手如春蚕一样吐出洁白的纱线来。

于是，纺车的“呜啦呜啦”声和着织布机的“咔嚓咔嚓”声，演奏成一曲“男织女纺”的幸福生活交响。

织得好布，需种得好棉。

早春，太阳刚刚探头，农家就要为来年的好棉忙乎开了。父母提着棉种下地套种棉花，这边撸着麦苗菜苗，那边打凼下种，一墒墒一行行，露水很快打湿了衣裳。

套种茬口会影响棉花的幼苗生长。为了避开茬口，农人发明了育苗移载。再后来，又用旧书报糊纸筒育苗，把育苗时间大大提前，既节省了劳力，又提高了种棉质量。再遇上个好雨水，任棉花噗噗地一个劲儿疯长。

收得好棉，还得有锄功。

“秧薅三遍涨破壳，棉锄三焦白似雪。”勤锄地，不仅是去除杂草，不让它与棉苗争养分，关键是能保持土壤松软，促进根系发达，让棉核结得丰、棉朵开得大、棉丝长而棉质好。

经过由春到夏的孕育，笑开口的棉核实在按捺不住，争先恐后地开放了。一朵朵棉花像白云飘落，一块块棉田宛若雪被铺就，十分壮观。棉花的主人们挎着竹篮，满心欢喜下地采棉，只听见大姑娘小媳妇那银铃般的笑声歌声，随着朵朵白云飘向远方。

织好布，还需纺得好纱。

母亲纺纱如线，抽纱如丝，是我们那一带出了名的纺纱能手。还记得当时村里人为了跟母亲学纺纱，把纺车搬到家门前的大槐树下一溜摆开。

纺车一齐发出“呜啦呜啦”的响声，惊得枝头上的鸟儿四下飞蹿，乐得树下的纺姑纺娘们忍俊不止。

织布要经过绞棉、弹棉、纺纱、浆纱、打纱管等多道工序，并非人人都拿得起放得下的活计，加之一台木制织布机价格不菲，故十里八乡没几户人家具备织布能力。

因此，每当刀镰入库、雪花飞舞的时节，便是父亲母亲最忙碌的日子。因为父亲有织得一手好布的技艺，母亲有纺得一手好纱的本领；此外，还有祖辈传下的一台好织布机和天生的一副热心肠，故而登门求织者络绎不绝。

父母亲替人织布纺纱从不收工钱，过意不去的乡亲就送两尺粗布作为酬劳或帮个农活。母亲总说，乡里乡亲的，谁家还没个求人的时候。

早些年，穿得起洋布的农家人不多，几乎都是自种、自纺、自织、自做，纯天然棉花，不着一染，生态纺织，倒也穿得舒适、温暖。

现代化机械织就的布匹，虽然精细、漂亮，一应俱全，却无法取代人工纺纱织布的乡情、乡味、乡韵，缺少了那种原生态的质朴与美感。

如今，农家的纺纱织布手艺已被岁月封尘，但封尘不了的，是那段“织进”我灵魂深处的乡愁。

皮影戏 / 彭振林

皮影戏，江汉平原又称“影子戏”或“灯影戏”，是一种以兽皮或纸板做成人物剪影表演故事的民间戏剧。小时候，看皮影戏在乡下是一件乐事。

每到冬季，庄户人家较为清闲的时光也就到了，我们一个个便乐得欢天喜地。因为每每这个时候，大家最盼望的皮影戏班子就会出现在村口。

唱一台皮影戏一般要三个艺人，一人举皮偶，另外两人伴奏。伴奏以渔鼓筒和简板为主，后来又增加了锣鼓和管弦乐。每个艺人都要分担角色，边举皮偶边说或边弹乐器边唱，这是皮影艺人必备的基本功。

那妙趣横生的叙说独白和诙谐幽默的逗趣调侃，再加上简板和渔鼓筒恰到好处的伴奏提携，能将《薛仁贵征西》《罗冲扫北》《穆桂英挂帅》《岳飞传》等这些尘封在历史中的人物，活灵活现地呈现在方寸戏台上，让观众入耳润心、津津乐道。

小时候看皮影戏，戏台上挂的是马灯，村里通电后换成了电灯泡，这样效果就大不一样了。

我们这些小孩总喜欢围在戏台子下面，得空就把脑袋伸进去，想摸一摸那些能唱会动的皮影。

听演皮影的小师傅说，每个皮影身高15—20公分，分头部、上身、下身、大腿、小腿五个关节部位，便于放演时灵活摆动。

头部用透明皮制作，方便脸部化妆，使得形象更显逼真；颈部缝有空心夹层，随时可更换人头。一个皮影戏班子一般有五六十个皮影人头，如果少了，舞来舞去就那么几个，观众会没了兴趣。

不过，让人真正感兴趣的，还是皮影戏中的武戏。只见那些“会武功”的人物跳来跳去，飞跃腾打着，几个回合下来，好人那方有些抵挡不住了，开始连续后退。

这时忽然听到一声惊堂木响，不知哪来的勇气与力量，后退的好人一方陡然反向一击，几下子便将进攻的坏人刺死……于是我们便拍手欢呼，开怀大笑起来。

再看后台，舞皮影的艺人们在戏台上踏得“嘭嘭”直响，唱得也是满头大汗。我们一会儿跑到台前看皮影武打，一会儿又跑到台后看舞皮影的师傅手舞足蹈的样子，也跟着忙得不亦乐乎。

那些活灵活现的小皮影，因了艺人的说唱而被赋予了鲜活的生命，深深地吸引住一颗颗充满好奇的童心。

皮影戏每次都要唱到深夜，我们常常看得哈欠连天、东倒西歪，但就是不肯离去。等到皮影戏结束，在返回的路上，余兴未了的大人们还一路哼唱着当地流行的歌谣：“看牛皮，熬眼皮，半夜回家撞鼓皮，老婆挨眉（批评）捏闷脾（受气）。”

由此可见，皮影戏这种家乡人自己的“土电影”，是多么受人喜爱啊！

后来，村里出现了第一台黑白电视机。紧接着，购买电视机的人家越来越多，人们慢慢对传统的皮影戏不那么感兴趣了。特别是年轻人，看不懂也不喜欢看，更不用说去学了。于是，皮影戏渐渐在农村销声匿迹了。

在农村文化生活匮乏的年代，皮影戏曾经是大家精神生活的寄托，也是我孩提时代精神世界的一盏明灯，影响和滋润了很多人，令人难以忘怀。

乡村腊月 / 陈洪娟

几场厚厚薄薄的冬雪过后，腊月便迈着轻盈的脚步走向乡村，仿佛沿着一条千年碾下的车辙，一步一步直通年关。

一迈入腊月的门槛，孩子们便在村子里成群结队地疯玩。“小孩儿小孩儿你别馋，过了腊八就是年”，稚嫩的童音拉开了迎接春节的大幕。

腊八粥是一定要喝的。腊八那天，女人们从天蒙蒙亮就忙碌起来，淘米、挑豆、泡枣……像是在进行一场极其庄严的仪式。稍后，开始烧火煮粥了。灶膛里的火，哔哔剥剥地燃着，锅里的粥煮得吧嗒吧嗒作响，听得真叫人舒坦。

过了腊八，家家户户就开始置办年货。“小寒大寒，杀猪过年”。

男人从自家的猪圈里挑一头大肥猪，再烧上一大锅水。几个人将肥猪摁在桌子上，雪亮的刀子往猪脖子上一抹，热腾腾的猪血就淌了一盆，然后刮光猪毛、扒开肚膛，腌肉、灌香肠……整个乡村都浸洇在一片蒸腾的热气里。

鱼也要捕一点的。乡间最热闹的要数下塘捕鱼了。但见那偌大的河塘四周站满了围观的男女老少，随着鱼网逐渐收拢靠近岸边，惊骇的鱼儿在水中活蹦乱跳，引得岸上的人惊喜不已，欢呼雀跃。

随后的日子里，腌制的腊鱼、腊肉、香鸡、香肠就挂满了屋檐，在冬日暖阳的照射下，油光可鉴，成就了一幅幅充满烟火气的民间风俗画。

这个时候，大姑娘小媳妇也开始争晴天、抢日头“洗年”了。乡村的池塘沟和河边，笑声、叫声、棒槌捶衣声，此起彼伏，惊得鹅鸭扑棱、鱼儿欢蹦。红被子、绿床单、花衣服，把一塘池水染得姹紫嫣红。

接着便是“除尘”。找个天气明朗的好日子，女人们围上了旧头巾，高举着掸帚，把屋里屋外打扫得干干净净，再把家里的瓶瓶罐罐仔细地擦洗一番，以崭新整洁的面貌迎接新年这个珍贵的“远方来客”。

过了腊月二十，年味更浓了。随着外出打工的人陆续返乡，小镇上热闹起来。乡人们披红挂绿、兴致勃勃地坐着小四轮或骑着摩托车，三五成群地去赶集。无论菜市场还是小店铺，到处人满为患。

等日头偏西，归家的车流又载着欢声笑语和无限满足，回到炊烟袅袅的村子。

夜晚，乡村变得温馨而又诗意。一大家子人围着旺旺的炉火，尽情享受着眼下的安详与温馨。

女人好不容易坐下来，手里却还是闲不住，一针一线抓紧纳起鞋底来；男人用粗糙的手指摁着计算器，盘算着一年的收成光景，有一句没一句地念叨着过年的开销；情窦初开的姑娘小伙儿则掏出手机，让爱情的信号漫过乡村，和远方的恋人诉说着彼此的思念；老人家是最悠闲的，一边支起长长的旱烟杆，香香地吧嗒着，一边眯缝着眼睛瞅着儿孙喜悦的笑脸，眼里跳动着柔和的火焰……

腊月二十四往后，鞭炮声开始此起伏彼，空气中充盈着火药的香味，人们开始走家串户拜大年去了。大人们暂且抛掉一切烦恼，舒展开眉头；小孩子则一身新衣，欢呼雀跃起来。一直到大年初五，整个乡村都沉浸在过年的欢喜中。

乡村的腊月呦，是那样的温馨、祥和与喜庆，就像一串铃铛摇曳的大马车，拉着乡村人的殷实和幸福，向着更美好的岁月奔去。

杀年猪 / 薛培政

进了腊月，年说来就来了。每到这个时节，我就想起三十多年前，在老家忙年时的情景。这其中，最值得回忆的莫过于杀年猪了。

在我的老家山东沂蒙山区，年前杀猪是一件隆重的大事。那时生活条件不好，一般人家平时难得沾点儿荤腥，只有到了过年才能美美地吃上一顿猪肉。因此，过年杀猪就成了男女老少心底久久的期盼。

生猪统购统销那些年，不准社员个人屠宰生猪，必须由大队统一安排专人屠宰后，再由各家根据家庭所需和购买能力，三五十户凑成份子，与杀猪的户主现钱或赊欠交易。往往还未进腊月，就要与那些养了肥猪的社员家协商，提前预订要买的分量。

虽说当时各家手头并不宽裕，购买能力非常有限，但过年是个大日子，总要做几顿像样的饭菜招待来客，于是就得准备一些肉食；再说，小孩子盼过年盼了一年，包饺子总要见点荤腥，即便是再困难的家庭，也要买上几斤肉。那时买肉都兴要肥的，可以熬些荤油平时炒菜用。

一般过了腊月十五，就开始杀年猪了。大队提前将会生猪屠宰技术的社员召集起来，按照各生产队上报的需要屠宰的数量，统一安排日期；对参加屠宰劳动的社员，则按每天满勤计工分。

集中杀年猪的那几天，被杀或待杀的猪嚎叫声此起彼伏，在空旷的山乡传出好远。屠宰场的周围站满了前来看热闹的人群，孩子们在人群里窜来窜去，常因为碍事而遭到大人呵斥，却仍然抵挡不住节前的那股欢实劲儿。

屠宰场边，最兴奋的要数养成肥猪的那些社员家人。除了增加一大笔收入外，还可以面对父老乡亲羡慕的眼神，听着左邻右舍的啧啧夸奖，自然要平添几分自豪感。

自打懂事起，我就常听娘感叹，啥时咱家也能养出一头肥猪，好让孩子过过吃肉的瘾。怎奈那时家里人口多、劳力少，口粮有时还接济不上，哪里能喂养成肥猪呢？

盼了一年又一年，直到1983年冬季，我当兵走后的那年春节，家里才有了杀年猪的机会。那几天，娘不停地唠叨："俺孩儿没口福啊，总算等到杀年猪了，他却当兵去了。"当时通信条件差，为宽慰娘，大哥捎来话，让我尽快写信告诉娘，部队上过节也会改善伙食，以免娘心里不落忍。

改革开放后，随着城乡居民收入及生活水平的不断提高，只要想吃猪肉，天天都能吃上。再说，如今商品流通渠道发达，鸡鸭鱼虾、山珍海味什么的都不稀缺，人们再也不眼馋猪肉了。然而，那曾经庄重而热闹的"杀年猪"，却成为一种美好的场景融进了我的记忆中。

年画 / 蔡文刚

小时候，年画是家里每年必备的年货之一。临近年关，父亲总要领我一起去集市选买年画。

父亲是念过书的人，他一定能够选出心中理想的年画。那时，还念小学的我只认识几个大字，不懂得年画深邃的内涵和意义。现在想，父亲让我选年画，只是为了让我高兴，图个好心情罢了。

每年，我家屋内炕头周围的墙面上都贴满了各式各样好看的年画。今年的画挨着去年的贴，几年下来，墙就被糊得不见底色。又到一个新年，只好把往年被烟火熏得黝黑的年画换下来，换上新的。

换下来的年画是我们兄弟最珍贵的学习用品。画面虽然黑了，但背面仍然很白，就像我们夏天穿一段时间的半袖衫后，裸露在外和半袖保护下的胳膊成了黑白两种不同的颜色。我们把这些旧画用来包书皮，让书本不受磨损，省得再去花钱买牛皮纸了。

儿时的年画内容上基本都与当时流行的电影和小人书有关。直到现在，好多内容我依然清晰记得。父亲让我选年画，我自然会选自己喜爱的。于是，家里的年画大多都是《西游记》《水浒传》《隋唐演义》《七侠五义》《八仙过海》之类的。

年画是我最早的启蒙教材。每晚睡觉前，我都静静地躺在热炕上，仰望墙面，就像看着教室里的黑板。橘黄的灯光下，母亲一针一线为我缝补白天不小心扯破的棉衣。画的内容白天早已看得熟烂于心，我一边欣赏，一边想象，在天马行空中不知不觉地进入到梦乡。不知道母亲什么时候上炕睡的，只是天亮穿衣服时才发现，那些破洞早已被缝补得密密实实。

年复一年，年画贴了一层又一层，内容变了又变，就像树叶一样，枯了落，落了绿。在不断变化更新的年画中，我慢慢长大。也许是因为学业紧张，也许是思想开始成熟，对于年画，我早已没了往日的兴致与情趣。

后来，每到年跟前，都是父亲一个人去集市买年画，其实也不是年年买，而是隔几年才买一次。换下来的年画也算不得什么稀罕的东西了，顶多充当父亲生火烧茶的燃料而已。

父亲独自买回来的年画，大都是油光精致的中堂，一幅壮观的锦绣山河图印着歌颂美好生活的对联。父亲买年画时，一定是读了又读、想了又想的。显然，他把自己对家庭的美好愿望全都寄托在年画中，希望来年的生活就像画中描绘的那样幸福、美满。

在我们的房间里，除了平时在电视里看到的“明星”头像外，更多的就是虎头虎脑的胖娃娃形象了。父亲不是“追星族”，买明星年画是为了让我们兄弟喜欢；至于可爱的小孩，寓意就更加明显了。

年年岁岁画相似，岁岁年年人不同。如今，父亲已经离我们远去，我从当年的毛头小子成长为人父，家也从偏远的乡下土坯房搬到县城的高楼。

在城里，很少有人家愿意在光滑洁白的墙面贴年画了。喜欢书画的人家，一般会托人写幅书法或画幅水墨挂在墙上，以彰显书香气和文化品位。

看来，年画注定要成为我心中永远抹不去的乡愁……

走亲戚 / 蔡文刚

记忆中，老家人对于走亲戚的事，从年前就开始准备了。

“二十八，把面发；二十九，蒸馒头……”正如童谣所唱，老家人走亲戚送礼都用馒头。蒸馒头前，先计算出家里的亲戚人数，一般是一家亲戚拿两个馒头，如果有十个亲戚就要准备二十个馒头——每层蒸笼放五个馒头，老家的蒸笼刚好四层。

馒头蒸好之后，要用竹子做成的花形蘸上红颜色涂在顶部，等馒头慢慢凉下来后，才可小心地收藏起来，只等着正月里走亲戚用。

正月里，基本上都是在亲戚之间的互相走动和串门中过完的。农村人走亲戚很有讲究，先走谁家、后走谁家，谁家不走、谁家来了再走谁家等等，事先都要反复掂量好，不可鲁莽行事，否则容易招来亲戚之间的误会和隔阂。一般情况下，第一家亲戚走舅舅家，然后是长辈家，再后便是同辈、朋友和小辈。

从正月初二开始，乡村的各岔路口和小道上，就会出现络绎不绝的走亲戚大军。人们穿着各色新款衣服，带着妻儿、扶着父母、背着行李，一路说说笑笑，你来我往地擦肩而过。

小时候，走亲戚基本上都是步行，为了方便，往往会将同一条路线的亲戚家安排在同一天走。

走亲戚要用很大的挎包装馒头，然后由几个人轮换着背或两个人抬。如果亲戚离得远，走一趟亲戚来回最少也要两三天，非常累人。

走亲戚主要是大人的事，但也离不开孩子。不管到了谁家，大人都要牵着孩子的手让认认门、记住路，等自己老了走不动时，走亲戚的任务就落在了孩子头上。

那时的我跟着父亲走亲戚，总是惹他生气，只因为我到了亲戚家，不愿意跟着他跪在桌子前祭拜，更不要说给长辈磕头拜年了。

我的想法很简单，只是为了能在亲戚家多挣些糖果和核桃之类的零食——当然，要是遇上家境好一些的亲戚，还能挣到很宝贵的几毛压岁钱。

走亲戚一直会延续到正月十五，甚至更晚。村里有个约定俗成的规矩，就是先把农村的所有亲戚在十五之前都走完，剩下城里的亲戚就固定在正月十五那天。正月十五元宵节，城里要挂花灯、耍社火、放烟花，此时走城里的亲戚不仅有吃有住，晚上还能看到平时难得一见的彩灯和烟花。

那时候，谁家有城里亲戚，就觉得很光彩、很骄傲。当然了，城里亲戚来农村时，带的礼品不再是两个馒头，而是农村人很少见到的饼干、饮料和罐头等。

如今，老父亲已离我而去，我开始领着女儿走起了亲戚。只是，我们不用年前蒸馒头，也不用步行赶路。在走亲戚的路上，除了自行车、摩托车，更多的是小轿车；很多人走亲戚也不用带行李，哪个村子里都有农家超市，买东西很是方便。

唯一不变的是，在农村老家，走亲戚仍然是过年期间的一件大事。

独乐寺庙会 / 李云龙

我的家乡天津蓟县是个典型的北方县城，历史传承久远，文化底蕴深厚，庙会有几十处之多。

县里最有名的庙会要数独乐寺的春节庙会。听老辈人说，这个庙会明朝就有了，佛事盛典多、讲经说法多，引得道高僧、招八方香客，至今已有数百年历史。

独乐寺又叫大佛寺，是我国仅存的三大辽代寺院之一，寺内的观音阁又是仅存的最古老木结构高层楼阁。

由于名气大，独乐寺一年到头香客不断，到了春节庙会更是热闹非凡，从十里八乡赶来的香客、游客汇聚于此，人山人海、昼夜喧腾。附近的家乡人也会来看热闹、逛庙会，顺便走亲访友，既能大饱眼福，也可大快朵颐。

独乐寺春节庙会融地方风俗、佛教文化、民间艺术为一体，腊月底或正月初开始，正月十五结束。寺内的传统项目当属“观音赐福”。

新年伊始，“观音”为朝敬的香客洒净赐福，以期带福还家。还有佛事法会、文艺演出等大型活动和民间花会、杂技、皮影、戏剧等传统节目，上千人的演出阵容，可谓盛况空前。

独乐寺门外的“渔阳古街”是庙会的分会场。那是一条数百米长的老街，东西走向，古老与现代、传统与时尚在这里融汇杂陈。古街两侧为仿明清建筑，大多是砖木结构，门楼窗棂、梁檩椽柱上满满的雕花彩绘。每家每户都是黑漆鎏金的店招匾额，连悬挂在门楣上的八角玲珑挂灯都透溢着古风神韵。

商户用大红灯笼和彩旗装点出节日的喜庆，临街摆摊的也比平时多了起来，卖的东西更是五花八门：有鸡鸭鱼肉、烟酒糖茶、春联门神、针头线脑、日用五金；有人写花鸟体书法，有人在大米上刻字展示绝活，还有人做泥塑、吹糖人、捏面人……各种叫卖声此起彼伏，不绝于耳。

此外，家乡人还会把盘山磨盘柿、板栗、核桃、金丝小枣、香白杏、红果甚至家里过冬吃不完的红薯拿到庙会上去交易，趁机赚几个零花钱。

逛庙会，当然少不得吃。这里聚集了各地风格迥异的小吃，驴打滚、花生蘸、凉粉、切糕、锅贴、冰糖葫芦、茶汤……应有尽有。

当然，最受欢迎的，还是我们本地的特色小吃，什么白记水饺、曹记驴肉、恩发德蒸饺、咯吱盒、一品烧饼、煎焖子、子火烧、大枣蒸饼……在庙会上都能看到、买到、吃到。

我最爱那金灿灿的菜团子，玉米面、干白菜馅，好吃不贵，热气腾腾的刚一出锅，瞬间就被抢光。每年逛庙会，我都会卯足劲头抢上一个，觉得那才是“真味在藜羹”，好好地过把嘴瘾。

庙会期间，每天几个固定时段，表演秧歌的队伍从东头扭到西头，再从西头扭回东头。男男女女穿红戴绿、涂脂抹粉，演的那叫一个声情并茂、酣畅淋漓——最为难得的，每次巡演都有很多观众驻足捧场、品头论足，这让演员们扭耍得更欢了。彼时，吆喝声、唱戏声、喇叭声、欢笑声、叫好声……交织在一起，让庙会变成了一个欢乐喜庆的海洋。

对家乡人来说，春节逛庙会已经成为过年的重要仪式。庙会既是对自然与祖先的敬畏感恩，也是对辞旧迎新的回顾与展望，更是对平安福禄的祈愿。

逛完了独乐寺春节庙会，连日子都一天天朗润起来，春天也就为时不远了。